"大国三农"系列规划教材

普通高等教育"十四五"规划教材

大学物理实验 指导与拓展

Guidance and Expansion of University Physics Experiments

李春燕　主　编

何志巍　贾艳华　沈慧星
　　　　　　　　　　　　副主编
徐艳月　周　梅　朱世秋

中国农业大学出版社

·北京·

内 容 简 介

本教材配套《大学物理实验教程》编写,共选编 22 个实验,涵盖力学、热学、电磁学、光学和近代物理学。由实验背景及指导、实验习题及拓展、习题答案及设计性实验 3 部分组成。通过实验背景及其与科学研究、实际应用的联系介绍,促进学生了解实验设计思想,增强学习兴趣;通过课后思考题和电子教案,强化学生基础实验能力和技能培养,促进学生掌握科学实验分析方法;对应每个实验,引导学生开展设计性实验,开展学生由紧跟教材完成实验到独立设计实验的过渡性训练,希望使实验课在培养学生的实践能力、独立探究能力和创新能力等方面发挥更大作用。

本教材内容翔实,理论知识与实际应用紧密联系,可以作为物理专业实验课的教材,有力地辅助理工类学校物理实验课程建设,也可以作为物理相关学科和岗位工作人员的参考书。

图书在版编目(CIP)数据

大学物理实验指导与拓展/李春燕主编. ‑‑北京:中国农业大学出版社,2023.1
ISBN 978‑7‑5655‑2702‑9

Ⅰ.①大…　Ⅱ.①李…　Ⅲ.①物理学‑实验‑高等学校‑教学参考资料　Ⅳ.①O4‑33

中国版本图书馆 CIP 数据核字(2021)第 262809 号

书　　名	大学物理实验指导与拓展
	Daxue Wuli Shiyan Zhidao yu Tuozhan
作　　者	李春燕　主编
	何志巍　贾艳华　沈慧星　徐艳月　周　梅　朱世秋　副主编

策划编辑	刘耀华　杜　琴	**责任编辑**	刘耀华
封面设计	郑　川　李尘工作室		
出版发行	中国农业大学出版社		
社　　址	北京市海淀区圆明园西路 2 号	**邮政编码**	100193
电　　话	发行部 010‑62733489,1190	**读者服务部**	010‑62732336
	编辑部 010‑62732617,2618	**出　版　部**	010‑62733440
网　　址	http://www.caupress.cn	**E‑mail**	cbsszs@cau.edu.cn
经　　销	新华书店		
印　　刷	河北朗祥印刷有限公司		
版　　次	2023 年 1 月第 1 版　　2023 年 1 月第 1 次印刷		
规　　格	185 mm×260 mm　　16 开本　　14.75 印张　　363 千字		
定　　价	47.00 元		

前　言

党的二十大报告指出,教育、科技、人才是全面建设社会主义现代化国家的基础性、战略性支撑。必须坚持科技是第一生产力、人才是第一资源、创新是第一动力,深入实施科教兴国战略、人才强国战略、创新驱动发展战略,开辟发展新领域新赛道,不断塑造发展新动能新优势。本书落实党的二十大精神,按照教育部高等学校物理基础课程教学指导分委员会指定的《理工科类大学物理实验课程教学基本要求》,结合普通高等教育学校多年来理工农林医等专业大学物理实验教学与实践,配套现行实验教学模式,应对人才发展需要做出积极变革的基础上编写而成。是一本以强化学生对实验知识的理解与领悟,引导学生独立思考,培养创新思维为目的的实验教学教材。

本书共选编了 22 个实验,涵盖力学、热学、电磁学、光学和近代物理学。在内容编排上遵循实验能力培养的规律,打破以往按学科分类编排实验的惯例,根据先易后难、循序渐进的原则,以基础物理实验、近代物理实验、综合性实验和设计性实验的顺序开展,力求深入浅出、简明实用。

本教材由实验背景及指导、实验习题及拓展、习题答案及设计性实验 3 部分组成。本书为各实验增加了实验背景与科学研究、实际生产、生活联系等方面的内容,其目的是使学生对自己所做实验的设计思想的来龙去脉有较详细的了解,以增强学习兴趣,激发创新灵感,使实验课在培养学生的实践能力、独立探究能力和创新能力等方面发挥更大的作用;配套当前使用的《大学物理实验教程》,通过丰富翔实的课后思考题,强化每个基础实验对学生基本能力和技能的培养,突出引导学生加深对物理实验总体的认识,即在培养学生基本知识、基本技能和做好重复性实验的基础上,强调了实验方案设计、实验结果分析的重要性;另外,对应每个基础实验,给出创新性设计实验,要求学生在没有类似实验借鉴的情况下,根据教材中给出的提示,通过阅读参考读物独立设计、完成实验,培养学生举一反三的能力,是学生由紧跟教材完成实验到独立设计实验的过渡性训练。

　　本书由李春燕主编，参加编写工作（纸质教材部分与实验电子教案）的有李春燕（绪论、实验三、实验九、实验十、实验十二、实验十四、实验十五、实验十七）、何志巍（误差理论与数据处理）、贾艳华（实验一、实验七、实验十一）、徐艳月（实验二、实验四、实验六）、周梅（实验五、实验二十、实验二十一）、朱世秋（实验八、实验十六、实验二十二）、沈慧星（实验十三、实验十八、实验十九）。

　　因编者水平有限，书中难免存在错漏之处，恳请读者批评指正，以便改进。

编　者

2022 年 9 月

目 录

1

绪　论

一、物理实验的地位与作用

物理学是自然科学的基础,而物理实验则是物理学的基础。自然科学之父、著名物理学家伽利略曾说:"科学的真理不应在古代圣人蒙着灰尘的书上去找,而应该在实验中和以实验为基础的理论中去找。"诺贝尔物理学奖获得者丁肇中也认为"没有实验证明的理论是没有用的,理论不能推翻实验,而实验可以推翻理论"。由此说明实验对物理学和自然科学的重要性。

物理学的每一个重大发现和科技成果无不是在实验中孕育成功的。经统计,从1901年到2007年,诺贝尔物理学奖共颁发了101届,实际获奖项目有118项,其中由于实验获奖的共83项,占全部项目的70.3%。获奖项目的绝大部分都与实验相关,这在一定程度上说明了物理学是一门以实验为基础的学科。

实验既是物理学的基础,又是物理学发展的动力。可以说,实验室是现代科学发展和技术进步的基础和源头。例如,在化学领域,从光谱分析到量子化学,从放射性测量到激光分离同位素,都需要应用物理实验技术;生物学研究离不开各类显微镜(光学显微镜、电子显微镜、X光显微镜、原子力显微镜等)的贡献;在生命科学领域,DNA双螺旋结构的设想灵感源于物理实验中的DNA晶体X射线衍射照片,并被X光衍射实验所证实,而对DNA的操纵、切割、重组都需要借助物理实验技术;在现代医学领域,从X光透视、B超诊断、CT诊断、磁共振成像(MRI)诊断到各种治疗(热疗、电疗、磁疗、光疗、放疗和超声治疗)和理疗手段,都以物理实验和技术为基础;在农业科学领域,电场、光干预植物生长,遥感探测、农作物即时检测等现代物理农业正蓬勃发展,食品安全、农药残留检测、生物检测与培育等,也越来越依赖于物理实验仪器和技术。物理实验对自然科学的发展起着重要的支撑作用。

物理实验对人类社会发展的影响不仅局限于自然科学,还能不断加深、完善人类对世界的结构、起源及发展方向的认识,并对人类的意识形态、世界观、人生观都有着重要的影响。例如,杨氏双缝干涉实验突破了多年光微粒学说的束缚,为光波动学说奠定了基础;迈克尔逊-莫雷实验促进了相对论理论的提出;电子的晶体衍射实验验证了物质的波粒二相性等,都对人类关于世界本质的认识产生了重大的影响。对自然界认识的深化,必然引发生产力的革命,对人类的生活产生越来越大的影响。

对于物理学科,物理实验的作用主要体现在以下3方面。

1. 发现新事物、探索物理规律

人类对物理规律乃至自然规律的认识和掌握是从物理实验开始的。经典物理中,伽利略斜面实验、胡克弹性实验等都为经典物理提供了实验事实;电磁学研究中,库仑定律、电磁感应定律等规律的提出都依托于大量实验探索;光学领域中,无论光的传播还是干涉、衍射、偏振等现象也都首先由实验发现;近代物理的诞生更是由于黑体实验、光电效应实验、迈克尔逊-莫雷实验等实验现象无法用经典物理来解释。

2. 验证科学理论

物理实验是检验物理学的定律、理论、假说是否正确的唯一标准,也是物理学理论发展的重要源泉与动力。例如,麦克斯韦虽然建立了电磁场理论,但是只有他预言的电磁波被德国物理学家赫兹用实验证实后才真正被人们认可;光的波粒二象性,以及爱因斯坦的光电子假设也是被密立根光电效应实验证实后才被人们接受;德布罗意物质波的概念更加挑战人类传统认知,只有在电子衍射实验后才慢慢被大家所接受。

3. 推动文明发展,造福人类生活

现代社会的许多技术都离不开实验,各种发明创造也都是经过大量实验研究才逐渐成熟的。例如,现代交通工具的不断发展,极大地扩展了人类活动范围;医用领域各种技术的发明,保障了人类健康;各种电器的发明,给人类生活带来了极大的便利,这些都凝聚着实验物理的智慧。

几百年来,实验物理学把物理实验方法和物理规律研究结合起来,形成了一个完整的科学实验思想体系。物理实验方法也发展到一个崭新的高度。这些物理实验方法和实验思想体现在卓越的实验设计、巧妙的物理模型、高超的测量技术、精确的数据处理和独到的分析总结中,在培养学生基本知识、基本技能、实验动手能力方面有不可替代的作用,对学生发现问题、分析问题和解决问题的能力、创新思维、创新能力、理论联系实际和适应科技发展的综合科学素养的培养也具有极为重要的意义。

二、物理实验教学中的基本实验方法

物理实验的基础目的是验证和探索物理规律,而研究这些规律就必须开展相关物理量的测量,并在物理实验测量中总结归纳出基本的物理实验方法。这些方法为人类科学发展和技术应用创下了丰功伟绩,也一定会在未来的科学探索中继续发挥作用。

(一)比较测量法

将被测物理量与已知值的仪器比较,来确定被测量值的方法就是比较测量法。比较测量法分为直接比较测量法和间接比较测量法两种。直接比较测量法是指被测物理量与已知其值的同等量仪器比较,无须经过数学模型计算,通过测量可直接得出结果的方法。例如,米尺测身高,等臂天平测质量等。而间接比较测量法则是因为有些物理量难以直接比较测量,需要通过某种关系将待测量与某种标准量进行间接比较,再通过计算求出其值。例如,用弹簧的形变法测力,用水银的热膨胀测温度等。再如,利用李萨如图形测量电信号频率,就是将信号输入示波器转换为图形后,再由标准信号求出被测信号的频率。

(二)放大测量法

物理实验中常遇到对微小物理量的测量。为提高测量精度,常需要采用合适的放大方法,选用相应的测量装置将被测量进行放大后再进行测量。常用的放大法有累积放大法、形变放大法和光学放大法等。

1. 累积放大法

在被测物理量能够简单重叠的条件下,将它扩展若干倍再进行测量的方法,称为累积放大法(又称叠加放大法)。例如,测量纸的厚度、金属丝的直径、小钢球的质量等,常用这种方法进行测量。累积放大法的优点是在不改变测量性质的情况下,将被测量扩展若干倍后再进行测量,从而增加测量结果的有效数字位数,减小测量的相对误差。在使用累积放大法时,应注意在扩展过程中被测量不能发生变化,以避免引入新的误差因素。

2. 形变放大法

形变一般是力作用的效果。在力学中,形变的基本表现形式为体积、长度、角度的改变。显示形变的方法可用力学的机械放大法,也可用电学、光学的方法。例如,体积的变化由液柱的长度变化来显示,热膨胀的形变量用杠杆放大法显示;而测金属杨氏模量实验中所用的光杠杆法是机械放大和光学放大相结合的方法。

3. 光学放大法

常用的光学放大法有两种,一种是使被测物理量通过光学装置放大视角形成放大像,便于观察判别,从而提高测量精度。例如,放大镜、显微镜、望远镜等。另一种是使用光学装置将待测微小物理量进行间接放大,再通过测量放大了的物理量来获得微小物理量。例如,测量微小长度和微小角度变化的光杠杆法,就是一种常用的光学放大法。

(三)转换测量法

物理实验中有很多物理量,由于其自身属性的关系,难以用仪器、仪表直接测量,或者因条件所限,无法提高测量的准确度,这时可以根据物理量之间的定量关系和各种效应把不易测量的物理量转化成可以或易于测量的物理量进行测量,再反求待测物理量的量值,这种方法称为转换测量法(简称转换法)。转换法一般可分为参量换测法和能量换测法两大类。

1. 参量换测法

利用物理量之间的相互关系,实现各参量之间的变换,以达到测量某一物理量的目的的方法,称为参量换测法。参量换测法通常用来将一些不能直接测量的或是不易测量的物理量转换成其他若干可直接测量或易测的物理量进行测量。例如,金属丝杨氏模的测量,即可根据胡克定律转换成应力与应变量的测量;水银温度计根据热胀冷缩原理把对温度的测量转换成毛细管中水银高度的测量;利用激光测距可实现时空转换的测量。

2. 能量换测法

利用物理学中的能量守恒定律,以及能量具体形式上的相互转换规律进行转换测量的方法,称为能量换测法。能量换测法的关键是传感器(或敏感器件),即用于把一种形式的能量转换成另一种形式的能量的器件。由于电磁学测量方便、迅速、容易实现,所以最常见的换能法是将待测物理量的测量转换为电学量的测量。例如,霍尔效应实验中利用霍尔元件将磁场的磁感应强度测量转换为电势差的测量,热敏电阻将电学测量转换成温度测量。

(四)替代测量法

将已知的同种量代替被测量量,使同种量在指示装置上得到相同的效应,以确定被测量值的方法,称为替代测量法。例如,质量测量中常用的波尔特法:将被测的物体置于天平的秤盘上,使之平衡,然后取下被测物体,用砝码代替,再使天平平衡,则所加砝码的重量即为被测量物体的质量。此法可消除天平不等臂带来的系统误差。

(五)补偿测量法

通过调整一个或几个与被测物理量有已知平衡关系(或已知其值)的同类标准物理量,去抵消(或补偿)被测物理量的作用,此时被测量与标准量具有确定的关系,由此可测得被测量值。常见的补偿测量法有温度补偿法、质量补偿法、电压补偿法、光程补偿法等,在生活、工程技术等领域有广泛的应用。例如,用电压补偿法测电池电动势,用迈克尔逊干涉仪的光程补偿法测金属温度系数等。

(六)模拟测量法

为了对难以直接进行测量的对象(如静电场极易受干扰,飞机体积太大等)进行测量,可以制成与研究对象有一定关系的模型,用对模型的测试代替对原型的测试,这种方法称为模拟测量法。根据模拟手段的不同,模拟测量法可分为物理模拟法、替代模拟法和计算机模拟法。

1. 物理模拟法

当模型与原型的关系满足以下两个条件时,这类模拟称为物理模拟,如飞机在风洞中吹风。

(1)几何相似:模型与原型在几何形状上完全相似。

(2)物理相似:模型与原型遵从同样的物理规律。

2. 替代模拟法

利用物理量之间物理性质或物理规律的相似性或等同性进行模拟,这种方法称为替代模拟法。其模型与原型在物理实质上可以完全不同,但它们却遵从相同的数学规律,又称数学模拟法。例如,用稳恒电流场模拟静电场即属此类。

3. 计算机模拟法

当前信息技术空前发展,已经广泛应用计算机对物理过程进行模拟,物理实验教学系统已开发建设了所有开放实验的虚拟仿真以供学习。

三、物理实验课程的教学目标

大学物理实验课是大学生接受科学实验基础能力培养和训练的基础课程,我们希望通过课程学习实现以下3个方面的学生培养目标。

(一)知识层面

(1)掌握基本物理量的测量方法。例如,长度、质量、时间、热量、温度、湿度、压强、压力、电流、电压、电阻、磁感应强度和光强度等常用物理量及相关物性参数的测量。强调数字化测量技术和计算技术在物理实验教学中的应用。

(2)掌握全面的物理实验方法,能应对具体问题合理设计研究方案。例如,比较法、转换法、放大法、模拟法、补偿法、平衡法、干涉法和衍射法,以及在近代科学研究和专业技术中广泛应用的其他实验方法。

(3)掌握常用实验仪器的使用方法,并正确操作。例如,长度测量仪器、计时仪器、测温仪器、电学测量仪器、通用示波器、信号发生器、分光仪、各类光谱仪和超声探测仪等常用仪器。了解广泛应用于科技前沿的现代物理技术如激光技术、传感器技术、微弱信号检测技术、光电子技术、结构分析、波谱技术和量子技术等。

(4)掌握测量和误差基本知识,能够正确分析、处理实验数据。例如,误差与不确定度基本概念,不确定度对测量结果的影响;使用以列表法、作图法、最小二乘法及 Origin 绘图处理工具为代表的多种计算机通用软件分析处理实验数据,根据实验结果分析和推证实验结论。

(5)了解物理实验史料和物理实验在各专业及现代科学技术中的应用。例如,迈克尔逊-莫雷实验促进了相对论的提出,电子衍射实验验证了物质的波粒二相性,现代物理农业(遥感探测、农作物即时检测、食品安全、农药残留检测等)中的科学技术等。

(二)能力层面

(1)使学生逐步掌握大学物理实验所要求的科学研究方法,培养分析实验和完成实验的科学实验技能。

(2)使学生具备扎实的物理基础、正确的科学思维及严谨的逻辑推导能力,能够结合理论知识,类比、联想、设计新实验和新方法去解决未来面对的问题。

(3)通过翻转课堂教学,提高学生的观察能力、思维能力、表达能力、沟通与合作能力、理论联系实际能力和创新能力等。

(4)使学生能够将物理实验与其专业知识和应用融合,激发学生的创新意识和开拓精神,具备解决专业领域中具体问题的基础实践能力。

(三)价值观层面

(1)培养学生自然科学必备的思维能力和实践能力,形成辩证唯物主义的世界观,树立积极的人生观,养成踏实做人、认真做事的习惯。

(2)养成批判性思维,形成实事求是的科学态度,培养学生严谨治学的态度和不断探索的创新钻研精神。

(3)学会正确的思维方法、树立正确的理想信念,具有优良的科学素养和正确的价值导向。

(4)了解我国取得的物理技术进步和当前国民经济发展对科技的要求,培养学生爱国强国情怀,正确认识并承担时代责任和历史使命。

四、物理实验课程的教学环节

物理实验课程是一门实践性课程,上述教学目的能否达到,与学生们的自我要求与自我努力息息相关。课程采用开放式翻转课堂教学模式,基本教学环节如下。

(一)课前自学

课前学生通过阅读实验教材预习,然后到物理实验教学系统学习系列电子资源、观看实验微课,最后进行仿真实验模拟,自由、自主学习,完成基础知识输入。学生充分预习后可在教学平台上完成预习测试后,自主选择实验项目与实验时间。

(二)课堂实操

学生在实验课堂独立开展实验,教师随时关注,发现问题并不直接纠正而是引导学生自主思考、自行解决,弱化"教",强调"学",突出"做",强化实验、实训,使学生在"动手做""真正练"中,提高实际操作能力、思维能力。实验操作结束,结合翻转课堂、同伴学习等教学手段,增加三层次(基础掌握＋拓展应用＋深入探究)课堂讨论与探究,增强师生、生生互动,使学生在"思与答"中提高思维能力与创新能力,教师根据学生的各项表现综合评定实验操作和探究分数。

(三)课后巩固

课后学生完成实验报告并在线提交,还可以再次通过仿真实验巩固所学知识。学生可以依据个人兴趣与意愿,依托在线教学平台开展创新性、研究性实验研究。

(四)期末考核

开设仿真实验考试考核学生实际动手能力,辅以误差和数据处理考试,综合评定学习效果。

第一章
实验背景及指导

实验 一 长度与固体密度测量

一、实验背景及应用

长度是国际单位制中的七个基本物理量之一,是各项研究中的重要参数。

(一)实验背景

长度测量是最基本的测量之一。从古至今,人们一直在寻求精确测量长度的方法。在长度测量开始时期,世界主要文明国家都选用了人体之尺进行长度测量,并且选择了相近的单位制。"布手知尺,布指知寸,舒肘知寻",意为成年男子大拇指和食指之间的距离为1尺,中指节横纹间的距离为1寸,两臂伸展后的长度为一寻。这是我们的先辈为长度测量找到的基准。我国目前所见的最早的测长工具是商代的骨尺、牙尺。春秋战国时期,各国的度量衡大小不一,秦始皇统一全国后,颁发了统一的度量衡诏书。在古埃及,长度测量以国王的手臂为标准,称为腕尺,胡夫金字塔就是以胡夫国王钦定腕尺为标准修建的。公元前120年左右,罗马开国皇帝屋大维在罗马广场立了一块中央石碑,并以此为起点每隔一罗里立一块由巨石雕成的里程碑,一罗里定为士兵行军时两千步的长度。英制单位中的英尺来源于罗马帝国的计量单位——罗尺,本意是一只脚的长度。可见,在计量之初,人类是通过人体之尺来丈量世界的。

随着科技的发展,长度测量的技术和精度也在不断提高。18世纪中叶,螺纹放大原理被用于长度测量,利用精密螺纹副原理测长和多齿分度技术测角可分别达到 $2~\mu m/1~000~mm$ 和 $0.1''/360°$ 的精确度。19世纪末出现了应用光学原理的测长技术——立式测长仪。20世纪初,自准直、望远镜、显微镜和光波干涉等原理被应用于长度测量技术中,使工业测量进入非接触测量领域,解决了一些小型复杂形状工件如螺纹的几何参数,样板的轮廓尺寸和大型工件的直线度、同轴度等形状和位置误差的测量问题。光波干涉原理的应用使现代测长精确度达到了 $0.01\sim0.02~\mu m/100~mm$。20年代后期,气动原理的测长技术发展起来,尽管测量范围小,但具有对环境要求低、测量效率高的优势。30年代初期,由于电子技术的发展,基于电学原理的测长技术发展很快,可以将微小误差放大到100万倍,即 $0.01~\mu m$ 的误差值可以以 $10~mm$ 的刻度间隔表示出来。计算机技术的发展为高精度、自动化和高效率测量开辟了新的途径,被越来越广泛地应用于长度测量中。目前,测量技术已经发展成为精密机械、光、电和电子计算机等技术相结合的综合性技术。

(二)拓展应用

常用的测量长度的量具有米尺、游标卡尺、螺旋测微计、扭簧比较仪及三坐标测量机等。

它们的测量精度各不相同,需要根据具体测量对象和条件来选择。除直接测量外,在测量精度要求较高时,还可以采用根据物理原理将被测长度转换为其他物理量来进行间接测量的仪器。

气动式测量仪(图 1-1)将被测长度转换为空气压力和流量等,用作相对测量,通常采用波纹管作为尺寸转换和放大元件,被测件厚度变化引起间隙变化,间隙变化又引起波纹管内压力变化,从而使框架向左或向右移动。移动的距离就是放大了的被测厚度变化,可以通过宽刻度指示表指示出来,其特点是可以用于非接触测量。

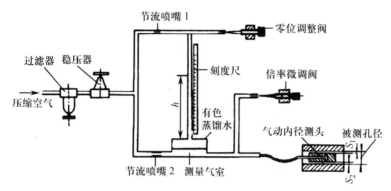

图 1-1　压差水柱式气动测量仪工作原理

电学式测量仪器将被测长度转换为电学量,主要有电感式、电容式、电接触式、压电式、磁栅式和感应同步器式等。电感式测量仪的分辨率很高,可达 $0.01~\mu m$,测量范围一般小于 2 mm,大的可达几十毫米。电容式测量仪(图 1-2)与电感式测量仪的原理相似,20 世纪 80 年代初出现了用于电子卡尺的大量程电容式测量仪,测量范围为 150 mm。电接触式测量仪主要用于自动测量,利用电触点发出电信号判别被测尺寸合格与否,电触点的移动可由测杆直接传来,也可经杠杆或其他机构放大,以提高其灵敏度。压电式测量仪是利用受压变形时会产生电荷的固体材料,如石英晶体、锆钛酸铝、铌镁酸铝等作为转换元件,主要用于轻便的上置式表面粗糙度测量仪中。

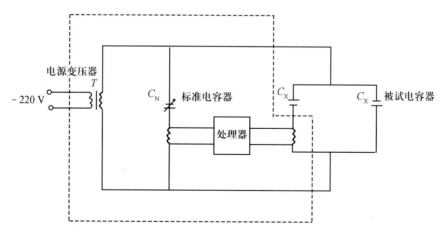

图 1-2　电容式测量仪工作原理

光电式测量仪将被测长度先转换为光量,再转换为电量输出。常见的有光栅测长技术、激光式、固体阵列式和光导纤维式等。激光式又可分为光波干涉式、扫描式和光强式等。固体阵列式测量仪在 20 世纪 70 年代初期出现,是一种线形或面形的光电转换元件,其中使用较多的是电荷耦合器件,即在硅芯片的一面沉积栅电极结构的器件。将激光和迈克尔逊干涉仪相结合,可得到激光干涉测长仪(图 1-3)。测量时,干涉仪的一臂不动,另一臂从被测长度的起点移动到终点,记录下相应干涉条纹变化的数目,就可以计算出长度值。

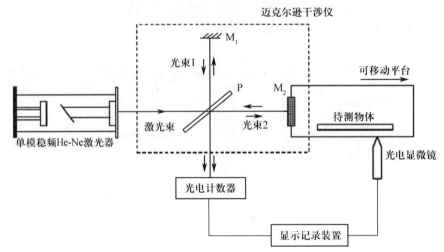

M₁: 定反射镜　　M₂: 动反射镜　　P: 分束器

图 1-3　激光干涉测长仪工作原理图

激光测长仪,又称激光尺,是利用激光对目标的距离进行准确测定的仪器。激光尺在工作时向目标射出一束很细的激光,由光电元件接收目标反射的激光束,计时器测定激光束从发射到接收的时间,计算出从观测者到目标的距离。由于激光的相干性较好,可精密测量的长度非常长,可达几十米至几百米。而且激光的波长较短,测量的精度非常高,可达 $0.1~\mu m$。目前激光测长仪已被广泛用来进行各种精密长度测量。例如,我国利用激光测长仪进行长度基准——米尺的精确测量,误差小于 $0.2~\mu m$,达到了国际水平。在大规模集成电路生产中,要求制作的误差小于 $1~\mu m$,用普通机械精密丝杆定位,误差为 $4\sim5~\mu m$,不能满足要求,将激光测长仪的传动装置改装成快动和微动相结合的运动系统,就构成了激光微定位仪,可以满足超大规模集成电路的生产要求。

二、实验指导与注意事项

(一)操作指导

(1)使用游标卡尺测量空心圆筒不同位置的内、外径及高各 6 次,测量时应注意保护量爪不被磨损,轻轻把物体夹住即可读数。使用内量爪测量圆筒内径时,需要仔细调整刀口位置,以便测出的是直径而不是弦长,使用外量爪测量外径时,注意夹持位置在量爪下端。因边缘易磨损,游标尺的"0"线被规定为读毫米的基准,主尺上接近游标"0"线左边最近的主尺刻线的数字就是主尺的毫米值。

(2)使用螺旋测微计测量之前,需要查看主副尺的零刻度线是否对齐,记下零点读数,以便对测量数据进行零修正。螺纹螺距为 0.5 mm,在固定标尺上还有一行半刻线,应注意螺杆主尺上的读数是否超过 0.5mm。测量时,先旋转微分筒使测头小砧接近被测物,后慢慢旋动棘轮使测头小砧接触被测物,听到"咯咯"止动声后停止旋转,即可读数。

(3)测量细丝时,读数显微镜移动方向与细丝直径平行,十字叉丝的竖线与细丝边缘相切。同次测量中,测微手轮需向一个方向旋转,避免产生空程误差。

(二)数据处理指导

表 1-1 为空心圆柱体的内、外径和高的测量数据,为实验直接测量的量,按实验要求进行 6 次测量,测量后对数据进行分析,如果有偏差比较大的值,寻找原因,再次进行测量。

表 1-1　空心金属圆柱体测量数据　　　　　　　　　　　　mm

次数	高(h)	内径(d)	外径(D)
1			
2			
3			
4			
5			
6			
平均值			
$\Delta_A = S$			
Δ			

注:$\Delta_B = \Delta_仪 = 0.02$ mm。

表 1-1 中的平均值应为经零点修正后的数据,即测量数据的平均值减去零点读数得到的修正值。绘制表格时要注意标好测量量的单位。因测量次数为 6 次,则 A 类不确定度 Δ_A 近似等于标准偏差 S,实验中 B 类不确定度 Δ_B 取测量仪器的误差极限 $\Delta_仪$,再利用方和根法合成这两类不确定度分量,获得直接测量的不确定度:$\Delta = \sqrt{\Delta_A^2 + \Delta_B^2}$。

空心圆柱体的体积和密度为间接测量的量,根据公式运算得到。

空心圆柱体的体积 $V = \dfrac{\pi h(D^2 - d^2)}{4}$,根据体积公式可推导获得体积的相对不确定度 $\dfrac{\Delta V}{V} = \sqrt{\left(\dfrac{2D\Delta D}{D^2 - d^2}\right)^2 + \left(\dfrac{2d\Delta d}{D^2 - d^2}\right)^2 + \left(\dfrac{\Delta h}{h}\right)^2}$,所以体积不确定度 $\Delta V = \overline{V}\dfrac{\Delta V}{V}$,从而获得体积的测量结果:$\overline{V} = \overline{V} \pm \Delta V$,空心圆柱体的密度 $\rho = \dfrac{m}{V}$,需要注意,空心圆柱体的质量 m 由实验室给出。

表 1-2 为千分尺测量的金属细棒直径,按实验要求测量 6 次,测量后对数据进行分析,如果有偏差比较大的值,寻找原因,再次测量。

表 1-2　金属细棒直径测量数据　　　　　　　　　　　　mm

项目	1	2	3	4	5	6	$\overline{d}$	Δ_A
d								

注:$\Delta_B = \Delta_仪 = 0.004$ mm。零点读数_____ mm。

同样,表 1-2 中的平均值应为经零点修正后的数据,即测量数据的平均值减去零点读数得到的修正值。绘制表格时要注意标好测量量的单位。因测量次数为 6 次,则 A 类不确定度 Δ_A 取标准偏差 S,实验中 B 类不确定度 Δ_B 取测量仪器的误差极限 $\Delta_仪$,再利用方和根法合成这两类不确定度分量,获得直接测量的不确定度 Δ_d:$\Delta_d = \sqrt{\Delta_A^2 + \Delta_B^2}$,则可以获得铁丝直径的测量结果:$d = \overline{d} \pm \Delta_d$,本次测量的相对误差为 $E = \dfrac{\Delta_d}{\overline{d}}$。

表 1-3 为读数显微镜对金属丝直径的测量。直径 d 等于右读数值减去左读数值,运算时注意有效数位的运算。

表 1-3　金属丝测量数据　　　　　　　　　　　　　mm

项目	1	2	3	4	5	6
左读数 d_1						
右读数 d_2						
直径 $d = \|d_2 - d_1\|$						

注:$\Delta_B = \Delta_仪 = 0.004$ mm。

根据表 1-3 的数据,分别计算金属丝直径的平均值 $\overline{d}$、A 类不确定度 $\Delta_A(\Delta_A = S)$、直径不确定度 $\Delta_d(\Delta_d = \sqrt{\Delta_A^2 + \Delta_B^2})$、相对误差 $E\left(E = \dfrac{\Delta_d}{d}\right)$ 和金属丝直径的测量结果 $d = \overline{d} \pm \Delta_d$,填入表 1-4 中。

表 1-4　金属丝测量数据处理

$\overline{d}$/mm	Δ_A/mm	Δ_d/mm	E	$(\overline{d} \pm \Delta_d)$/mm

代入公式计算时应按照有效数字的运算来确定间接测量量有效数字的位数,计算过程尽可能详细。

数据处理中,应注意直接或间接测量量的不确定度和相对不确定度有效位数的选取,对较复杂的计算应保留详细的计算过程。测量结果表达式为 $X \pm \Delta X$,注意 X 和 ΔX 单位统一、末位对齐。

实验 二 用拉伸法测金属丝的弹性模量

一、实验背景及应用

材料在弹性变形阶段受外力作用必然发生形变,其应力和应变成正比例关系(即符合胡克定律),比例系数称为弹性模量。弹性模量的单位是牛每平方米(N/m^2)。弹性模量是描述物质弹性的物理量,是一个统称,表示方法有"杨氏模量""体积模量"等。

弹性模量是工程材料重要的性能参数,从宏观角度来说,弹性模量是衡量物体抵抗弹性变形能力大小的尺度;从微观角度来说,它是原子、离子或分子之间键合强度的反映。弹性模量可视为衡量材料产生弹性变形难易程度的指标,是材料在外力作用下产生单位弹性变形所需要的应力。

(一)实验背景

力学知识最早起源于人们对自然现象的观察及在生产劳动中的经验。人们在建筑、灌溉等劳动中对物体平衡受力情况有了初步认识,后来在长期生产实践中,对构件的承力情况已有一些定性或较粗浅的定量认识。随着工业的发展,在车辆、船舶、机械和大型建筑工程的建造中碰到的问题日益复杂,单凭经验已无法解决。在对构件强度和刚度长期定量研究的基础上,逐渐形成了材料力学。材料在承受负载或机械传递运动时,为保证各构件或机械零件能正常工作,构件和零件必须满足如下要求:不发生断裂,即具有足够的强度;弹性变形不超出允许的范围,即具有足够的刚度;在原有形状下的平衡是稳定平衡,即构件不会失去稳定性。

弹性模量是材料力学属性之一,是工程材料重要的性能参数。根据材料性质和变形情况的不同,可将问题分为线弹性问题、几何非线性问题、物理非线性问题三类。弹性模量属于材料的线弹性问题。起初人们并没有意识到弹性变形可以影响材料的使用情况。意大利科学家伽利略为解决建造船舶和水闸所需的梁的尺寸问题,进行了一系列实验,并于1638年首次提出梁的强度计算公式。由于当时对材料受力后会发生变形这一规律缺乏认识,他采用了刚体力学的方法进行计算,以致所得结论不完全正确。后来,英国科学家胡克在1678年发表了根据弹簧实验观察所得的"力与变形成正比"这一重要物理定律,就是我们今天所熟知的胡克定律。

材料的线弹性问题是指在杆变形很小,而且材料服从胡克定律的前提下,对杆列出的所有方程都是线性方程,相应的问题就称为线性问题。对这类问题可使用叠加原理,即为求杆件在多种外力共同作用下的变形(或内力),可先分别求出各外力单独作用下杆件的变形(或内力),然后将这些变形(或内力)叠加,从而得到最终结果。那么材料承受负载小于最大承受力是不是就安全呢?实际上,在许多工程结构中,杆件往往在复杂载荷的作用或复杂环境的影响下发生破坏。例如,杆件在交变载荷作用下发生疲劳破坏,在高温恒载条件下因蠕变而破坏,或者受高速动载荷的冲击而破坏等。这些破坏是使机械和工程结构丧失工作能力的主要原因。所以在检测工程构件的力学性能之外,还要考虑材料在正常承载下的疲劳性能。

在现实世界中,实际构件一般比较复杂,所以对它的研究一般分两步进行:先作简化假设,再进行力学分析。在材料力学研究中,一般可把材料抽象为可变形固体。对可变形固体,可引入两个基本假设:连续性假设,即认为材料是密实的,在其整个体积内毫无空隙;均匀性假设,即认为从材料中取出的任何一个部分,不论体积如何,在力学性能上都是完全一样的。通常还要作以下几个工作假设:小变形假设,即假定物体变形很小,可认为物体上各个外力和内力的相对位置在变形前后不变;线弹性假设,即在小变形和材料中应力不超过比例极限两个前提下,可认为物体上的力和位移(或应变)始终成正比;各向同性假设,即认为材料在各个方向的力学性能都相同;平截面假设,即认为杆的横截面在杆件受拉伸、压缩或纯弯曲而变形,以及圆杆横截面在受扭转而变形的过程中,保持为刚性平面,并与变形后的杆件轴线垂直。对构件进行力学分析,首先应求得构件在外力作用下各截面上的内力;其次应求得构件中的应力和构件的变形;最后还需要研究构件在变形后的几何关系,以及材料在外力作用下变形和力之间的物理关系。根据几何关系、物理关系和平衡关系,可以解得物体内的应力、应变和位移。把它们和材料的允许应力、允许变形作比较,即可判断此物体的强度是否符合预定要求。用这种方法计算构件的强度,有时会由于构件的几何外形或作用在构件上的载荷较复杂而得不到精确的解,但由于方法比较简便,又能提供足够精确的估算值,所以可以给工程技术人员作为工程结构初步设计的数据参考和理论依据。

(二)拓展应用

弹性模量可视为衡量材料产生弹性变形难易程度的指标,其值越大,使材料发生一定弹性变形的应力也越大,即材料的刚度越大。换句话说,在一定应力作用下,发生弹性变形越小。弹性模量是指材料在很小弹性形变范围内的性质,一般情况下很难察觉到的变形,因为相对于原长而言,这么小的变形量可以忽略不计,一般仪器也很难测量到。本实验采用光杠杆放大法(图 1-4)测量微小变形量,直接测量的是改变量的一端,而不是测量全长。

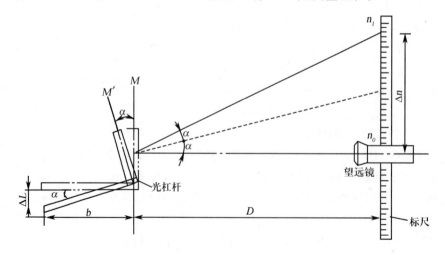

图 1-4　光杠杆法测金属丝伸长量示意图

　　实验中增减砝码,金属丝长度发生微小变化,光杠杆后足同步发生微小升降,使得光杠杆的镜子倾角发生微小变化,望远镜中看到的标尺位置则有较大变化。这种方法启发我们测量微小量时,要变通思路,考虑问题的主要方面,忽略一些次要因素,这样更能突显不易察觉的,我们关心的微小变化量。ΔL 指实际伸长量,Δn 对应放大后的伸长量,即刻度尺上的读数。当角度 α 很小的时候 $\alpha \approx \tan\alpha$,根据实验中光路图中的几何关系计算如下。

$$\alpha \approx \tan\alpha = \frac{\Delta L}{b}$$

$$则\ 2\alpha \approx \tan 2\alpha = \frac{\Delta n}{D}$$

　　所以实验测量长度 Δn 相对金属丝伸长量 ΔL 放大倍数为 $\dfrac{\Delta n}{\Delta L} = \dfrac{2D}{b}$

　　实验中 D 以米(m)为单位,b 以厘米(cm)为单位,所以放大了近百倍。

　　本实验将光学中的直线传播规律应用于测量长度,我们获得的知识不仅仅是定理和定律,在实验中体会其中的转换技巧,以后在解决问题的过程中,学会融会贯通,可以提高自己驾驭应用知识的能力。只要一直这样不断尝试和努力,相信未来可期。

二、实验指导与注意事项

(一)操作指导

(1)仪器调节过程中,禁止直视激光器。

(2)仪器调节过程中,光杠杆的后足尖一定要放在圆柱形夹持件上,并且不能和金属丝相接触;两个前足尖必须放在平台的任意凹槽内。如果光杠杆的后足尖不在圆柱形夹持件上,那么加减砝码的过程中刻度尺的读数不变,则无法测量伸长量;如果光杠杆的后足尖与金属丝相接触,可能导致无法正确读数。如果两个前足尖没有放在平台的任意凹槽内,在加减砝码的操作过程中,光杠杆可能会从平台上掉落,而且无法确定光杠杆的位置,后面也无法测量距离。

(3)仪器调节过程中,望远镜筒位于刻度尺的中部,不能在刻度尺的顶部,并且保持望远镜筒水平。

(4)加减砝码过程中,一定轻拿轻放,不要给金属丝施加纵向力。

(5)实验结束关闭仪器电源。

(二)数据处理指导

　　本实验的实验数据(表 1-5)为加砝码后金属丝伸长量的测量值。镜面到标尺的距离 D、金属丝的原长 L、光杠杆的杆长 b 各测 1 次,记录到表 1-5 下方。

表 1-5 金属弹性模量测量数据表   cm

砝码/kg	n_i	增加 n_i	减少 n_i	$\overline{n_i}$	$|n_{i+3}-n_i|$	$\overline{n_{i+3}-n_i}$	S	$\Delta(\Delta n)$
1	n_0							
2	n_1							
3	n_2							
4	n_3							
5	n_4							
6	n_5							

注:$D=$ _____ cm $\Delta D=0.5$ cm

$L=$ _____ cm $\Delta L=0.1$ cm

$b=$ _____ cm $\Delta b=0.05$ cm

$d=\underline{0.060\ 0}$ cm $\Delta d=0.000\ 4$ cm

实验中虽然从标尺上进行了 6 次读数,但每挂 1 kg 砝码时的伸长量 $\overline{\Delta n}$ 实际上是由 6 次读数计算获得的,只有 5 次,为了避免依次相减获得每一项 $\overline{\Delta n}$ 后再逐次相加而导致的中间数值抵消问题 $\overline{\Delta n}=\dfrac{1}{5}\big[(n_1-n_0)+(n_2-n_1)+\cdots+(n_5-n_4)\big]=\dfrac{1}{5}(n_5-n_0)$,采用逐差法来处理数据,将 6 个数据分成 2 组,然后对应相减,即间隔 3 kg 的 $\Delta n=|n_{i+3}-n_i|$,随后依次计算 $n_{i+3}-n_i$ 的平均值 $\overline{n_{i+3}-n_i}$,标准偏差 S,和不确定度 $\Delta(\Delta n)$,注意采用逐差法处理数据后 Δn 只有 3 组,所以 $\Delta(\Delta n)\approx 2.5S$。

根据以上数据带入公式计算得到金属丝的弹性模量 $\overline{E}=\dfrac{8LDF}{\pi d^2 b\overline{\Delta n}}$,其中 F 为 3 kg 砝码施加的重力,所以 $F=3\times 9.80\ \text{N}=29.4\ \text{N}$;因为金属丝的弹性模量为间接测量量,由多个直接测量量计算获得,其相对不确定度可通过推导得出:

$$\frac{\Delta E}{\overline{E}}=\sqrt{\left(\frac{\Delta L}{L}\right)^2+\left(\frac{\Delta D}{D}\right)^2+\left(\frac{\Delta b}{b}\right)^2+\left(\frac{2\Delta d}{d}\right)^2+\left[\frac{\Delta(\Delta n)}{\Delta n}\right]^2}$$

再计算出金属丝弹性模量的不确定度 $\Delta E=\overline{E}\dfrac{\Delta E}{E}$,就能得到金属丝弹性模量的测量结果 $\overline{E}\pm\Delta E$ 了。

由于计算时涉及多个测量量,且各物理量的单位不统一,计算前应先把所有物理量的单位换算统一再进行计算,以防止计算结果出现数量级的错误。

碰撞实验

一、实验背景及应用

物体间的碰撞与击打是生活中最常见也最直观的现象，人们对此现象的观察和研究自然也就比较多，因此发现了动量守恒定律。动量守恒定律是自然界最基本的规律之一，不仅适用于宏观物体的低速运动，也适用于微观物体的高速运动。小到微观粒子，大到宇宙天体，无论内力是什么性质的力，只要满足守恒条件，动量守恒定律总是适用的。其应用也极为广泛，小至原子核物理研究，大至天体运动，近到生活中各种运动，远至火箭发射，都能发现动量守恒定律的作用。

（一）实验背景

动量概念的建立和动量守恒定律的发现是在漫长的实践过程中逐步认识、不断完善而发展起来的。最早公开发表有关碰撞问题研究成果的是罗马帝国时代布拉格大学校长、物理学教授马尔西（Marcus Marci，1595—1667 年）。他通过用一颗大理石球对心撞击一排大小相等同样质料的球，观察到运动将传递给最后一个球，中间的球毫无影响。马尔西在 1639 年发表的著作《运动的比例》中指出，一个物体与另一大小相同处于静止状态的物体作弹性碰撞，就会失去自己的运动，把速度等量地交给另一物体。这表明马尔西已经认识到碰撞过程中的动量守恒。不过，他没有对此作进一步的理论分析。

最早建立碰撞理论的法国科学家笛卡尔（René Descartes，1596—1650 年），以思辨、演绎的形式提出动量及其守恒的概念。笛卡尔是著名的哲学家，从哲学方面给物理学开辟了独特的道路。1644 年，笛卡尔在他的《哲学原理》一书中讲道："物质有一定量的运动，这个量从来不增加也从来不减少，虽然在物质的某些部分有所增减。就是这个缘故，当一部分物质以两倍于另一部分物质的速度运动，而另一部分物质却大于这一部分的物质的两倍时，我们应该认为这两部分的物质具有等量的运动。并且，我们应该认为每当一个部分的物质运动减少时，另一部分就相应地增加。"显然笛卡尔已将物质的量和运动的度量两者结合在一起，这两者的结合就是后来的动量（mv）的概念，不过当时还没有建立"质量"的概念，所以书里没有用数学形式写出动量表达式。另外，笛卡尔关于宇宙中"物质与运动的总量必然是个常数"的说法表现了动量守恒的基本思想。他还总结了七条碰撞规律，不过因为不了解动量的矢量性，因此没有区分弹性碰撞和非弹性碰撞。

因为碰撞是力学研究的基本问题之一，英国皇家学会于 1668 年悬赏征文，发动鼓舞科学界人士从实验和理论上开展碰撞问题的研究。其中有 3 个人的工作最为突出，瓦利斯（John

Wallis,1616—1703 年)讨论了非弹性物体的碰撞,认为碰撞中起决定作用的是动量,在碰撞前后动量的总和应保持不变。雷恩(Christopher Wren,1632—1723 年)通过悬置物体实验,提出了弹性碰撞的特殊规律,即当两物体速度大小与质量成反比时,碰撞后各自以原来的速度弹回。他还研究了求末速度的一般经验公式,不过没有进一步做出理论证明。影响最为深远的是荷兰物理学家惠更斯(Christiaan Huygens,1629—1695 年),他对碰撞现象做了比较细致的研究,在《论碰撞作用下物体的运动》一文中得出了一些重要结论。例如,文中第一条(结论一):"两个质量相同并以相同的速度相向运动的物体,在发生刚性的对心碰撞后,都保留碰撞以前的速度而相互弹开。"这个结论又做了实验来证明,即著名的惠更斯小船实验:假定小船以速度 v 相对于岸运动,两个质量相同的小球以相对于船为 $+v$ 或 $-v$ 的同样速度相向碰撞,碰撞后的两个小球将以同样的速度向反向运动。实验还运用了相对性原理。在实验中,从岸上的人来看,两个物体的速度将从碰撞前的 $2v$ 和 0 变为 0 和 $2v$。惠更斯由此得出另一结论(结论二):一个物体以某一速度与质量相同的另一静止物体碰撞后,前者静止下来,后者则以前者原来的速度沿相同的方向运动,即两个质量相同的物体碰撞后交换速度。同样是相类似的实验,想象一个人站在以速度为 u 做匀速运动的船上,用吊起的两个相同的钢球做碰撞,另一个人站在岸上观察。对船而言,两球以相同的速度接近而碰撞,根据相对性原理,船上的人看到相对船而言的最简单的碰撞,在碰撞后(对船而言)两球将保持碰撞前的速度而被弹开;但对于站在岸上观察的人来说,两球是以不同的速度($v+u$)和($v-u$)相向碰撞的,碰撞后两球的速度分别变为($v-u$)和($v+u$)。结论三:一个质量较大的物体碰撞质量较小的物体,前者会给后者以某一速度,同时自己的速度减小。两个物体碰撞后,如果一方的速度的绝对值不发生变化,另一方也不会变化。结论四:惠更斯研究了两个质量不同,运动速度也不同的物体的对心碰撞。他从一个特例,即两球的质量成反比的情况入手,再次采用相对性原理,从而得出了一般情况下碰撞后的速度。

惠更斯在对碰撞的详尽研究中得出了几个重要概念,主要是以下两条:两个物体所具有的运动量在碰撞中可以增多或减少,但是它的量值在同一方向上保持不变;两个、三个或任意多个物体的共同重心,在碰撞前后总是朝着一个方向做匀速直线运动。惠更斯除了强调运动量的数值大小之外,还明确了运动量的方向性,不仅完善了动量守恒原理,还把"矢量"的概念引入了物理学,从而为牛顿运动定律的提出和适量力学的建立作了概念的准备,这是物理学思想的一个重大进步。

在另一个定理中,惠更斯认为:"在两个物体的碰撞中,它们的质量和速度平方乘积的总和,在碰撞前后保持不变。"这就是完全弹性碰撞中机械能守恒定律的具体表现。碰撞问题的研究和动量守恒原理的发现,为建立作用和反作用准备了一定的条件,从而完成了伽利略以来为建立力学体系而作的奠基性工作。

任何物理定律都有它的适用范围,动量守恒定律既是物理学的基本定律之一,也不会有所例外。动量守恒定律只能应用在所谓"闭合系统",即不受"外力"作用或外力的矢量和等于零的系统。也就是说,在系统中所有的作用力全是"内力",它们是由构成系统的物体(或质点)间的相互作用而产生的。所以,动量守恒定律可以表述为,在没有外力作用或外力的矢量和等于零的情况下,一个系统里所有物体(或质点)的动量的矢量和保持不变。

瓦利斯、雷恩和惠更斯的研究其实已经包含了牛顿第三定律的思想,对牛顿建立第三定律有很大的启发作用。然而,在牛顿力学体系建立起来以后,动量守恒的地位却有了新的变化。

根据牛顿第三定律,很容易就能推得动量守恒定律的数学形式。1687年,牛顿在他的《原理》中明确提出了动量的定义,并且通过他所总结的第二定律揭示出,在物体的相互作用中,正是动量这个物理量反映着物体运动的客观效果。此后,把动量当作运动的唯一量度得到了科学界的普遍承认。

爱因斯坦(Albert Einstein,1879—1955年)基于"光速不变原理"和"相对性原理"两个基本假设,建立了狭义相对论的理论框架。在此框架中,爱因斯坦曾用"爱因斯坦箱"对物质的惯性质量和其能量间的关系进行了讨论,对物质的动量进行了无形的假设。爱因斯坦箱的模型是:"假定有一个质量为M、长度为L的箱子,远离其周围的物体,并且在初始时刻是静止的。设想从箱子的一端发出一定量的辐射能E,辐射携带的动量等于E/C。由于该系统的总动量保持为零,箱子必定获得动量$-E/C$。"此中"该系统的总动量保持为零"本质上就无形假设了动量守恒。爱因斯坦箱实际上代表了一个孤立的封闭系统,此中的动量守恒,与笛卡尔的宇宙的动量守恒如出一辙。其实,在近代物理的相对论和量子理论中,对孤立系而言,都存在着动量守恒的规律。而且任何一个理论体系的建立,最初都是假设了动量守恒定律的存在,而在所建立的完备的理论体系中,又可以推导得到动量守恒定律。这一方面说明了建立的理论体系的完备和自持性;另一方面,也说明了动量守恒定律具有普适性,并不依赖于任何理论框架和形式。

(二)拓展应用

碰撞及动量守恒定律作为最普遍的行为和定律,广泛应用于我们的日常生活、工农业生产中,在航空航天、基本粒子、核反应等科学研究领域也有着重要的作用。从幼年时期的弹玻璃珠游戏,到台球、羽毛球、网球等球类运动,有着充足经验和智慧的运动员们,无不自觉或不自觉地应用着动量守恒定律。例如,在台球比赛中,经常会出现绝妙的一杆,运动的白色母球碰撞静止的某号码球之后,白色母球停下,而该号码球则运动起来。貌似简单的现象,正蕴含着普遍的规律,两球质量相当,碰撞后两球的运动状态之所以会改变,是因为在碰撞过程中,受到了撞击力的作用,而力恰是改变物体运动状态的原因,母球的动量传递给了号码球,但是两者的总动量是不变的。

利用动量守恒定律条件下的作用力和反作用力,给生活带来了很多便利。例如,现在比较流行的喷气式飞行器、喷气式飞机,它们做的都是反冲运动,即在一个物体的内部,一部分做出某一方向的运动,另一部分就一定会向相反方向运动,也就是与喷射气体相反的方向运动,就恰好是动量守恒定律的体现。在喷气式飞行过程中,其内力之和远大于外力的作用,这就是为什么可以喷气式飞行的原因。类似的应用在爆炸、射击等方面也有明显的体现,火药的爆炸力远大于该瞬间所受的外力,故可认为动量守恒,即反冲过程动量守恒。利用这一原理,人们给自己设计了强有力的翅膀——火箭,来研究我们所处的浩瀚宇宙。宇宙飞船、导弹等均以火箭为动力,火箭飞行的原理实质上就是动量守恒定律。火箭体燃烧室内,燃料燃烧生成的高温高压气体不断由火箭向后喷出,获得向后的动量,因此按动量守恒定律,火箭获得向前的动量。燃料不断燃烧,连续向后喷出气体,使火箭不断地受到向前的反冲,这个反冲力即推动火箭箭体加速飞行的动力。由于燃料不断燃烧,火箭体质量不断减少,所以火箭体是一个变质量物体。

在近代物理中,我们的研究对象扩展到高速、微观领域,此时牛顿运动定律已不再适用,但动量守恒定律却仍发挥着重要的作用。有关动量守恒定律在物理前沿研究中的作用不胜枚举。卢瑟福通过粒子散射实验揭示了原子的核式结构模型,指出原子可能是由质子和电子组成;康普顿通过康普顿效应进一步证实了光的粒子性;查德威克用粒子轰击铍(Be)原子核,研究产生的射线发现了中子;费米在核反应堆中用石墨、重水等做慢化剂,使铀核裂变的链式反应得以维持,等等。这里我们只简单介绍中子的发现历程。

英籍新西兰物理学家欧内斯特·卢瑟福(Ernest Rutherford,1871—1937 年)通过 α 粒子散射试验提出了原子结构的核式结构模型,并指出原子可能是由质子和电子组成。但是,由于原子核的质量远大于质子和电子的质量,质量数并不守恒。因此,1920 年卢瑟福在皇家学会贝克里安演讲中,首次预言了中子的存在。其后许多学者加入了寻找中子的行列中。

1928 年,德国物理学家瓦尔特·威廉·格奥尔格·博特(Walther Wilhelm Georg Bothe,1891—1957 年)和他的学生贝克尔(H. Becker)用钋发射的 α 粒子轰击一系列氢元素,发现 α 粒子轰击钋时,会使钋发射穿透能力极强的中性射线,强度比其他元素所得要大过十倍。1930 年,波特和贝克尔发表了这一结果,并断定这种贯穿辐射是一种特殊的 γ 射线(后被证实是错误的,也因此错失"中子")。

1931 年底,法国物理学家伊雷娜·约里奥-居里(Irène Joliot-Curie,1897—1956 年)和她的丈夫让·弗雷德里克·约里奥-居里(Jean Frédéric Joliot-Curie,1900—1958 年)(居里夫人的女儿和女婿)公布了他们关于石蜡在"铍射线"照射下产生大量质子的新发现。

约里奥-居里夫妇的发现点醒了正在试图探索中子的英国物理学家詹姆斯·查德威克(James Chadwick,1891—1974 年)。查德威克意识到这些射线可能是由中性粒子构成的,而这正是验证"中子语言"的关键钥匙。查德威克立刻跟导师卢瑟福联手开展了一系列试验以研究这种中性粒子的性质。查德威克实验发现,该射线轰击石蜡后的产物包括质子流,而质子的动能是 5.7 MeV,如果把这个粒子当成 γ 射线,用康普顿散射来解释的话,由动量守恒定律可知光子能量约为 55 MeV;他们又用同样的射线轰击了氮核,而氮核的动能是 1.2 MeV,用同样的计算方法可得光子的能量约为 90 MeV。同一种光子能量不会差距这么大,所以很明显,这不是光子,而是一种新的中性粒子,即中子。查德威克也因此获得 1935 年的诺贝尔物理学奖。中子的发现是原子核物理发展史上的里程碑,具有划时代的意义,也使科学家们对原子量与原子序数的关系,以及原子核的自旋、稳定性等原子核的特性问题有了新的认识,标志着人们完成了对物质的原子核层次的基本认识。同时,质子和中子的发现,澄清了原子核的基本结构,奠定了核模型理论的基础,也推动了核物理的飞速发展。

中子最著名也最恐怖的应用之一就是中子弹,其特殊之处在于能够"杀人却不毁物"。中子弹的本质是以高能中子辐射为杀伤力的氢弹。中子弹能够在爆炸瞬间释放出具有强贯穿力的高能粒子流,这种粒子流能够毫不费力地穿透几十厘米厚的钢板,杀死在坦克、建筑物内的人员,而完整保留下物体。同时,这种中子流的短效特性也使得爆炸区的污染程度降到最低,在爆炸一天后就能进入爆炸区。中子流对之所以能够杀人,主要是因为高能中子流对人体内部元素造成了分子和原子改变,从而影响了细胞的结构和活性。当被灭活的细胞达到一定数量时,人体的器官组织也将发生病变,最终导致人体死亡。

后来,意大利物理学家费米用中子作"炮弹"轰击铀原子核,发现了核裂变和裂变中的链式反应,开创了人类利用原子能的新时代。1942 年,费米主持建立了世界上第一个"核反应堆"装置,用可控的链式反应实现了核能的释放,开辟了和平利用核能的可靠途径。

动量守恒定律是对自然世界物质基本运行规律的总结,来源于生活,也作用于生活。科学家们研究生活现象,总结规律,发展科学技术。但是科技是一把双刃剑,如果将科学技术用在反人类的事情上,会贻害无穷;如果将之应用于改善人类的生活中,则会造福无数。

二、实验指导与注意事项

(一)操作指导

(1)气垫导轨是高精密仪器,实验中必须避免导轨受碰撞、摩擦、重压而变形、损伤。

(2)使用时要先通气,待气垫导轨稳定后才能放滑块,使用完毕后,应先取下滑块再关闭气源,不得违序操作。

(3)挡光片要从光电门的空隙穿过,不能碰到光电门。

(4)不得用手摸气轨表面和滑块内侧面,以免划伤。

(5)保障气轨气孔通畅,如果发现堵塞,应先停止实验,排除故障后再继续。

(6)滑块要轻拿轻放,实验时滑块的速度不能太大,以免在与导轨两端缓冲弹簧碰撞后跌落而使滑块受损。

(7)保证碰撞为对心碰撞,碰撞前后滑块没有左右、上下晃动。

(8)在滑块上加砝码时,务必对称放置,保障滑块平衡。

(二)数据处理指导

表 1-6 为两个质量相当的滑块碰撞实验数据,由 $\dfrac{\Delta x}{\Delta t}$ 获得相应速度数据 v_{10}(滑块 1 碰撞前速度)和 v_2(滑块 2 碰撞后速度),再计算相应滑块动量数据 $m_1 v_{10}$(滑块 1 动量)和 $m_2 v_2$(滑块 2 动量),随后计算出碰撞的恢复系数 $e\left(e=\dfrac{v_2-v_1}{v_{10}-v_{20}}\right)$、在碰撞的动能损耗 $R\left(R=\dfrac{m_1+m_2 e^2}{m_1+m_2}\right)$ 和实验相对误差 $E\left(E=\left|\dfrac{m_2 v_2-m_1 v_{10}}{m_1 v_{10}}\right|\times 100\%\right)$。

(1)$m_1=m_2$,$v_{20}=0$。

表 1-6　质量相当的滑块碰撞实验数据

次数	Δt_{10}/ms	Δt_2/ms	$v_{10}\times 10^{-2}$/ (cm/ms)	$v_2\times 10^{-2}$/ (cm/ms)	$m_1 v_{10}$/ [(cm·g)/mg]	$m_2 v_2$/ [(cm·g)/mg]	e	R	$E/\%$
1									
2									
3									

注:$m_1=$_____ g,$m_2=$_____ g,$\Delta x=$_____ cm。

表 1-7 为两个质量有明显差异的滑块碰撞实验数据,由 $\dfrac{\Delta x}{\Delta t}$ 获得相应速度数据 v_{10}、v_2 和 v_1,再计算相应滑块动量数据 $m_1 v_{10}$ 和 $m_2 v_2+m_2 v_2$,随后计算出恢复系数 $e\left(e=\dfrac{v_2-v_1}{v_{10}-v_{20}}\right)$、动能损

耗 $R\left(R=\dfrac{m_1+m_2e^2}{m_1+m_2}\right)$ 和实验相对误差 $E\left(E=\left|\dfrac{m_1v_1+m_2v_2-m_1v_{10}}{m_1v_{10}}\right|\times100\%\right)$。

（2）$m_1\neq m_2(m_1>m_2)$，$v_{20}=0$。

表 1-7　质量有明显差异的滑块碰撞实验数据

次数	Δt_{10}/ms	Δt_2/ms	Δt_1/ms	$v_{10}\times10^{-2}$/(cm/ms)	$v_2\times10^{-2}$/(cm/ms)	$v_1\times10^{-2}$/(cm/ms)	m_1v_{10}/[(cm·g)/ms]	$m_1v_1+m_2v_2$/[(cm·g)/ms]	e	R	$E\%$
1											
2											
3											

注：$m_1=$＿＿＿＿g，$m_2=$＿＿＿＿g，$\Delta x=$＿＿＿＿cm。

数据处理与分析有几点注意事项：

（1）计算时注意直接测量值运算得到的间接测量值的有效位数取舍。

（2）计算完成后需要分析两表中碰撞恢复系数 e 和动能损耗 R，了解完全弹性碰撞的特性规律。

（3）根据两表中的相对误差，分析实验中的误差来源，思考改进措施。

驻 波 实 验

一、实验背景及应用

波的形式多种多样,能够引起听觉效果的是声波,能够引起视觉效果的是光波、水波。当两列波相遇时会有什么故事发生呢?如果这两列波是相干波,它们在相遇区域会发生相干叠加。有一种叠加的特殊现象是形成驻波。应用驻波形成原理可以制成的各种乐器如弦乐器、管乐器和打击乐器等。近年来还有应用驻波制作的神秘的悬浮现象,可以让物体停在半空中。

(一)实验背景

波是自然界的一个最为重要的物理现象。从热、光、广播和电视,再到音乐、地震和全息图,波在很多物理过程中扮演着重要的角色。声波的传递需要借助于空气,水波的传播需要借助于水等。受经典力学思想影响,科学家们开始接受光具有波动性后,便假想宇宙到处都存在着一种称之为以太的物质,光的传播就是借助于这种物质进行的。1887 年,美国科学家迈克尔逊(Albert Abraham Michelson,1852—1931 年)与莫雷(Edward Morley,1838—1923 年)设计了一项实验来探测以太。因为地球约以 30 km/s 的速度绕太阳运动,必定会遇到约 30 km/s 的"以太风",这会对光的传播产生影响。光在地球运动方向上的传播速度应与直角方向上的传播速度不同。但是,他们没有发现任何以太效应。他们最初认为,实验本身可能存在缺陷,采用各种方法来改进实验的稳定性和精确度,依然没有发现以太效应。爱因斯坦以此实验结论为基础创建了狭义相对论。随着电磁学的发展,麦克斯韦(James Clerk Maxwell,1831—1879 年)在前人研究的基础上建立了电磁学理论,这一理论提供了位移电流的观念,磁场的变化又能产生电场,而电场的变化又能产生磁场,将电学与磁学统合成一种理论,还预测了电磁波辐射的传播存在,指出光是电磁波的一种。1887 年德国科学家赫兹(Heinrich Rudolf Hertz,1857—1894 年)通过实验证实了电磁波的存在,还证实了电磁波速与光速相同,电磁波与光具有类似的反射、折射、衍射、干涉等性质,全面证实了麦克斯韦电磁理论的正确性,也确定了光是电磁波的一种,光的传递不依赖于任何物质,在真空中也可以传播。

波在空间中传播,那么当两列波相遇时会发生什么现象呢?如果这两列波是相干波,它们在相遇区域会发生相干叠加。有一种叠加的特殊现象是形成驻波。

驻波[stationary wave(英)/standing wave(美)]是指频率相同、传输方向相反的两种波,沿传输线形成的一种分布状态。在波形上,波节和波腹的位置始终是不变的,给人"伫立不动"的印象,但它的瞬时值是随时间而改变的。如果这两种波的幅值相等,则波节的幅值为零。驻波的平均能流密度等于零,能量只能在波节和波腹之间来回流动。

弦乐器是由一组两端固定的不同粗细的弦做成的,并带有调音弦轴以调整弦的松紧,演奏准备时调弦,改变张力的大小,张力越大音调越高。演奏过程中,演员不断变换指位奏出不同的音符,是在改变弦长,弦越短,音调越高,小提琴内弦的最低几个指位上能发出非常尖锐的高音调。通过指位的变化,可以改变音调奏出美妙的音乐。如果没有了驻波,也就没有了各种美妙的音乐。

(二)拓展应用

很多有趣的现象实质都是驻波。驻波在我们生活中的应用有很多,最熟悉的就是各种弦乐、管乐。除了在乐器上的应用,其他方面也有驻波现象,如图 1-5 所示的火箭尾部的马赫环。

图 1-5　火箭尾部的马赫环

火箭是由于喷射气体产生的推力运动的,但是气体的扩散速度并没有火箭快。当气体过度膨胀时,与外部大气相比,排出的气体压强较低,导致排气被向内挤压。这种压缩增加了排气的压力,但是,气流可能被压缩得太多,以致其压力超过大气压。结果,气流再次向外膨胀以减小压力。波浪结构会在过大的流动中产生马赫环。每次气流通过这些压缩和膨胀过程之一时,内部压力和外部压力之间的差都会减小。随着时间的流逝,压缩和膨胀过程会不断重复,直到排气压力变得与周围大气压相同为止。这就是马赫环形成的原因。压缩就是波节,膨胀就是波腹,这样往复循环就是马赫环。

轮胎驻波危害极大,几乎不易察觉,一旦发生就是较大的事故(图 1-6)。正常情况下,车轮在滚动过程中,轮胎与地面接触点受到压缩变形,此时轮胎的形状是平的。当接触点区域离开地面后,由于轮胎具有弹性,又会恢复成原状。但当高速行驶时,由于被压缩的轮胎部位还没有来得及恢复原状,又被压缩了,如此反复就会出现明显的波浪状变形,这就是轮胎的驻波现象。简单来说,就是当车速很快的时候,轮胎复原形状的速度赶不上转速就会产生驻波现象。

轮胎都有最高可用速度,即"临界速度",如果长时间以这一速度行驶,驻波现象出现的概率就越大。此外,过期的轮胎弹性小,容易出现龟裂纹,产生驻波现象的概率就更高。随着人们生活水平的提高,家用轿车的普及,我们在高速开车的时候,要控制好车速,同时在选择轮胎的时候,也需要注意轮胎的速度等级(图 1-7),并且及时更换轮胎。

声悬浮是高声强条件下的一种非线性效应,其基本原理是利用声驻波与物体的相互作用产生竖直方向的悬浮力以克服物体的重量,同时产生水平方向的定位力将物体固定于声压波节处(图 1-8)。

图 1-6　轮胎驻波造成的事故

速度等级对应表		
速度级别	最高时速/(km/h)	适用范围
L	120	
M	130	
N	140	
P	150	
Q	160	紧凑级轿车
R	170	
S	180	
T	190	
U	200	
H	210	中高端轿车
V	240	
W	270	大型豪华轿车、
Y	300	超级跑车等
ZR	超过240	

图 1-7　轮胎的速度等级

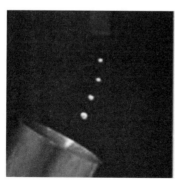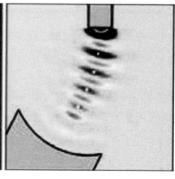

图 1-8　声悬浮

驻波就在我们身边,我们学习知识不仅是知其所以然,还应该学会如何去运用。要培养驾驭应用知识的能力,关键在于有意识地练习与训练,熟能生巧。在做实验的过程中,要多问为什么,动手动脑去解决问题,经过系统的训练,相信终将能够学以致用。

二、实验指导与注意事项

(一)操作指导

(1)实验中的金属丝很细,查看托盘质量时应注意不要扭折弦线。

(2)频率的调节。由于固定的弦线长度和张力,频率越小,相邻波节之间的距离越大。因此最小频率在 40 Hz 以上才能看见满足实验条件的稳定驻波。

(3)弦线长度的调节。实验通过改变弦线右端滑块的位置来改变形成稳定驻波的弦长。在调节过程中要注意观察,不能让滑块右端剩有太长弦线,否则可能无法观察到满足实验条件的稳定驻波。

(4)理论上相邻两个波节之间的距离是半波长的长度,测量半波长的长度误差比较大,实际测量时要求最少要测量三个波节之间的距离,即 $n \geqslant 3$。

(二)数据处理指导

表 1-8 中记录实验中在自主选择的不同振动频率 f 时,选取 n 个波节的弦长 L。

表 1-8　驻波实验测量数据表

测量序号	n	f/Hz	L/cm	$\sigma/(10^{-3}\,\text{kg/m})$
1				
2				
3				
4				
5				
6				

注:砝码加砝码盘的质量 $m=$ _____ kg,张力 $F=mg=$ _____ N。

其中弦线上的张力 F 为实验中悬挂砝码和砝码托盘的重力,根据砝码和砝码托盘的总质量数据计算重力获得,计算过程中要注意有效数字不能丢失。

根据公式 $\sigma=(n-1)^2 \dfrac{mg}{4L^2 f^2}$ 计算弦线密度,计算时要注意单位换算,公式中的所有测量量要统一换算到国际单位,否则可能会发生数据的数量级错误。

根据计算的弦线密度数值进一步计算弦线密度平均值 $\bar{\sigma}$ 和弦线密度的不确定度 $\Delta\sigma(\Delta\sigma=S)$,获得弦线密度表达式 $\bar{\sigma}\pm\Delta\sigma$,并分析实验测量的相对误差 $E=\dfrac{\Delta\sigma}{\bar{\sigma}}\times100\%$。

液体表面张力系数的测定

一、实验背景及应用

液体的表面张力使液体表面有自动收缩到最小的趋势,并使液体表面层显示出一些独特性质。例如,表面张力、表面能、表面吸附、毛细现象、过饱和状态等。这些独特的性质使其有着广泛的应用。

(一)实验背景

液体表面的分子都会受到内部分子的吸引作用,称为内聚力。把分子从液体内部移到表面必须克服内聚力做功,就像把物体从低处搬到高处必须克服重力做功一样。因此,液体表面的分子比液体内的分子具有较高的势能,称为表面能。就如张紧的弹性薄膜具有弹性势能一样,液面将有收缩的趋势。

在液体和气体的分界处,液体表面及两种不能混合的液体之间的界面处,由于分子之间的吸引力,产生了极其微小的拉力。假想在表面处存在一个薄膜层,承受着此表面的拉伸力,液体的这一拉力称为表面张力。

由于表面张力仅在液体自由表面或两种不能混合的液体之间的界面处存在,一般用表面张力系数 σ 来衡量其大小。σ 表示表面上单位长度所受拉力的数值,单位为牛/米(N/m)。各种液体的表面张力涵盖范围很广,其数值随温度的增大而略有降低 。

在我们的日常生活中,水黾在水面上自由地舞动,既不会划破水面,也不会浸湿自己的腿,荷叶上滚圆的水珠,雨后水滴在枝头悬而不落,水面稍高出杯口而不外溢等现象,都是表面张力作用的结果 。

液体的表面张力是液体本身的一种性质,主要由液体本身决定。无机液体的表面张力比有机液体的表面张力大得多,也就是说液体表面张力与液体的种类有关。水的表面张力为 72.8 mN/m(20℃),有机液体的表面张力小于水,含氮、氧等元素的有机液体的表面张力较大,含氟、硒的液体表面张力最小。水溶液如果含有无机盐,表面张力比水大;含有有机物,表面张力比水小。

表面张力的方向与液面相切,并与液面的任何两部分分界线垂直。表面张力还与液体的性质和温度有关。一般情况下,温度越高,表面张力就越小。另外,杂质也会明显地改变液体的表面张力。例如,洁净的水有很大的表面张力,而沾有肥皂液的水的表面张力就比较小。也就是说,洁净水表面具有更大的收缩趋势。

液面与固体接触时,液面分子除受到来自液体内部的内聚力外,还受到固体分子的吸引作用,称为附着力。内聚力使液面趋于收缩,附着力使液面在固体上铺展,两种力竞争达到平衡时，就形成了一定的接触角。在液面与固体的接触处，液面的切线方向与固体表面（穿过液体一侧）的切线方向的夹角 θ 称为接触角。附着力大于内聚力，则 $\theta < \dfrac{\pi}{2}$；内聚力大于附着力，则 $\theta > \dfrac{\pi}{2}$。可通过一个随手可做的实验来观察附着力与内聚力的竞争现象，即观察水杯中浮在水面的微粒，由于附着力大于内聚力，微粒向杯壁运动，最终停滞在杯子边沿。当缓慢地将杯子倾斜，试图将微粒随水倒出时，水流出方向的附着力消失，微粒受杯中水的内聚力作用，反而有往后滞留的现象。当 $\theta < \dfrac{\pi}{2}$ 时，液体有尽量覆盖固体的倾向，称为液体润湿固体；当 $\theta = 0$ 时，称为完全润湿，例如，水在洁净的玻璃表面；当 $\theta > \dfrac{\pi}{2}$ 时，液体有尽量不覆盖固体的倾向，称为液体不润湿固体；当 $\theta = \pi$ 时，称为完全不润湿，例如，汞在玻璃表面。

接触角的位置实际上是三相交汇的地方，或者说是三个界面交汇的地方，一般为固-液-气三相，对应液-气（即通常意义的液体表面）、固-液、固-气三个界面，另外还可能是固-液-液、液-液-液、液-液-气等。与液体的表面能概念一样，每种界面都有相应的界面能，同样表现为界面张力。三相交汇处各界面的能量竞争使系统能量最低，张力相互平衡，就决定了各界面的取向。界面能越高，界面越容易收缩或被覆盖，反之，界面能越低，界面越容易扩张或暴露。一般说来，密度差越大的界面，界面能越低，所以，界面能大小的一般排序为：固-气、液-气、固-液、液-液。但也不尽然。从自然现象可知，水银在空气中的表面能比一般固体都高，荷叶的表面能一定比水的表面能低。在物体表面喷涂上一层低表面能的薄膜，可使物体的表面不易受到污染，经久耐用的低表面能涂料一直是此工艺领域的追求目标。镀有防水膜的泳镜、浸染了防水涂料的防水布等都有很低的表面能，使水不能附着在其表面上。反之，活性炭的吸附功能则有赖于它有很高的表面能，更重要的是其巨大的比表面积。

两个稳定相之间的界面能是稳定的，在一定的环境条件下为常量。但是，界面能很容易受杂质的影响。以水为例，使其表面能降低的物质称为表面活性物质，反之为非表面活性物质。表面活性物质有尽量分布在表面的趋势，所以只需很小的浓度，就能显著地降低表面能，肥皂是最常见的表面活性剂。非表面活性物质趋于分布在液体内部，所以对提高表面能的效果不显著，食盐是最常见的非表面活性物质。

喷洒农药时，加入适当的表面活性剂，提高其与作物茎叶的润湿程度，可以大大提高药效。

毛细现象也是表面张力的一种表现。将一根管径很细的管子直插入液体中，由于液体、气体、固体接触面上表面张力的作用，液体会在管内爬升或下降。毛细现象在自然界中很常见，不仅会在圆形的细管中产生，在各种裂缝、间隙、孔洞中都会产生。许多物体中都有细小的孔洞和管道，与液体接触时就会出现毛细现象。例如，用毛巾吸水，用粉笔吸掉墨汁，灯芯吸油等。土壤中的毛细管可以保存和传输水分，植物和动物中的毛细管也可起到传输水分和营养的作用。但毛细作用并不是主要的。水分从土壤、根系到植物茎叶的输运动力是水势，毛细作用只占水势的很小部分。

（二）拓展应用

应用之一——利用液体润湿特性制备疏水材料。在日常生活、工业生产、军事装备等领域都能看到疏水材料的身影。

超疏水表面防水、自清洁、水下减阻等特殊性质对军事武器装备未来的功能表面制备提供了新的解决方案。超疏水表面在军事装备尤其是在水面舰艇、潜艇、鱼雷等海军装备表面处理方面潜在的应用价值巨大。

1. 水下减阻

水面与水下运动航行体受到的阻力远远大于相同情况下在空气中运动的阻力。在功率不变的情况下降低水下阻力可以提高航速,在航速不变的情况下降低水下阻力可以增大航程。虽然航行体受到的水下阻力构成比较复杂,但是表面摩擦阻力占到相当大的比例,尤其是潜艇、鱼雷等完全浸没在水中运动的航行体。因此,降低摩擦阻力对水下减阻具有重要意义,也是水下减阻研究的重要领域之一。航行过程中,会有很多气体在潜艇表面产生,航行体与海洋接触面实际由固-液界面与气-液界面两种界面组成。而气-液界面的摩擦系数远远低于固-液界面的摩擦系数,超疏水表面实际采用气-液界面替代固-液界面的方式降低了航行体的水下阻力。超疏水表面驻留的气体易受到压力、水流等因素的影响,随时间失去而无法获得补充,因此超疏水表面有效减阻时间与减阻效率同样是重要的减阻衡量指标。虽然目前超疏水表面减阻的方式存在速度低、水深浅、时间短等限制条件,但依然是一种简单高效的水下减阻方式,一旦研究工作能够突破这些问题,将会投入到大规模军事应用中。

2. 海洋防腐

在海洋环境中,金属很容易发生氧化腐蚀。无论是海军水面舰艇、潜艇,还是沿海或海岛上的陆地设施都会受到氧化腐蚀的威胁。南海高温、高湿、高盐环境更是加剧了氧化腐蚀,对金属材料海军装备构成了巨大威胁。菲律宾非法搁浅在仁爱礁的登陆舰因无法返厂维护保养几乎已经锈通,濒临解体。随着我国海军活动范围逐渐增大,尤其是南海活动增多,海洋防腐日益迫切。目前金属防腐主要采用牺牲阳极或外加电源改变金属的电势分布、表面刷防锈漆等手段,成本较高且只能延缓腐蚀,不能从根本上解决问题。超疏水表面具有防水的性质,可以阻断水分与金属材质的接触,从而缓解水面舰艇水线以上部分的氧化腐蚀难题。通过增加表面粗糙度的方法制备环氧化合物超疏水表面涂层,既可以利用超疏水表面的防水性质,阻止水分沿着涂层缝隙进入形成孔蚀,又结合了环氧化合物作为防锈漆的致密隔水性能,达到了更好的防氧化抗腐蚀的效果。

3. 舰艇抗结冰

低纬度寒区航行的水面舰艇甲板上浪以后很容易结冰,最终会在舰艇表面形成覆冰现象。长期在温暖海域活动的韩国海军驱逐舰崔莹号赴俄罗斯符拉迪沃斯托克港访问,在寒区航行时形成了严重的覆冰现象,甚至改变了舰艇的重心,造成舰艇倾斜,面临倾覆危险。舰艇覆冰是海军长期存在的问题,但是到目前为止,舰艇表面除冰的方式需要消耗大量人力并且效率低下。超疏水表面防水性质可以提升舰艇表面的抗结冰能力,对在低纬度寒区航行的舰艇具有重要意义。

超疏水表面军事应用研究在国外已经展开,美国海军与空军已经对超疏水表面进行研发与装备。美国海军宣布将开始为水面舰艇披上一层由防水材料制成的保护外衣。这种外衣将保护舰上的传感器、武器系统及其他暴露在外的装备以防被盐雾锈蚀侵害,同时可以节约因遭受腐蚀而进行维护消耗的时间与金钱。目前,美国海军麦克福尔号驱逐舰已经使用了这种防水外衣,并且计划投资 620 亿采购 80 套防水外衣,实现每舰一套。作为美国空军实验室管理的小企业技术转移的一部分,海贝公司计划开发超疏水涂层,防止飞机腐蚀的同时,减少机翼表面冰集结的问题。

二、实验指导与注意事项

(一)操作指导

(1)实验前对力敏传感器进行定标,将砝码盘挂在力敏传感器的钩上,然后对仪器调零。

(2)实验前要在冲洗过的玻璃皿中注入适量的水,再把玻璃皿放在升降台上。

(3)转动升降螺钉将升降台升起,注意升起的高度保证吊环下沿部分均浸入水中。

(二)数据处理指导

在表 1-9 记录力敏传感器定标测量数据。

表 1-9 力敏传感器定标测量数据

物体质量(m)/g	0.500	1.000	1.500	2.000	2.500	3.000	3.500
电压(U)/mV							

注:每个砝码质量 $m=500$ mg,重力加速度 $g=9.80$ m/s^2。

(1)力敏传感器定标

根据表 1-9 中的数据,以砝码质量 m 为横坐标,电压表的读数 U 为纵坐标,在坐标纸上绘出 U-m 的关系曲线,并标出物理单位;根据实验数据在坐标轴上选定等间距整齐的坐标刻度,并标出数值标度,标度数值位数尽可能与实验数据的有效位数一致;将每一个实验点在坐标纸上用相应符号标明;用直尺画一条直线,尽可能使数据点均匀分布在直线的两侧;在直线两端任意选取相对较远的非实验数据点,标明并根据坐标刻度读出相应数据,根据两点数值求出直线斜率 C。根据公式 $k=\dfrac{C}{g}$ 计算得到灵敏度 k。

表 1-10 中为液体表面张力系数的测定数据,其中 U_1 为吊环与液面即将拉脱前一瞬间数字电压表的读数,U_2 为液面拉断瞬间数字电压表的读数。

(2)液体表面张力系数的测定

表 1-10 液体表面张力系数的测定数据   mV

测量次数	U_1	U_2	U_1-U_2
1			
2			
3			
4			
5			
6			
平均值			

注:吊环的内径 $D_1=3.310$ cm,吊环的外径 $D_2=3.496$ cm。

根据实验数据相应求出 U_1-U_2 的值及平均值,从而求出液体的表面张力系数 $\alpha=\dfrac{\overline{U_1-U_2}}{k\pi(D_1+D_2)}$。

用转筒法和落球法测液体的黏度

一、实验背景及应用

液体的黏滞系数又称为内摩擦系数或黏度,是描述液体内摩擦力性质的一个重要物理量。它是表征液体反抗形变能力的重要参数,只有在液体内存在相对运动时才表现出来。黏滞系数除了因材料而异之外,还对温度比较敏感,液体的黏滞系数随着温度升高而减小,气体则反之。在国际单位制中,黏滞系数的单位为帕秒(Pa•s)。研究和测定液体的黏滞系数,不仅在材料科学研究方面,而且在生产、生活、工程技术及其他领域都具重要的应用。

(一)实验背景

黏度是指液体受外力作用移动时,分子间产生的内摩擦力的量度。黏度是流体的一种属性,不同流体的黏度数值不同。同种流体的黏度显著地与温度有关,而与压强几乎无关。气体的黏度随温度升高而增大,液体则减小。

根据黏性所遵循的规律,流体分为牛顿流体和非牛顿流体。流体间的摩擦力符合牛顿黏滞性定律即

$$f = \eta \frac{\mathrm{d}v}{\mathrm{d}z} \Delta S$$

称为牛顿流体;摩擦力不符合牛顿黏滞定律的称为非牛顿流体。对于牛顿流体,剪切应力与剪切速率之比为常数,称为牛顿黏度,对于非牛顿流体,剪切应力与剪切速率之比随剪切应力而变化,所得的黏度称为在相应剪切应力下的表观黏度。

17世纪,牛顿研究了在流体中运动的物体所受到的阻力,发现阻力与流体密度、物体迎流截面积及运动速度的平方成正比的关系。他针对黏性流体运动时的内摩擦力提出了牛顿黏性定律。之后,法国数学家皮托(Pitot Henri,1695—1771年)发明了测量流速的皮托管;法国物理学家达朗贝尔(Jean le Rond d'Alembert,1717—1783年)对运河中船只的阻力进行了许多实验工作,证实了阻力同物体运动速度之间的平方关系;瑞士物理学家欧拉(Leonhard Euler,1707—1783年)采用了连续介质的概念,把静力学中压力的概念推广到运动流体中,建立了欧拉方程,正确地用微分方程组描述了无黏流体的运动;瑞士数学家伯努利(Daniel Bernoulli,1700—1782年)从经典力学的能量守恒出发,研究供水管道中水的流动,精心地安排了实验并加以分析,得到了流体定常运动下的流速、压力、管道高程之间的关系——伯努利方程。

物体在流体中运动时,由于表面附着一层流体,这层流体与其临近的流体有一定的速度梯度而产生了内摩擦力,使物体运动受阻,称作黏滞阻力;1851年,英国数学家斯托克斯(George

Gabriel Stokes,1819—1903 年)研究球形物体在黏滞流体中运动时,发现当流体相对球体做层流运动时,也就是在较低雷诺数值时,球形物体所受的阻力主要是黏滞阻力 $f=6\pi\eta rv$,与流体黏滞系数 η,球体半径 r,球体相对流体的运动速度 v 正相关。例如,一个半径为 r、密度为 ρ 的小球在黏滞系数为 η、密度为 ρ_0 的液体中下落,小球在下降过程中受向下的重力 $\frac{4}{3}\pi r^3\rho g$、向上的浮力 $\frac{4}{3}\pi r^3\rho_0 g$ 和黏滞阻力 $6\pi\eta rv$,由于黏滞阻力和速度成正比,下降速度变大阻力也相应变大,最后三个力相互平衡,使小球匀速下落,$\frac{4}{3}\pi r^3\rho g=\frac{4}{3}\pi r^3\rho_0 g+6\pi\eta rv$,得到匀速时的速度 $v=\frac{2}{9}\frac{(\rho_1-\rho_2)gr^2}{\eta}$,与小球半径平方成正比,与液体黏滞系数成反比,这就是收尾速度。根据这个结果,当小球在黏滞流体中下沉时,如果已知小球的半径 r,可以通过测定沉降速度 v 获得液体的黏滞系数。若 ρ、η 和 ρ_0 为已知,也可以通过测量速度 v 间接求出小球的半径或质量。

19 世纪,工程师们为了解决许多工程问题,尤其是解决带有黏性影响的问题,于是他们一部分运用流体力学,另一部分采用归纳实验结果的半经验公式进行研究,形成了水力学。至今水力学仍与流体力学并行发展。1822 年,法国力学家纳维(Claude Louis Marie Henri Navier,1785—1836 年)建立了黏性流体的基本运动方程。1845 年,斯托克斯又以更合理的基础导出了这个方程,并将其所涉及的宏观力学基本概念论证得令人信服。这组方程就是沿用至今的纳维-斯托克斯方程(简称 N-S 方程),是流体动力学的理论基础。前文所说的欧拉方程正是 N-S 方程在黏度为零时的特例。

普朗特学派从 1904 年到 1921 年逐步将 N-S 方程做了简化,从推理、数学论证和实验测量等各个角度,建立了边界层理论,能实际计算在简单情形下,边界层内流动状态和流体同固体间的黏性力。同时德国物理学家普朗克(Max Karl Ernst Ludwig Planck,1858—1947 年)又提出了许多新概念,并广泛地应用到飞机和汽轮机的设计中去。1957 年,美国加利福尼亚技术学院宣布,在液氦里,黏滞系数小得测量不到,它是没有黏滞系数的理想流体。这一理论既明确了理想流体的适用范围,又能计算物体运动时遇到的摩擦阻力。使上述两种情况得到了统一。

20 世纪初,以茹科夫斯基、恰普雷金、普朗克等为代表的科学家,开创了以无黏不可压缩流体位势流理论为基础的机翼理论,阐明了机翼怎样会受到举力,从而使空气能把很重的飞机托上天空。机翼理论的正确性,使人们重新认识无黏流体的理论,肯定了它指导工程设计的重大意义。

机翼理论和边界层理论的建立和发展是流体力学的一次重大进展,使无黏流体理论同黏性流体的边界层理论很好地结合起来。

需求是发展的最大动力,未来引领科学探索的依然是不断发展的生产力。

(二)拓展应用

黏度对汽车的发展有着不可忽略的重要作用。在润滑油的设计和功效计算过程中,黏度是不可缺少的物理常数。100 多年前,随着汽车的普及,汽车配件的升级和改良迅猛发展,对润滑的需求也水涨船高。当时整个行业并没有统一而健全的标准,各大厂商在全球化的进程中因此付出了极大的代价。一切的标准都从 1911 年开始,SAE(美国汽车工程师协会)着手制定了统一的行业标准,发布了 SAE J300,润滑油的黏度指标开始面世。在一战和二战时期,针对飞机和坦克发动机润滑油的研究,投入了大量的资金,高黏度机油开始问世,同时很快被普及到了汽车上,民用市场被打开。但很快便出现了不足:高温时润滑油有足够的黏度去应付高性能发动机,但在低温环境中则显得过于黏稠,造成冷机情况下润滑效果极差的问题。于是,1952 年 SAE 开始对机油进行复合分级,"W"得以出现。"W"代表的就是低温,Winter。一般我们所见到的数据标识是"(数字)W-数字"的形式,W 前的数字越小,表示低温流动性越好,例如,5W-40 表示 -30 ℃会结冰,15W-40 表示 -20 ℃会结冰,0W-40 则表示全天候都不会结冰。而 W 后面的数字表示的是高温黏度,数字越高黏度越大,高温时对机器的保护越好,但冷启动时保护较差。如果单用数据来衡量润滑油品质的高低,那么黏度就是最重要的理化指标。不管是对润滑油分类、分级、质量鉴别,还是确定用途,都有决定性的一票否决权。目前我国市场上销售的发动机润滑油的规格/牌号有两个代码:质量等级代码和黏度等级代码。为了与国际标准接轨,我国目前采用的发动机油国家标准 GB 11121—2006(汽油机油)和 GB 11122—2006(柴油机油)参考了美国石油学会(API)质量等级和美国汽车工程师协会(SAE)黏度等级。

选择发动机机油黏度的标准有两个,即低温流动性和高温流动性(黏度)。这两个标准应该如何选择,要根据用车环境温度及发动机工况来决定。

关于机油的冰点温度没有统一标准,这需要根据环境温度的极限低温决定。例如,在东三省用 0W 标准可能还不达标,而在海南岛用 20W 标准都有余。盲目的提升机油黏度等于加大运动损耗,结果是油耗升高。所以发动机的机油黏度标准应该综合车辆性能与随车手册建议值。机油等级标准则要按照发动机类型与性能标准决定,不能盲目选择贵的和黏度高的。例如,新车发动机间隙较小,建议选用高温黏度 20 的机油,以避免造成磨损。当里程数达 5 万 km 后,发动机间隙变大,建议使用高温黏度 30 的机油。当里程数达 20 万 km 后,建议使用高温黏度 40 的机油。而高温黏度 50 的机油,一般适用于跑车。跑车转速大,发动机温度高,需要用高温黏度系数大的机油进行润滑。

在实际生活中,测定流体的黏度具有重要的意义。例如,黏滞系数与分子结构有关,生物学和医学上常用测量黏度系数间接测量蛋白质的相对分子质量;再如,正常生理条件下,血液的黏滞系数变化不大,可是如果在血液检测中发现黏滞系数变大,可能是心肌梗死、急性炎症引起的;如果血液黏滞系数减小,则可能是贫血导致的。所以,血液黏滞系数的测定,能给医疗诊断提供有意义的信息,可以提早发现或预防疾病。

斯托克斯定律也有很重要的应用价值。例如,电荷的量子性就是密立根基于比公式利用带电油滴测定的,为电学的发展奠定了基础。生活中可以利用落球法测定黏滞流体的黏滞系数,或者反过来测定小球直径,还可以对土壤颗粒进行分析。例如,利用重力作用沉降来做悬浮液中的土壤微粒、细胞和生物溶液中的大分子的沉降分离。

中国城市中的雾霾越来越严重,影响了人们的健康和出行。我国科学家对多个雾霾最严重地区的空气进行分析,发现主要原因是高浓度的气溶胶污染。气溶胶是指固体或液体微粒稳定地悬浮于气体中形成的分散体系,一般微粒大小为 $0.01 \sim 10 \ \mu m$。这些微粒本身就是一种污染物。因为气溶胶粒子小、运动速度低,大部分气溶胶粒子的运动属于低雷诺数区,所以斯托克斯阻力定律被广泛用于气溶胶研究,对研究大气质点的沉降及大气颗粒物(气溶胶)采样器的设计具有重要意义。

知识的价值体现于应用。在我们的生活环境和人体自身循环中存在各种各样的流体。让我们用探索的精神去看待周围的事物,由简入繁,慢慢养成学以致用的习惯,不断提高自己驾驭应用知识的能力。

二、实验指导与注意事项

(一)操作指导

(1)在把细线绕在小轮上时,每轮线之间不能交叉,动作尽可能地缓慢,或者绕绕停停,间断地进行,尽量减少温度变化对实验数据的影响。

(2)一定要让砝码下落一段距离(大约10 cm)后再开始计时,听见砝码落地的声音计时结束。

(3)释放小球时一定要让小球沿着量筒轴线作初速度为零的直线运动。

(4)一定要让小球下落一段距离(大约10 cm)后再开始计时,到小球落到自己预设的刻度线位置时计时结束。

(5)用量筒旁边配备的吸铁石将小球沿着侧壁吸引出油面,直至可以拿到。切忌用直尺去捞取小球。

(二)数据处理指导

表1-11为用转筒法测量液体的黏度实验数据,H 为实验选择的砝码下落高度,ΔH 为测量砝码下落高度使用的实验仪器的仪器不确定度,Δ_B 为实验测量时间的秒表的仪器不确定度。

(1)用转筒法测量液体的黏度。

已知:$a=0.025\ 0$ m,$b=0.030\ 0$ m,$h=0.068\ 0$ m,$r=0.017\ 0$ m,$g=9.80$ m/s^2。

表1-11　用转筒法测量液体的黏度实验数据

m/kg	t/s	$\bar{t}$/s	S/s	Δ_A/s	Δt/s	η/(Pa·s)	$\Delta\eta/\eta$	$\Delta\eta$/(Pa·s)	$(\eta\pm\Delta\eta)$/(Pa·s)

注:$H=$_____ m,$\Delta H=$_____ m,$\Delta_B=$_____ s。

其中,先计算出同一质量砝码的下落平均时间 $\bar{t}$,再根据公式 $\eta=\dfrac{mgr^2(b-a)t}{2\pi hHa^3}$ 计算出液体黏度系数 η,在计算前先将所有数据的单位换算成国际单位,再根据有效数字运算法则处理。

需要注意表 1-11 中 S 为砝码下落时间实验数据的标准偏差,Δ_{A} 为测量的 A 类不确定度,因为测量次数为 3 次,故 $\Delta_{\mathrm{A}}=2.5S$,时间总不确定度 $\Delta t=\sqrt{\Delta_{\mathrm{A}}^2+\Delta_{\mathrm{B}}^2}$,$\dfrac{\Delta\eta}{\eta}=\sqrt{\left(\dfrac{\Delta t}{t}\right)^2+\left(\dfrac{\Delta H}{H}\right)^2}$,$\Delta\eta=\dfrac{\Delta\eta}{\eta}\eta$。

表 1-12 为用落球法测量液体的黏度实验数据,H 为量筒中液体总高度,L 为实验选定的小球匀速运动的一段高度。

表 1-12　用落球法测量液体的黏度实验数据　　　　　　　　　　s

d/mm	t_1	t_2	t_3	t_4	t_5	t_6	$\bar{t}$	Δ_{A}	Δt
2.000									
1.500									

注:量筒直径 $D=$＿＿＿＿＿ mm,液体总高度 $H=$＿＿＿＿＿ mm,$L=$＿＿＿＿＿ mm。

同样,$\bar{t}$ 为小球匀速运动一定距离的时间均值,S 为砝码下落时间实验数据的标准偏差,A 类不确定度 $\Delta_{\mathrm{A}}=2.5S$,总不确定度 $\Delta t=\sqrt{\Delta_{\mathrm{A}}^2+\Delta_{\mathrm{B}}^2}$。再根据公式 $\eta=\dfrac{1}{18}\dfrac{(\rho-\rho_0)gd^2t}{L}$、$\dfrac{\Delta\eta}{\eta}=\sqrt{\left(\dfrac{\Delta t}{t}\right)^2+\left(\dfrac{2\Delta d}{d}\right)^2+\left(\dfrac{\Delta L}{L}\right)^2}$、$\Delta\eta=\dfrac{\Delta\eta}{\eta}\cdot\bar{\eta}$ 分别计算,然后将相应结果填入表 1-13。

表 1-13　计算数据

直径(d)/mm	$\eta/(\mathrm{Pa\cdot s})$	$\Delta\eta/\eta$	$\Delta\eta/(\mathrm{Pa\cdot s})$	$(\eta\pm\Delta\eta)/(\mathrm{Pa\cdot s})$
2.000				
1.500				

实验 七　刚体转动惯量的测定

一、实验背景及应用

转动惯量是刚体转动惯性大小的量度,是刚体动力学计算中的常见参量。在工程技术、航空航天、电力、机械等领域中,转动惯量的精度对被测物体系统的运动、定位和控制等具有重要的影响。

(一)实验背景

描述刚体静态特征的几何量与物理量统称为刚体静态参数,常见的静态参数有质量、质心、转动惯量、偏心距及各种刚度等。转动惯量是刚体转动惯性大小的量度,反映了刚体对改变其转动运动的抵抗程度。它的大小与刚体的质量及质量相对转轴的分布有关,而与刚体绕轴转动的状态(如角速度的大小)无关。

在工程技术、航空航天、电力、机械、仪表等领域中,转动惯量是研究、设计、控制转动物体运动规律的重要工程技术参数。钟表摆轮、精密电表动圈的体形设计,枪炮的弹丸,电机的转子,机器零件,导弹和卫星的发射等,都不能忽视转动惯量的大小。工业生产中常在机器转轮的外部加一个质量较大的转轮,起到稳定机器转速的作用,此时机器的转动惯量较大,外界力矩很难使机器产生角加速度。伺服电机惯量是伺服电机的一项重要指标,指的是转子本身的惯量,对于电机的加减速来说相当重要,需要进行惯量匹配,否则会影响电机的平稳性。小惯量的电机制动性能好,响应时间短,适用于一些轻负载、高速定位的场合;中、大惯量的电机适用于大负载、平稳要求比较高的场合。一般伺服电机的选择需要考虑负载和加速特性,可以利用理论公式进行计算。汽车整车及零部件的转动惯量在汽车操纵稳定性、制动性和行驶平顺性等各项性能的计算机仿真计算中是一个非常重要的基本参数。对于某些类型的车辆,需要减少汽车的转动惯量来更好地掌控车辆。由于汽车的发动机占了很大比重,可以将发动机尽量安装在接近车体中心的位置,这时车身的重心几乎在轴线中间,具有良好的操控性。

综上所述,测定物体的转动惯量具有重要的实际意义。对于质量分布均匀,外形规则的物体,可以利用公式计算出相对于某一确定转轴的转动惯量,而对于外形复杂、质量分布不均匀的物体,只能通过实验的方法来精确地测定物体的转动惯量。例如,在航空航天领域中,测量导弹转动惯量可以为导弹的研究、设计和分析提供重要的依据。随着导弹性能的改进,其结构也越来越复杂,单独采用理论计算方法很难准确地获得其转动惯量,目前主要依靠的是实验法。测量转动惯量主要有四种实验方法:动力法、三线摆法、复摆法和扭摆法。本实验测量转动惯量应用了动力法;三线摆法将扭摆的运动近似看作简谐运动,根据能量守恒定律和刚体转动定律得到物体绕中心轴的转动惯量;复摆法和扭摆法测量物体的转动惯量是利用了摆做简谐运动时周期和转动惯量的关系。另外,当被测物体的几何模型精确建立时,也可以采用基于 CAD 模型的数值方法。

(二)拓展应用

物体有保持运动状态不变的属性,即惯性。惯性是一切物体的固有属性,无论是固体、液体还是气体,无论物体是运动还是静止,都具有惯性。我们熟悉的刚体的平面运动可以看作是随质心的平动和绕定轴转动这两种基本运动的组合,随质心平动的惯性大小只与刚体的质量有关。转动惯性的大小取决于转动惯量,转动惯量越大,刚体的转动状态越难于改变。刚体的一般运动可以看作是随质心的平动与绕点转动的叠加,其平动惯性同样只与刚体的质量有关。绕点转动的惯性可以由更普遍的惯性张量来描述,它包含转动惯量,能够完整地给出刚体绕通过该点任一轴的转动惯量的大小。

在转动动力学中,转动惯量的角色相当于质量,用于建立角动量、角速度、力矩和角加速度等多个量之间的关系。转动状态是由角动量来描述的,如果作用在物体上的力矩为零,物体的角动量守恒。把一个高速旋转的陀螺放到一个万向支架上构成了一个陀螺仪,由于没有任何外力矩作用在陀螺转子上,其角动量守恒,自转轴在惯性空间中的指向保持稳定不变,同时反抗任何改变转子轴向的力量,这就是陀螺仪的定轴性。转子的转动惯量越大、旋转角速度越大,定轴性越好。陀螺仪能提供准确的方位、水平、位置、速度和加速度等信号,以便驾驶员或用自动导航仪来控制飞机、舰船或航天飞机等航行体按一定的航线飞行。而在导弹、卫星运载器或空间探测火箭等航行体的制导中,则直接利用这些信号完成航行体的姿态控制和轨道控制。所以陀螺仪作为感测与维持方向的装置,是惯性制导系统的重要元件。另外,单轨上行驶的列车、风浪中的船舶等都使用陀螺仪作为稳定器;而在矿山隧道、地下铁路、石油钻探等领域,陀螺仪提供了准确的方位基准。目前,在很多的领域,机械式的传统陀螺仪已经被光纤陀螺仪完全取代,成为现代导航仪器中的关键部件。

二、实验指导与注意事项

(一)操作指导

(1)仪器检查与调整。定滑轮上端与塔轮绕线处等高,实验用细绳长度适中,保证砝码在第九次计数后落地,细绳的下落长度也可以通过移动载物台进行调整。

(2)实验中塔轮上绕线轮的半径为定值,因此在绕线时要注意不重叠。另外,实验原理中近似认为拉力等于砝码重力推导出转动惯量和摩擦力矩公式,这就要求细绳水平并与定滑轮上边缘相切,砝码从静止开始竖直下落。第一组实验公式中需要两个过程的角加速度值,分别为在拉力矩和摩擦力矩作用下的匀加速转动和砝码落地后在摩擦力矩作用下的匀减速转动,因此要注意第九次计数后砝码落地,之后仍要等待计数到第 29 次,由毫秒计获得的角加速度 β 为正值,β' 为负值。第二组实验为满足初始角速度为零,起始时遮光棒的边缘应与入光孔的边缘相切,因只涉及匀加速转动过程,在第九次计数后砝码落地即可。

(3)电脑式毫秒计打开电源后,先进行程序设置,第一组实验设置为"0129",第二组实验设置为"0109",设置后再按"设置"键,同一组实验重复测量时按毫秒计上的"计时"键开始测量,不需要重新设置。

(二)数据处理指导

1. 测铝环对中心轴的转动惯量

根据实验表 1-14 和表 1-15 中的数据,计算出角加速度的平均值,再根据转动惯量 $I = \dfrac{m_1 gr}{\beta - \beta'}$ 公式和摩擦力矩 $M_\mu = \dfrac{-\beta'}{\beta - \beta'} m_1 gr$ 公式计算出有铝环时的转动惯量 I 和摩擦力矩及空载时的转动惯量 I_0 和摩擦力矩。铝环的转动惯量 $I_x = I - I_0$,将其与理论值比较,计算相对误差来检验测量值的精度。

其中理论值 $I_{理} = m_2 (R_内^2 + R_外^2)/2$,相对误差 $E = \dfrac{I_{理} - I_x}{I_{理}} \times 100\%$。

表 1-14　有铝环时转动惯量的测量数据

项目	测量次数						平均值
	1	2	3	4	5	6	
$\beta/(\mathrm{rad/s^2})$							
$\beta'/(\mathrm{rad/s^2})$							

表 1-15　无铝环时转动惯量的测量数据

项目	测量次数						平均值
	1	2	3	4	5	6	
$\beta/(\mathrm{rad/s^2})$							
$\beta'/(\mathrm{rad/s^2})$							

2. 测铝盘对中心轴的转动惯量

依据实验表 1-16 中的数据,在坐标纸上绘出 m_1-$1/t^2$ 图,用两点式求斜率方法求出相应斜率 k,即在坐标纸上,选定横轴为砝码质量 m_1,纵轴为 $1/t^2$,并标出物理单位;根据实验数据在坐标轴上选定等间距整齐的坐标刻度并标出数值标度,标度数值位数尽可能与实验数据的有效位数一致;根据实验数据把每一个实验点在坐标纸上用相应符号标明;用直尺画一条直线,尽可能使数据点均匀分布在直线的两侧;在直线两端任意选取相对较远的非实验数据点,标明并根据坐标刻度读出相应数据,根据两点数值求出直线斜率。根据公式 $I = kgr/2\theta$ 求出有铝盘时的转动惯量 I,则铝盘的转动惯量 $I_x = I - I_0$,这里 I_0 为第一组实验得到的空载时的转动惯量,将铝盘转动惯量 I_x 与理论值比较,计算相对误差来检验测量值的精度。

其中理论值 $I_{理} = m_3 R^2/2$,相对误差 $E = \dfrac{I_{理} - I_x}{I_{理}} \times 100\%$。

表 1-16　有铝盘时转动惯量的测量数据

项目	测量次数							
	1	2	3	4	5	6	7	8
m_1/g								
t/s								
$(1/t^2)/\mathrm{s^{-2}}$								

用惠斯通电桥研究金属的电阻温度系数

一、实验背景及应用

测量电阻等电学实验和电工技术常用惠斯通电桥。惠斯通电桥测量电阻,灵敏度和精确度都很高,使用方便,广泛应用于电工技术和传感器技术中。金属的电阻并不是一成不变的常量,会因环境变化而变化,特别是温度对其有明显的影响。研究金属电阻的温度特性对其应用具有重要的意义,通过本实验的学习,能够用惠斯通电桥测量金属电阻随温度的变化,测量金属电阻的温度系数,为进一步的拓展应用奠定基础。

(一)实验背景

惠斯通电桥也叫单臂电桥,常用于精确测量电阻。

1. 惠斯通与惠斯通电桥

查尔斯·惠斯通(Charles Wheatstone,1802—1875 年)是英国物理学家和发明家,1802 年生于英国格洛斯特,青少年时期就受到严格、正规的科学训练,兴趣广泛,动手能力非常强。1834 年起任英国皇家学院实验哲学教授,1836 年被选为英国皇家学会会员,1862 年获得牛津大学民法博士学位,1864 年获得剑桥大学法学博士学位,1868 年被英国国王封为爵士,1875 年在巴黎逝世。

惠斯通是一位具有非凡技巧的实验家。1834 年他借助旋转镜观测电火花测定导体中电流流过的速度。1835 年研究电火花的光谱,得出该光谱只取决于金属电极材料,而与电火花通过的气体无关的结论。1837 年发明五针电报机并获得专利。1858 年研制出第一个具有实用价值的自动发报装置。

欧姆定律传入英国后很快受到惠斯通的重视。1843 年他发表了欧姆定律的实验证明,进而发展了电阻的测量方法,发明了变阻器和惠斯通电桥电阻测量法。在贝卡利亚讲座中,他对欧姆的研究工作表示赞扬和钦佩,此举引起德国科学界及政府对欧姆研究工作的关注,对欧姆的工作在德国得到承认和肯定起到了重要的作用。1867 年惠斯通与西门子(Emnst Werner von Siemens,1816—1892 年)提出了自激发电机原理,为制造大容量发电机开辟了美好前景。

电阻是物质的重要属性之一,尤其是对传导电流的导体,其电阻特性对应用有重要的意义。说到电阻,不能不提到欧姆和欧姆定理。

2. 欧姆和欧姆定理

乔治·西蒙·欧姆(Georg Simon Ohm,1787—1845 年)于 1787 年生于德国埃尔兰根城。16 岁时他考入埃尔兰根大学研究数学、物理与哲学,由于经济困难而辍学,到 1813 年才完成博士学业。欧姆是一个很有天赋和科学抱负的人,长期担任中学教师,由于缺少资料和仪器,给他的研究工作带来不少困难,但他在孤独与困难的环境中,始终坚持不懈地进行科学研究,自己动手制作仪器。

1819 年,欧姆转到科隆一所耶稣学校当教师,在那里系统地学习和研究了著名科学家拉普拉斯、泊松、傅立叶和菲涅耳的经典著作,为后来从事科学研究打下了坚实的理论基础。

傅立叶发现了热传导规律,即导热杆中两点间的热流正比于这两点间的温度差。欧姆受到启发,对导线中的电流进行研究,猜想导线中两点之间的电流也许正比于它们之间的某种驱动力,即现在所称的电动势。但是如何测量电流的大小,在当时还是一个没有解决的难题。后来他把奥斯特关于电流磁效应的发现和库仑扭秤结合起来,巧妙地设计了一个电流扭秤。这种仪器使他能正确地将电流强度作为一个电路参量抽象出来。另外,欧姆又根据塞贝克在 1822 年发现的温差电效应,设计出一台温差电池,发现其电动势与温差所固有的电极化现象有关,使他能够将电动势抽象出来,作为电路的另一个重要参量。1826 年,欧姆通过实验总结出了欧姆定律,其公式如下:

$$I = \frac{E}{R+r}$$

式中:I 为电流强度,E 为电动势,R 为电路电阻,r 为电池内阻。

1827 年,欧姆在《动电电路的数学研究》一书中,把他的实验规律总结成如下公式:

$$S = \gamma E$$

式中:S 为电流;E 为电动力,即导线两端的电势差;γ 为导线对电流的传导率,其倒数即为电阻。

欧姆定律发现初期,由于许多物理学家不能正确理解和评价,遭到了怀疑和哲学上尖锐的批评,给欧姆带来了极大的压力和痛苦。还好,当时德国青年一代物理学家支持欧姆和他的理论。在中年物理学家中,斯威格给予欧姆的支持最大,他自始至终给欧姆发表文章提供方便,欧姆的大部分论文发表在他主编的《化学和物理学杂志》中。1830 年,斯威格写信给欧姆说:"你对《年鉴》的贡献是最成功的,我希望你继续经常地把这样重要的论文发表出来。请相信,在乌云和尘埃后面,真理之光最终会透射出来,并含笑驱散它们。"

欧姆定律在很晚的时候才传过英吉利海峡,至少在 1831 年还没有任何英国人知道这个定律。法拉第当时正在研究电磁感应现象。他发现,在相同的感应条件下,导线愈长,感生电流愈少,但他没有能深入地研究下去。截至 1840 年,已有不少实验家证明了欧姆定律,并把它应用到自己的研究工作中去。1841 年,伦敦皇家学会(RSL)授予欧姆最高科学奖——科普勒奖章(Copley Medal)。1843 年,惠斯通在贝卡利亚讲演中详细阐述了欧姆定律,给予欧姆极高的评价,引起了德国政府和科学界对欧姆的关注。1849 年,欧姆被调到慕尼黑主持科学院物理学术委员会的工作,并担任慕尼黑主持科学院物理学教授,实现了他毕生追求的理想。

为了纪念欧姆在电学上的贡献,1881 年,在巴黎召开的第一届国际电气工程师会议上,决定以"欧姆"命名电阻的实用单位。从此,欧姆成了举世公认的科学家。

3. 电阻的温度特性

在电工和电子技术中,当电流通过导线时会发热,因为导线有电阻。如果是理想情况,电阻最好等于 0，但这在实际情况中不可能发生。当导线越来越热，电阻会随温度而改变。在一定温度范围内，温度每变化 1 ℃ 电阻的变化就叫电阻的温度系数(temperature coefficient of resistance，简称 TCR)，通常用字母 alpha (α)来表示。纯金属的 TCR 是正的，温度升高其电阻会增大。

对于大多数材料，电阻的温度系数可分为 2 段，即正温度系数和负温度系数，如图 1-9 所示。

对于导体，温度升高，电阻也增加，随着温度降低，电阻也会降低，且变化一般是非线性的，当温度降低到很低，会出现检测不到的情况，可以认为此临界温度下电阻为 0。对于合金，在一定温度范围内，电阻的变化是很小的。对于半导体如硅、锗等，温度升高其电阻反而减小，其温度电阻系数是负的。

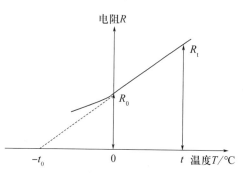

图 1-9　电阻温度系数

正常情况下，在 0～20 ℃ 内，金属的电阻温度系数几乎是不变的。通常所说的电阻就是指室温下的电阻。在 20～80 ℃ 的一定温度范围，电阻随温度升高而线性增加。

(二)拓展应用

综上所述，材料的温度电阻系数可以是正的、负的或者在一定温度范围内是常数。在实际应用中，选择合适的电阻可以实现温度补偿。较大的温度电阻系数可以用来测量温度，这就是温敏电阻。对于具有较大正温度系数的材料，可以设计到一个高温，在某个温度点电阻达到给定值，在给定的电压下，电流值就反映了温度值。对于具有负电阻温度系数的电阻，可用于制作限流器、温敏电阻和温度传感器。

下面主要介绍用惠斯通电桥测量温度的应用。用具有负温度系数的温敏电阻可以对温度进行精确测量。然而，温敏电阻的特性曲线是非线性的，电阻是温度的指数函数，用如下公式表示：

$$\ln\left(\frac{R}{R_0}\right) = \beta\left(\frac{1}{T} - \frac{1}{T_0}\right)$$ 式 1-1

式中：β 为由材料性质决定的常数；T_0 为参考温度，一般设为 25 ℃，其对应的电阻就是 R_0；R 为温度为 T 时对应的电阻。

在电路中，电阻是通过测量相应的电压和电流变化来计算的，所以，测量温度要先测量电阻的电学性能，而惠斯通电桥可用于精确测量电阻。

在电桥电路(图 1-10)中，当电桥达到平衡时，没有电流流过检流计 G，这时测量仪表负载为 0，提高了测量精度。此时，端点 P_1 和 P_2 等电位，通过和标准电阻比较可以精确测量未知电阻 R_x。

在实际应用中，为了测量温度，反而要电桥处于不平衡状态，如图 1-11 所示。

图 1-11 中，R_T 为温敏电阻，ΔV 为电桥两端电势差，与 R_T 有关，而 R_T 与温度的关系由公式 1-1 决定。假设图 1-11 中电源电动势为 E，可以推出 ΔV 与 R_T 之间的关系式如下。

$$\Delta V = E\left(\frac{R_2}{R_2 + R_3} - \frac{R_T}{R_1 + R_T}\right)$$ 式 1-2

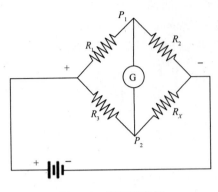

图 1-10　惠斯通电桥

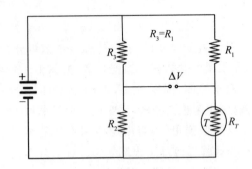

图 1-11　惠斯通电桥测量温度示意图

实验中取 $R_1 = R_3$，有

$$R_T = R_1 \left[\frac{ER_2 - \Delta V(R_1 + R_2)}{ER_1 + \Delta V(R_1 + R_2)} \right] \qquad \text{式 1-3}$$

由公式 1-1 可推出

$$\frac{1}{T} = \frac{1}{T_0} - \frac{1}{\beta} \left(\frac{R_T}{R_0} \right) \qquad \text{式 1-4}$$

实验中通过测量 ΔV 由公式 1-3 可计算出 R_T，代入公式 1-4 即可测量出温度 T。

实际应用中可以根据要测量的温度范围选择合适的温敏电阻。

二、实验指导与注意事项

(一)操作指导

(1)测量前，检流计要调好零位，调好灵敏度，保证在改变 R_S 的最小可调档 2 次，或若改变量为仪器误差 ΔI 时，能观察到检流计指针偏转 0.2 格。

(2)合理确定电桥臂 R_2/R_1 的值。

(3)加热待测电阻前，需在室温下熟练调节电桥平衡和读取电阻值的操作。

(4)实验中不要将电源开关 B 按下锁住，以避免电流热效应引起的阻值变化，并防止电池很快耗尽。

(二)数据处理指导

表 1-17 为实验所测不同温度时的电阻值，R_S 为仪器面板读出的数值，实际待测电阻值 $R_X = \left(\frac{R_2}{R_1} \right) R_S$。

表 1-17　金属电阻的温度系数测量数据表

项目	测量次数									
	1	2	3	4	5	6	7	8	9	10
温度(T)/℃										
R_S/Ω										
R_X/Ω										

注:$R_2/R_1 =$ _____ 。

根据表 1-17 中的实验数据采用作图法进行数据处理,在坐标纸上作 R_t(电阻)-T(温度)图。注意:温度测量范围是从室温到超过 70℃,但横坐标的温度须从 0 ℃ 开始,方便从图上读出温度时对应的电阻值 R_0。根据实验数据标记点,选取拟合直线,用两点式求直线斜率 $\dfrac{\Delta R_t}{\Delta t}$,代入公式 $\alpha = (\Delta R_X/\Delta t)/R_0$ 计算铜的温度电阻系数 α,再与铜的温度电阻系数标准值进行比较,计算相对误差 $E = |\alpha - 4.3 \times 10^{-3}|/(4.3 \times 10^{-3}) \times 100\%$,并分析误差的来源。

在两点式求直线斜率时,应避开实验点,所选取两点在直线上的距离尽量远。

用补偿法测电池的电动势

一、实验背景及应用

补偿测量法是通过调整一个或几个与被测物理量有已知平衡关系(或已知其值)的同类标准物理量,去抵消(或补偿)被测物理量的作用,此时被测量与标准量具有确定的关系,由此可测得被测量值。这是因为很多物理量由于自身材质分布或实验设计的不对称性使得测量误差增大,那么从实验测量方法上进行巧妙设计,增加对称测量,就能使系统误差中的这两部分互相补偿而抵消,从而有效减小实验误差。常见的补偿测量法有温度补偿法、质量补偿法、电压补偿法和光程补偿法等,在生活、工程技术领域有广泛的应用。

(一)实验背景

19 世纪 40 年代初,人们已经知道了测量电动势的方法,但当时只是以电动势恒定为根本的假设,而且当时多数的测量使用的是伽伐尼电池(又称伏打电池),它严重地受到极化的影响,所以测量中很难得到一致的结果。1841 年,德国科学家波根多夫(Johann Poggendorff)认识到这些测量差异的原因,试图设计一种方法使测量结果不受电源极化的影响。不久他认识到沿一个可变电阻的电压降可以提供所要求的完全补偿,其电势差测量原理图如图 1-12 所示,这就是电位差计的最初设计原理,又称为电池电动势测量的波根多夫对消法或补偿法。

1862 年,德国生理学家雷蒙德(Emil Du Bois-Reymond)为了测量动物神经与肌肉的电动势,设计出了另外一种测电动势的电路,如图 1-13 所示。1860 年,克拉克(Clark)发明了锌-汞标准电池,同时发表了新电池电动势测量的装置,不从测量对象中支取电流,如图 1-14 所示,并把它命名为"电子电位计"。法国科学家佩拉特(J. S. Heari Pellat)克服平衡电流仍然要流过标准电池支路的缺陷,设计了新的电位差计电路,如图 1-15 所示,接近于现代电位差计的原理。

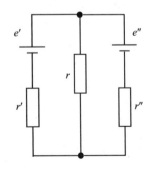

图 1-12　Poggendorff 电势差测量原理图

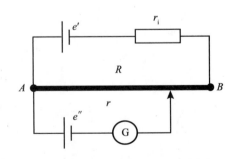

图 1-13　Du Bois-Reymond 电势差测量原理图

随着科学技术的发展,高精度、高灵敏度、快速测量的电子电位差计等测量仪器应运而生,但是对外界干扰十分敏感。直流式电位差计至今并未被淘汰,正是因为它具有精度高、稳定性好、受外界干扰影响小等优点,依然是精密测量领域重要仪器之一。

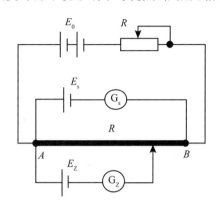

图 1-14　Clark 电势差计原理图

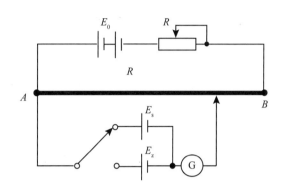

图 1-15　Pellat 电位差计原理图

(二)拓展应用

由于采用了电位补偿的方法,电位差计测量电池电动势的测量精度高,避免了由于电源内阻产生的误差,在没有电流通过电源的情况下测量它的路端电压,极大地提高了精确度和灵敏度。补偿法的电位差计测量的特点是不从测量对象中支取电流,因而不干扰被测量的数值,测量结果准确可靠。电位差计用途很广,配以标准电池、标准电阻等器具,不仅能在对准确度要求很高的场合测量电动势、电势差(电压)、电流、电阻等电学量,配以各种换能器还可用于温度、位移等非电量的测量和控制。

电位差计分交流和直流两种,在生产和科研中使用广泛。例如,生产半导体材料和元件时,常用铂-铂铑合金组成的温差电偶测量炉温,而温差电动势的变化只有几十微伏,不宜用电压表测量,一般都要用电位差计测量。电位差计还被用来准确测量电流和电阻,交流电位差计可用于磁性测量等。

此外,补偿法不仅是物理实验测量的重要方法,还在物理学理论和生活、工程技术领域有重要的应用。例如,驾驶轮船绕过一块礁石时,要让靠近礁石的轮船侧顺利绕过,需要考虑轮船的宽度,必须让轮船中心线远离礁石至少半个船宽的距离才可以。再如,大家熟悉的曹冲称象的故事,没有足够大的称来称量大象的重量,但是可以把大象牵至船上,刻其船沉水痕所至,再将同样吃水深浅的物品放在船上,比较以后就可以称出大象的重量了。

在物理学的发展过程中,人们根据大量物理现象总结出规律,这些规律反过来又对认识和了解未知的物理现象起到重要的作用。补偿思维方法和各种守恒定律相结合的运用有着突出的贡献,当观察到某种物质的有关性质与这些规律不相符时,这些观察到的结果在物理守恒规律下似乎还存在着某种"缺损",除了能检验规律的正确性以外,通常还假设存在着另外一些未被观察到的成分,这些成分正好能补偿上"缺损",由相应的物理规律可以计算出"缺损"的一些性质,这样就可以从理论上预言一种新的物质的存在。1931 年,人们发现在放射性元素原子核的 β 衰变中出现了"能量亏损"的现象,衰变放射出来的电子所携带的能量小于原子核因内部状态变化而失去的能量。奥地利青年物理学家泡利(Wolfgang E. Pauli,1900—1958 年)

根据能量守恒定律,假设性在放射性元素原子核中补偿了一种粒子,这种粒子静止质量为零,不带电,与周围物质的相互作用很弱,携带"亏损"的那部分能量,后来实验证实这就是中微子。1928年,英国科学家狄拉克(Paul Adrien Maurice Dirac,1902—1984年)建立了相对论性电子波动方程,描述了电子的性质和状态,但方程中却包含了负能解。为了给负能态的电子寻求物理解释,他提出了空穴理论,假设电子填满负能态,在某些情况下,负能态的一个电子受激发跳到正能态成为可以测量的带负电的电子,而在负能态留下了一个空穴,这时这个空穴就是一个"缺损"。依据电荷守恒,必须在空穴处"补偿"一个所带电荷与电子大小相等、符号相反的粒子,这就在理论上预言了正电子的存在。1932年,美国物理学家安德森(Anderson Carl David,1905—1991年)发现了正电子。这两个例子也说明补偿思维方法在物理科学理论预言中的作用是功不可没的。

物理学实验不仅仅是知识的学习、技能的锻炼,更是一种思维方式、一种研究方法。物理学的思维方式和研究方法是我们探索物理世界奥秘的科学思想和科学方法的宝贵结晶,能使我们看待自然世界的观念得到更新、认识得到提升。学生不仅要在钻进教材和实验中学习物理,还要跳出具体实验,居高临下地学习,既见树木,又见森林。

二、实验指导与注意事项

(一)操作指导

(1)电路接线和拆线时一定要断开电源,以免发生短路。

(2)工作电源 E、标准电池 E_s 和待测电池 E_x 一定要"正极对正极,负极对负极",否则无论如何调节都无法达到补偿平衡状态。

(3)标准电池不能当一般电源使用,不能通过大的电流,不能将两极短路连接,不能用电压表测量它的电动势。

(4)标准电池只做比较测量用,应避免长期通电而使标准电池的电动势值下降。

(5)不要使滑动触头 D 在电阻丝上滑动着找平衡点,这会磨损电阻丝导致电阻丝阻值的不准确,从而影响测量的准确度,而应采用跃按法测量。

(6)不可倒置仪器,以防止振动和摔坏。

(二)数据处理指导

表1-18中 L_s 和 L_x 分别为 E_s 和 E_x 分支电路中电流为零时对应的导线长度。

表1-18　$E_s =$＿＿＿＿ V　　$E =$＿＿＿＿ V　　$\Delta_B =$＿＿＿＿ m

	1	2	3	4	5	6	$\overline{L}$	Δ_A	ΔL
L_s/m									
L_x/m									

(1)实验时要记录下工作电源、标准电池的电动势、所给仪器不确定度,以备后续数据处理使用。

(2)实验数据求平均值时注意有效位数计算法则。

(3)实验数据测量为 6 次时,当置信概率为 0.95 时,偶然误差导致的 A 类不确定度的计算因子近似为 1,即 A 类不确定度近似取标准偏差即可。

(4)实验方法、实验仪器等引起的 B 类不确定度,在很多实验的直接测量中,可以近似取计量器具的误差极限值,本实验仪器误差为 0.0005 m。

(5)实验数据的不确定度由 A 类不确定度和 B 类不确定度共同组成,以方和根公式合成:

$\Delta = \sqrt{\Delta_A^2 + \Delta_B^2}$。

(6)电池电动势是一个间接测量量,其计算公式为 $\overline{E}_x = \overline{E}_s \cdot \dfrac{\overline{L}_x}{\overline{L}_s}$,由此可根据误差理论推

得不确定度传递公式 $\dfrac{\Delta E_x}{E_x} = \sqrt{\left(\dfrac{\Delta L_x}{\overline{L}_x}\right)^2 + \left(\dfrac{\Delta L_s}{\overline{L}_s}\right)^2}$。

(7)注意不确定度和相对不确定度的有效位数保留。

(8)最终实验结果应体现出近似真值与不确定度,有单位必须带单位,即 $E_x = \overline{E}_x \pm \Delta E_x =$
_____ V。

利用霍尔效应测磁场

一、实验背景及应用

用霍尔效应原理制成的霍尔器件,是电信号与磁信号的桥梁,可以用于电信号与磁信号的转换,被广泛应用于自动化控制、通信、航天、磁场测量等领域。

(一)实验背景

1879 年,时年 24 岁的美国物理学家霍尔(E. H. Hall,1855—1938 年)正在马里兰州约翰霍普金斯大学读博士,他在研究金属的导电机制时发现,把通电的导体放入磁场,当电流垂直于外磁场通过导体时,载流子发生偏转,垂直于电流和磁场的方向会产生一个附加电场,从而在导体的两端产生电势差,这个现象叫作霍尔效应,这个电势差也被称为霍尔电势差。根据霍尔效应,以磁场为工作媒体,将物体的运动参量转变为数字电压的形式输出,就具有了传感器和开关的功能,这就是被广泛应用的霍尔器件。

1980 年,德国科学家克劳斯·冯·克利青(Klaus von Klitzing,1943—)发现了"整数量子霍尔效应",量子霍尔效应是整个凝聚态物理领域最重要、最基本的量子效应之一。它是一种典型的宏观量子效应,是微观电子世界的量子行为在宏观尺度上的一个完美体现。克利青于1985 年获得诺贝尔物理学奖。

1982 年,美籍华裔物理学家崔琦(Daniel CheeTsui,1939—)、美国物理学家施特默(Horst L. Stormer,1949—)等发现了"分数量子霍尔效应",不久由美国物理学家劳弗林(Rober Betts Laughlin,1950—)给出理论解释,这个发现使人们对量子现象的认识更进一步,3 人共同获得了 1998 年的诺贝尔物理学奖。

2006 年,复旦校友、斯坦福教授张首晟(1963—2018 年)领导的研究团队针对半导体能耗与散热问题最先提出了基于电子自旋的"量子自旋霍尔效应",即在特定的量子阱中,在无外磁场的条件下(即保持时间反演对称性的条件下),特定材料制成的绝缘体表面会产生特殊的边缘态,使得该绝缘体的边缘可以导电,并且这种边缘态电流的方向与电子的自旋方向完全相关。利用这个规律可以使电子以新的姿势非常有序地运动,从而降低能量耗散,并有可能研制出新的工作原理的计算机芯片,从而促进信息技术的进步。张首晟与母校合作开展了"量子自旋霍尔效应"的研究,之后被实验证实。这一成果是《Science》杂志评出的 2007 年十大科学进展之一。如果这一效应在室温下工作,可能导致新的低功率的"自旋量子学"计算设备的产生。工业上应用的高精度电压和电流型传感器有很多就是根据霍尔效应制成的,误差精度能达到0.1% 以下。

如果量子自旋霍尔系统中一个方向的自旋通道能够被抑制(如通过铁磁性),这自然会导致量子反常霍尔效应——不需要外加磁场的量子霍尔效应。1988 年,美国物理学家霍尔丹(F. Duncan M. Haldane,1951—)提出可能存在不需要外磁场的量子霍尔效应,但是多年来一直未能找到能实现这一特殊量子效应的材料体系和具体物理途径。霍尔丹于 2016 年获得诺贝尔物理学奖。

由清华大学薛其坤院士领衔,清华大学、中科院物理所和斯坦福大学研究人员联合组成的团队在量子反常霍尔效应研究中取得了重大突破,他们从实验中首次观测到量子反常霍尔效应,这是中国科学家从实验中独立观测到的一个重要物理现象,也是物理学领域基础研究的一项重要科学突破。该物理效应从理论研究到实验观测的全过程,都是由中国科学家独立完成,其成果于 2013 年在《Science》杂志上发表。

中国科学家发现的量子反常霍尔效应也具有极高的应用前景。量子霍尔效应的产生需要用到非常强的磁场,因此至今没有广泛应用于个人电脑和便携式计算机上——因为要产生所需的磁场不但价格昂贵,而且体积大。而反常霍尔效应与普通的霍尔效应在本质上完全不同,因为这里不存在外磁场对电子的洛伦兹力而产生的运动轨道偏转,反常霍尔电导是由于材料本身的自发磁化而产生的。

如今中国科学家在实验上实现了零磁场中的量子霍尔效应,就有可能利用其无耗散的边缘态发展新一代的低能耗晶体管和电子学器件,从而解决电脑发热问题和摩尔定律的瓶颈问题。这些效应可能在未来电子器件中发挥特殊作用:无需高强磁场,就可以制备低能耗的高速电子器件如极低能耗的芯片,进而可能促成高容错的全拓扑量子计算机的诞生——这意味着个人电脑未来可能得以更新换代。

科学创新是人类社会发展的第一动力,科学技术的进步决定着社会的发展方向。在一定程度上,重大科技创新成果是国家综合国力和核心竞争力的体现,乃国之重器、国之利器。

(二)拓展应用

与霍尔效应相关的发现之所以屡获学术大奖,是因为霍尔效应在应用技术中特别重要。人类日常生活中常用的很多电子器件都来自霍尔效应。霍尔效应是电信号与磁信号的桥梁,任何电信号转换为磁信号的地方都可以有霍尔传感器。这个看似高深的概念,其实和我们的生活很近。例如,将霍尔元件放在汽车中,可以测量发动机的转速,车轮的转速及方向位移;再如,将霍尔元件放在电动自行车中,可以做成控制电动车行进速度的转把。

在工业、国防及一些科学研究领域如粒子回旋器、同位素分离、地球资源探测、地震预报等,会需要测磁场,霍尔效应就是重要的一种方法。通过一个已知方向和大小的电流,同时测出该导体两侧的霍尔电势差大小和方向就能够得到导体所在磁场的大小和方向,非常方便。

还有一种磁流体发电技术:高温等离子气体以高速通过磁场通道时,因为通道上下两面有磁极,在洛伦兹力的作用下,通道两侧的电极产生电势差。等离子体供应不断,则电极能连续输出电能。这种方式据说将来可以取代火力发电。

电磁无损探伤也是霍尔效应的一种应用。将一个永磁体放在金属管道上,使金属管道被磁化,磁感线在管道内均匀分布。如果管道内没有损伤,也就是金属管道没有破损,就没有漏磁;反之,如果金属管道破损了,就会有漏磁。可以通过示波器观察,如果有漏磁,示波器上就会有不规则的输出。

仅汽车上应用的霍尔器件就很多,例如,信号传感器、ABS 系统中的速度传感器、汽车速度表和里程表、液体物理量检测器、各种用电负载的电流检测及工作状态诊断、发动机转速及曲轴角度传感器等。汽车的前照灯、空调电机和雨刮器电机等霍尔开关电路,相对于机械断电器而言,无磨损免维护,能够适应恶劣的工作环境,还能精确地控制点火正时,能够较大幅度提高发动机的性能,具有明显的优势。轿车的自动化程度越高,微电子电路越多,就越怕电磁干扰。在汽车上有许多灯具和电器件,尤其是功率较大的前照灯、空调电机和雨刮器电机在开关时会产生浪涌电流,使机械式开关触点产生电弧,从而会引起较大的电磁干扰信号。而功率霍尔电路具有抑制电磁干扰的作用,采用功率霍尔开关电路可以减少这些现象。利用霍尔器件通过检测磁场变化,转变为电信号输出,可用于监视和测量汽车各部件运行参数的变化。例如,位置、位移、角度、角速度、转速等,并可将这些变量进行二次变换,测量压力、质量、液位、流速、流量等。霍尔器件输出量直接与电控单元接口,可实现自动检测。现在的霍尔器件都可承受一定的振动,可在 $-40\ ℃\sim 150\ ℃$ 环境下工作,全部密封不受水油污染,完全能够适应汽车的恶劣工作环境。

大家常用的手机保护套唤醒屏幕和熄屏,也是霍尔器件参与的活动:在手机保护套内部有一小块磁铁(一般在正面左下角),而手机内部则有个霍尔感应器,就在靠近保护套磁铁位置的正下方,霍尔元件可以感应保护套里面的磁条距离来实现唤醒屏幕和熄屏。由于它是感应磁性,所以寿命异常长,耗电量也近乎为零,和距离感应器相比优越性大得多。

培根讲"知识就是力量"。在当今"知识爆炸"的年代,应该说"会应用的知识才是力量"。学习知识不仅仅是学,如果对所学内容束之高阁,不能应用、不会运用,即便是满腹经纶,学富五车,也毫无价值。知识的价值体现于应用。要培养驾驭应用知识的能力,关键在于有意识地练习与训练,熟能生巧。

二、实验指导与注意事项

(一)操作指导

(1)霍尔电流一般小于励磁电流,一定要注意两者不可接错,否则会损坏仪器。

(2)霍尔元件位置的调节。原理中磁场 B 和工作电流 I_S 必为垂直的关系,因此要求霍尔片和磁场方向要垂直。由于磁铁两极的磁场为非匀强磁场,只有磁极中心位置可以认为是匀强磁场,因此准备工作首先要把霍尔片调到匀强磁场区域(磁极中心位置)。当工作电流 I_S 为一定值,电磁铁磁场 B 越大时,测得的霍尔电压 U_H 数据也越大。显然,在电磁铁的磁极中心处磁场强度 B 最大,测得霍尔电压 U_H 也最大。当工作电流 I_S 和线圈的电流 I_M 为某一定值时,调节移动标尺的位置坐标,并记录仪器上霍尔电压的示数,反复移动霍尔片在水平方向和竖直方向的位置,找到霍尔电压最大时霍尔片的位置,该位置即为电磁铁的磁极中心位置。

(3)测量霍尔电势差时,顺序是:将测试仪上螺线管励磁电流 I 的开关合向上方并调节励磁电流为 0 mA,此时可测出 $(+I,+I_S)$ 时霍尔电压 U_1;然后将励磁电流开关合向下方,测出 $(-I,+I_S)$ 时霍尔电压 U_2;再将工作电流 I_S 开关合向下方,测出 $(-I,-I_S)$ 时霍尔电压 U_3;

最后将励磁电流 I 的开关合向上方,测出 $(+I,-I_S)$ 时霍尔电压 U_4。实验中如果弄混了,可能会导致错误。

(二)数据处理指导

1. 霍尔元件灵敏度的作图法数据处理

表1-19中的数据,计算出不同励磁电流时霍尔电压 $\overline{U}_H[\overline{U}_H=1/4(U_{H_1}-U_{H_2}+U_{H_3}-U_{H_4})]$,再根据螺线管中央磁场 $B=\dfrac{\mu_0 NI}{\sqrt{L^2+D^2}}$ 公式计算出不同励磁电流时螺线管中央相应的磁感应强度 B。

表1-19 霍尔元件灵敏度测量数据

I/mA	B/T	U_{H_1}/mV	U_{H_2}/mV	U_{H_3}/mV	U_{H_4}/mV	$\overline{U}_H/mV$
		$(+I_M,+I_S)$	$(-I_M,+I_S)$	$(-I_M,-I_S)$	$(+I_M,-I_S)$	
100						
200						
300						
400						
500						
600						
700						
800						

依据测量结果在坐标纸上绘出 U_H-B 图,用两点式求斜率方法求出相应斜率 k,即在坐标纸上,选定横轴为磁感应强度 B,纵轴为霍尔电压 U_H,并标出物理单位;根据实验数据在坐标轴上选定等间距整齐的坐标刻度并标出数值标度,标度数值位数尽可能与实验数据的有效位数一致;将实验数据把每一个实验点在坐标纸上用相应符号标明;用直尺画一条直线,尽可能使数据点均匀分布在直线的两侧;在直线两端任意选取相对较远的非实验数据点,标明并根据坐标刻度读出相应数据,根据两点数值求出直线斜率。再根据公式 $K_n=\dfrac{k}{I_S}$ 求出霍尔元件灵敏度 K_n。

2. 螺线管中位置与磁场关系曲线图

根据表1-20中的数据,计算出螺线管不同位置处的霍尔电压 U_H,根据 $U_H=K_n BI_S$ 计算出各点相应的磁感应强度 B,并在坐标纸上绘出 B-x 光滑曲线,显示螺线管内磁场分布状态。作图方法与 U_H-B 图类似,但此处需画出光滑曲线。

表 1-20 螺线管中位置与磁场关系测量数据

x/mm	U_{H_1}/mV $(+I_M, +I_S)$	U_{H_2}/mV $(-I_M, +I_S)$	U_{H_3}/mV $(-I_M, -I_S)$	U_{H_4}/mV $(+I_M, -I_S)$	$\overline{U}_H/\text{mV}$	B/T
0						
10.0						
20.0						
30.0						
60.0						
90.0						
120.0						
138.0						

用牛顿环测曲率半径

一、实验背景及应用

牛顿环是一种薄膜干涉现象,应用牛顿环的原理可以精确测定光学元器件的一些特性参数,检验光学元件的表面质量,在生产制造中有着普遍的应用。

(一)实验背景

17 世纪中期,牛顿在考察肥皂泡及其他干涉现象时,偶然发现玻璃三棱镜压在透镜上呈现出的明暗相间的圆环,这种光学现象被称为"牛顿环",是牛顿在光学中的一项重要发现。发现牛顿环后,牛顿又做了进一步的实验,他取来两块透镜,一块是 14 in(1 in≈30.48 cm)望远镜用的平凸镜,另一块是 50 in 左右望远镜用的大型双凸透镜。将平凸镜放在双凸透镜上,平面向下,围绕着接触点的周围出现各种颜色的色环。压紧玻璃体时,色环会逐渐变宽,各种颜色不断从中心涌出,成为包在最内层颜色外面的一组色环,色环中心是一个黑斑。反之,如果抬起上面的玻璃体,使其离开下面的透镜,色环的直径变小,各种颜色的色环陆续到达中心。牛顿测量了六个环的半径,发现了一个规律,亮环半径的平方值是一个由奇数构成的算术级数,而暗环半径的平方值是由偶数构成的算术级数,知道了凸透镜的半径后,就很容易算出暗环和亮环处的空气层厚度。牛顿还用水代替空气,观察到色环的半径减小。另外,牛顿不仅观察了白光的干涉条纹,还观察了单色光所呈现的明暗相间的干涉条纹。

牛顿虽然发现了牛顿环,并做了精确的定量测定,但由于过分偏爱他的微粒说,始终无法正确解释这个现象。直到 19 世纪初,英国科学家托马斯·杨用光的波动说圆满地解释了牛顿环实验。

(二)拓展应用

满足一定条件的两列或多列相干波相遇叠加,在叠加区域某些点的振动始终加强,某些点的振动始终减弱,强度呈现稳定的空间分布,称为干涉现象。光的干涉发生时,在重叠区域明暗程度随位置的不同而变化,这种光强的重新分布被称作"干涉条纹",光的干涉现象是证明光的波动性的重要依据。

相干光波的产生可以采用两种不同的方法:分波阵面法和分振幅法,其差异在于是否利用波前上不同位置的子波源形成干涉。例如,杨氏双缝干涉属于分波前干涉,而等倾干涉和等厚干涉属于分振幅干涉。利用波的叠加性来获取波的相位信息,从而获得实验所关心的物理量。这一类实验技术统称为干涉仪。在天文学、光学、工程测量、海洋学、地震学、波谱分析、量子物理实验、遥感及雷达等精密测量领域,干涉仪都有广泛应用。在双光束干涉仪中,迈克尔逊干涉仪和法布里-珀罗干涉仪曾被用来以镉红谱线的波长表示国际单位米,长度的比较和精确测量是根据两相干光几何路程之差发生变化引起的干涉条纹的移动来进行的。如果两束光的几何路程不变,折射率的不同也可以引起光程差的变化,从而引起条纹移动,瑞利干涉仪就是通过这一原理来对折射率进行相对测量的典型干涉仪。而应用于风洞的马赫-秦特干涉仪被用来对气流折射率的变化进行实时观察,泰曼干涉仪被普遍用来检验平板、棱镜和透镜等光学元件的质量。例如,在一只光路中放置透镜,可根据干涉图样了解由透镜造成的波面畸变,从而评估透镜的波像差。另外,很多干涉仪具有尖锐明亮的干涉条纹,有极高的光谱分辨率,常用做光谱的精细结构和超精细结构分析。

　　1881 年,美国物理学家迈克尔逊和莫雷合作研究"以太"漂移,并为此设计制造了迈克尔逊干涉仪。它利用分振幅法产生双光束,通过调整干涉仪,既可以产生等厚干涉条纹,也可以产生等倾干涉条纹,通过观察条纹的移动来进行测量。在近代物理和近代计量技术中,迈克尔逊干涉仪有着重要的应用。多种专用干涉仪利用了该仪器的设计原理。1962 年,苏联科学家 Gertsenshtein 和 Pustovoit 提出激光干涉仪引力波探测器,1969 年,美国科学家 Weiss 和 Forward 建造了初步的试验系统。激光干涉引力波探测器(LIGO)的基本原理就是采用迈克尔逊干涉仪来测量由引力波引起的激光的光程变化进而发现引力波。

　　作为经典的干涉仪,牛顿环是一种等厚干涉现象,将一个平凸透镜放在一块平玻璃上,它们之间的空气薄膜厚度从接触点向外逐渐增加,入射光在薄膜上下两表面反射,产生具有一定光程差的两束相干光,干涉图样是以接触点为中心的一系列明暗交替的圆环。牛顿环可以测量透镜表面曲率半径和液体折射率,精确检验光学元件表面质量,包括平面或曲面的面型准确度及表面光滑度等,在生产制造中有着普遍的应用。

　　除了有益的应用,牛顿环也带来了一些问题。手机上的电阻式触摸屏为我们提供了方便舒适的交互界面,但在生产加工过程中,牛顿环是一种致命的缺陷,这种缺陷会导致最终显现色彩的不正,也降低了该区域的显示对比度。不管是电阻式触摸屏,还是液晶显示器,实现主体都是一块 ITO 薄膜和一块 ITO 玻璃,或者是两块 ITO 薄膜,如果有一面材料产生形变,ITO 内表面将产生一个曲面,可能会形成牛顿环。在实际生产过程中,会把外框支撑处的间隙距离做得比中间的稍微大一些,如果工艺中参数稍有差离,这种距离差就没法消除,会让两个表面之间产生一定的由中间向内的凹陷,显现出干涉条纹牛顿环。要避免牛顿环的产生,一种方法是打乱光线传播方向。例如,在电阻式触摸屏上,使用雾面 ITO 薄膜;在液晶显示器上使用防眩偏光片等。另一种方法是保证内表面的平行度,让内表的曲率半径够大,使牛顿环的暗环区扩大到产品之外。另外,由于干涉只在一定的光程差内才会显现出来,可以加大两表面的光程差,让牛顿环的暗环区落在产品尺寸外或加大牛顿环相邻环的距离,以淡化牛顿环。只要根据牛顿环的产生机理,在生产过程中加以控制,牛顿环是可以避免的。

二、实验指导与注意事项

(一)操作指导

1. 读数显微镜的调节

目测牛顿环装置位于显微镜筒正下方,原理中入射光基本垂直于牛顿环装置,因此需要调节读数显微镜下端的反射镜,使其对着纳光灯,并且使显微镜视场中亮度最大。调节目镜焦距,使十字叉丝清晰无视差,转动目镜,使十字叉丝横轴与主尺平行。将显微镜筒自下而上缓慢上升,调出明暗相间的干涉条纹,并使干涉条纹中心在视场中间。由于实验中沿径向测量,移动测微鼓轮时注意十字叉丝的纵轴要与干涉圆环相切。

2.测量牛顿环直径时的注意事项

通常将中央亮(或暗)斑旁边的暗环作为第一条暗环,由于附加光程差,条纹级次无法确定,所以这并不是第一级暗环,后续的数据处理消除了条纹级次无法确定的因素;干涉条纹有一定的宽度,测量时可以统一为同侧相切位置进行读数;由于齿轮之间存在间隙,测量时必须使测微鼓轮沿一个方向转动,不得中途倒转,否则会引起操作失误。

(二)数据处理指导

将实验中所测牛顿环中央往外第 40、35、30、25、20、15 条暗纹对称的左侧和右侧读数填入表 1-21 中,两者相减数值绝对值的大小为相应暗纹的直径,再求出直径平方值填入表 1-21 中。

表 1-21 牛顿环实验测量数据

项目	m/级					
	40	35	30	25	20	15
$x_{左}$/mm						
$x_{右}$/mm						
$D = \lvert x_{左} - x_{右} \rvert$/mm						
D^2/mm^2						

根据表 1-21 中的数据,计算出牛顿环直径的平方值后,用逐差法处理所得数据,求出直径平方差的平均值及不确定度,再根据透镜曲率半径 $\overline{R} = \dfrac{\overline{D_{m+n}^2 - D_m^2}}{4n\lambda}$ 公式及 $\dfrac{\Delta R}{\overline{R}} = \dfrac{\Delta D^2}{D_{m+n}^2 - D_m^2}$ 分别计算出透镜的曲率半径和不确定度。并写出实验结果 $R = \overline{R} \pm \Delta R$。

单缝衍射实验

一、实验背景及应用

光衍射在现代科技、光学及其物理学中的应用非常广泛:现代科学技术下的产品更加小型化和微型化,利用单缝衍射实现无接触和高精度测量;应用于光谱分析领域如衍射光栅光谱仪等;应用于衍射成像如空间滤波技术、光学信息处理技术及成像仪器分辨;衍射可再现波阵面,有利于全息术原理的进一步发展;应用于结构分析如 X 射线结构学等。

(一)实验背景

光的衍射效应最早由意大利物理学家格里马第(Francesco Maria Grimaldi,1618—1663年)发现。他使光通过一个小孔引入暗室(点光源),在光路中放一直杆,发现在白色屏幕上影子的宽度比假定光以直线传播所应有的宽度大。他还发现在影子的边缘呈现 2~3 个彩色的条带,当光很强时,色带甚至会进入影子里面。格里马第又在一个不透明的板上挖了一个圆孔代替直杆,在屏幕上呈现了一亮斑,此亮斑的大小要比光线沿直线传播时稍大一些。这些现象不能用当时通行的光微粒说来解释,他指出"光不仅会沿直线传播、折射和反射,还能够以第四种方式传播,即通过衍射的形式传播",这是"衍射"一词的首次提出。格里马第把光与水面波类比,认为光的衍射类似于将石子抛入水中,在其周围会产生水波,光流体中的障碍物引起光的波动,这些波传播时将超出几何阴影的边界。但是这个现象直到 1665 年才被发表,遗憾的是他已经于 1663 年去世。

光衍射现象的另一个发现者是英国物理学家胡克(Robert Hooke,1635—1703 年),在其所著的 1665 年出版的《显微术》(又译为《显微制图》)一书中,记载了他观察到光向几何影中衍射的现象,提出了"光是以太的一种纵向波"的假说。

基于解释光的衍射现象,荷兰物理学家惠更斯(Christiaan Huygens,1629—1695 年)继承了胡克的思想,认为光是在以太里传播的纵波,引入了"波前"的概念,于 1687 年提出了子波原理,也就是惠更斯原理。利用惠更斯原理不但可以解释以前几何光学所能解释的现象,还可以解释光的衍射现象。1690 年,惠更斯的著作《光论》出版,标志着波动说在这个阶段达到了一个兴盛的顶点。

1704 年,牛顿(Isaac Newton,1643—1727 年)出版了他的著作《光学》,在这本书中,牛顿坚持光的粒子学说,对于之前粒子学说的基本困难,他从波动对手那里吸收了很多东西如周期、振动等,从粒子的角度解释了薄膜干涉和衍射实验中的种种现象,驳斥了波动理论,还提出了许多波动理论无法解释的现象。作为光学界的泰斗,牛顿的才华和权威是不容置疑的,第一次波粒战争以波动学说的失败而告终,一直到 18 世纪末,光的微粒说才占据主导地位。

1801 年英国物理学家托马斯·杨(Thomas Young,1773—1829 年)成功实现了著名的杨氏双缝干涉实验,发现了光的干涉性质,证明光以波动形式存在,而不是牛顿所想象的光颗粒(Corpuscles),这个实验被评为"物理最美实验"之一。这个实验用微粒说无法解释,点燃了物理史上关于光的本性研究的"第二次波粒战争"的导火索。

1816 年,法国物理学家菲涅耳(Augustin-Jean Fresnel,1788—1827 年)在惠更斯子波思想的基础上,增加了子波相干叠加原理,认为光是一种横波,做了一些修订,为定量分析和计算光的衍射光强分布提供了理论依据,成功定量解释了衍射现象,还解决了一直困扰波动说的偏振问题,建立了波动光学的理论基础。至此,光的波动学说逐渐被人们认可,并占据了主导地位。

1865 年,麦克斯韦方程组的建立又将光和电磁现象统一起来,使人们对光的本质的认识又向前迈进了一大步。到 19 世纪末,光学的研究已经深入到光与物质相互作用的微观机制,面对黑体辐射、光电效应、康普顿效应等实验,波动说也无法解释这些实验现象,因此促生了量子假说,1909 年,伟大的科学家爱因斯坦提出了光的波粒二象性学说。至此,关于光的本性的认识才真正成熟。

人类关于光学的认识过程是人类认识客观世界进程中一个重要的组成部分,是不断揭露矛盾、克服矛盾,从不完全和不确切的认识逐步走向较完善和较确切认识的过程。人们对科学的认识是一层层地深入的,我们永远不能说哪个问题研究透彻了。科学永远是不完备的,永远是在发展中的。我们既不能苛求前人完美,也不能迷信权威永远是正确的。

(二)拓展应用

光通过狭窄的细缝或不透光的细障碍物时,会在其后因衍射现象形成明暗相间的规律性衍射条纹,是为衍射现象。因为衍射原因,物点或光点所成的像不再是一个点,而是有一定尺寸的圆形衍射斑,即艾里斑。当两个艾里斑靠得很近时就无法分辨了,这涉及了人眼或仪器识物分辨本领的原理。根据衍射原理可以推导出分辨本领的结果,指导观测仪器的设计与制作。例如,望远镜和显微镜的设计。

如果把衍射细缝等间距第排列起来,就构成了光栅,单色光通过光栅衍射后,会在后方的观测屏上产生细而亮的条纹;如果入射光是复色光,通过光栅后,衍射条纹根据波长顺序排列形成光栅光谱,可用于分析物质结构。光栅是近代物理实验中经常要用到的重要光学器件。

因为衍射图样对精细结构有相当敏感的"放大"作用,可以利用光栅衍射图样分析精细结构。例如,晶体中整齐排列的原子点阵间距为纳米量级,是天然的光栅,能使 X 射线产生明显的衍射现象。如果已知晶体的晶格常数,可以利用衍射测定 X 射线的波长;反之,如果已知 X 射线的波长,也可以测定未知晶体的原子排列结构。X 射线照射晶体时会发生衍射。不同的晶体结构不同,产生的衍射图谱各不相同。比较试样的衍射图谱,可以鉴别不同晶体的物相或矿物组成。例如,金属材料残余应力测试、古文物的鉴别工作等。文物鉴定中可应用于金属文物锈蚀产物的判别和做旧的判定,以及鉴定古陶瓷釉质成分、书画颜料结构、有机质文物的组织结构等。

衍射可以再现波阵面,广泛应用于光通信、光学信息处理、光存储等领域。例如,数字全息技术可数字自动聚焦、全场定量高分辨成像技术。适用于样品的表面轮廓、厚度或折射率等测量，广泛应用于生物医学、微机电系统 MEMS/微型光机电系统 MOEMS、粒子场等成像分析。

在相干光成像系统中，利用两次衍射成像，可以发展空间滤波技术。例如，基于光栅技术的相控阵雷达，优胜于一般机械扫描雷达，具有功能多、机动性强，反应时间短、数据率高，抗干扰能力强，能对付多目标等特点。

科学发展的很多规律和理论是直接从生产实践中总结出来的，也有相当多的发现来自长期系统的科学实验。因此，生产实践和科学实验是光学发展的源泉。光学的发展为生产技术提供了许多精密、快速、生动的实验手段和重要的理论依据；而生产技术的发展，又反过来不断向光学提出要求解决的新课题，并为进一步深入研究光学准备了物质条件。

二、实验指导与注意事项

(一)操作指导

(1)激光光源光强很高，一定不要用眼睛直视。

(2)共轴性不易调节，不要随意转动激光器的 6 个调节螺钉。

(3)狭缝尽量靠近光源。

(4)限光狭缝宽度要求不大于 0.2 mm。

(5)为避免回程误差，横向移动手轮只能向同一方向转动。

(6)为保证能够测到正、负三级暗纹，在开始测量前一定先移动好光接收器位置，从负三级暗纹的外侧开始测量。

(7)因为实验中所设置的单缝宽度不同而导致实验数据个数不同，故实际实验数据可能少于教材附录所给实验表格，也有可能多于附录实验表格，因此需要增补表格书。

(二)数据处理指导

表 1-22 为实验中所测单缝衍射光强数据，因为每个人所调设的单缝宽度不同，要保证能够测到正、负三级暗纹，而导致实验数据个数不同，故实际实验数据最后的位置读数可能小于 26.500 mm，也可能大于 26.500 mm，根据具体情况记录数据于表中即可。

表 1-22　单缝衍射实验测量数据

项目	x/mm							
	0.000	0.500	1.000	1.500	2.000	2.500	3.000	3.500
读数 I								

项目	x/mm							
	4.000	4.500	5.000	5.500	6.000	6.500	7.000	7.500
读数 I								

项目	x/mm							
	8.000	8.500	9.000	9.500	10.000	10.500	11.000	11.500
读数 I								

续表1-22

项目	x/mm							
	12.000	12.500	13.000	13.500	14.000	14.500	15.000	15.500
读数 I								
项目	x/mm							
	16.000	16.500	17.000	17.500	18.000	18.500	19.000	19.500
读数 I								
项目	x/mm							
	20.000	20.500	21.000	21.500	22.000	22.500	23.000	23.500
读数 I								
项目	x/mm							
	24.000	24.500	25.000	25.500	26.000	26.500		
读数 I								

注：$L_2 = $ _____ cm，$L_1 = $ _____ cm，$\Delta f = 6.00$ cm，$f = $ _____ cm，$\lambda = 632.8$ nm。

1. 单缝衍射光强分布曲线作图法的数据处理

依据测量结果在坐标纸上绘出 $I\text{-}x$ 曲线图，需要注意以下几点。

(1)坐标纸作图，坐标范围取值恰当，且坐标刻度合理。

(2)清楚标明横、纵坐标轴，物理意义及其单位。

(3)曲线应为光滑曲线，不能是数据点的线段连接。

(4)需标出图中几个暗纹的位置。

2. 数据处理要素

从分布曲线上查出对应的各级暗条纹之间的距离 $\Delta x_1 = x_1 - x_{-1}$、$\Delta x_2 = x_2 - x_{-2}$ 和

$\Delta x_3 = x_3 - x_{-3}$，并求出相应的单缝宽度 $a = \dfrac{2kf\lambda}{x_k - x_{-k}}$ （$k = 1,2,3$），最终求出单缝宽度的平

均值 $\bar{a} = \dfrac{1}{3}\sum\limits_{k}^{3} a_k$。

实验 十三　光的偏振实验

一、实验背景及应用

利用光偏振原理制成的仪器,应用范围非常广泛。从日常生活中的摄影、灯光设计到地质结构、矿物的探测;从小到原子、分子、病毒微粒的结构分析,到大至太阳系、银河系及整个宇宙物质结构的探索,无不在运用偏振光的知识。

(一)实验背景

1. 冰洲石下的双像

1669 年的一天,丹麦科学家巴塞林那斯(E. Bartholinus,1625—1698 年)无意中将一块很大的冰洲石放在书上,当他透过冰洲石看书时,发现石头下的每个字都变成了两个。这是一种非常奇特的现象,但是巴塞林那斯对它进行一番研究后却无法做出解释,于是,他把这种现象记录下来,以便后人能继续研究。

10 年之后,荷兰物理学家惠更斯看到了这一记载。他对这一现象也很感兴趣,并立即开始研究。惠更斯发现之所以会有这种现象,是因为一束光射入冰洲石后分为两束光所致。惠更斯还发现,这两束光的一束遵从折射定律,称它为寻常光,以 o 表示;而另外一束不遵从折射定律,称其为非常光,以 e 表示。惠更斯还进一步发现,如果冰洲石越厚,两束光分得越开。他把这种光通过晶体后一分为二的现象称为光的双折射。

2. 马吕斯的新发现

在惠更斯之后的一百多年间,似乎没有谁还对冰洲石的双折射现象感兴趣。但是到了1808 年,法国工程师马吕斯(Etienne Louis Malus,1775—1812 年)的一个新的发现,再次唤起了人们对冰洲石的研究。

一天傍晚,马吕斯在自己家里无意中通过一块冰洲石观看落日从巴黎卢森堡宫的玻璃窗所反射的像。开始他看到了两个像,这是意料当中的事情,但是当他把冰洲石转到某一位置时,两个像变了一个。这可是个新现象,马吕斯为自己的这一发现激动不已。

当天晚上,马吕斯立即利用其他光源做实验,他发现经玻璃或水面反射的光通过转动的冰洲石时都有这种现象,他还发现当透过冰洲石的烛光以 36°角投射到水面时,一个烛像就消失了,而在其他角度时,两个像都会出现。但两个像的亮度一般是不同的,并且随着冰洲石的转动,两个像也明亮交替变化。马吕斯把这种光强度随方向变化的现象称为光的偏振化,而这种光叫偏振光。

3. 横波和纵波之争

两年后的 1810 年,马吕斯的发现传到正在复兴光波动说的托马斯·杨、菲涅耳等科学家那里。当时,托马斯·杨他们都认为光是一种纵波,而且用纵波解释了许多光学现象。但当他们试图用纵波解释马吕斯的发现时,却发现用纵波构成的光波动说无法容纳这一光学新现象。而与此同时,信奉光微粒说的马吕斯本人却用微粒说对他的发现做出了令人信服的解释。这无疑是对刚刚复兴的波动说的一个严峻考验,但是托马斯·杨和菲涅耳等没有屈服于困难,而是百折不挠地进行研究。6 年之后,托马斯·杨终于发现如果假定光是横波,就能以光的波动说对马吕斯的发现做出当时最圆满的解释。

那么什么是纵波和横波?这是波动的两种方式,我们平常并不少见。当声音传开时,沿着声波传播的方向,空气分子的密度分布发生疏密变化,这就是纵波;如果把一根绳索的一端固定,而用手不断上下抖动另一端,就会看到一个接一个的波形沿着绳索传播过去,这就是横波。

纵波和横波的主要区别是纵波的振动方向和波的传播方向一致,而横波的振动方向与波的传播方向垂直。仔细观察这两种波动还会发现,横波的振动是偏在某一平面内,所以只有横波才可能是偏振的。而沿着纵波的传播方向去看,它的振动方向只是一个点,所以纵波没有偏振的意义。

托马斯·杨认为如果光是横波,那么它就可能有两种互相垂直的振动方式。光透过冰洲石时由于振动方式的不同而分为两束,这两束光以 36°角投射到玻璃或水面时,一种振动方式的光全部成为透射光,而另一种则成为反射光,当然就只能看到一个像。而在其他入射角时,两种振动方式的光都有透射和反射,所以会看到两个像。由于两束光的透射和反射都与角度有关,所以当转动冰洲石时,两个像的亮度也随之交替变化。

4. 光是横波的理论认识

经过托马斯·杨、菲涅耳等科学家的研究和发展,光是横波开始得到科学界的广泛承认。但是我们平常所看到的光源如太阳、电灯、烛光为什么没有显示出偏振性呢?这不是托马斯·杨那个时代的科学家所能解决的问题,但我们今天对它就非常清楚。任何普通的光源都是由大量的原子、分子组成的,它们发出的光就是这些原子、分子发光的总和。由于单个原子或分子瞬间发出的一列光波是偏振的,即它的振动偏在一定的方向,但原子、分子的发光是间歇性的,在下一瞬间发射的另一列光波,就不在这个方向偏振了。因此,就单个原子、分子的发光来说,它在各个瞬间所发光波的振动方向时刻变化着。而光源中的大量原子、分子发光时,又是互不相关,各行其是,因此从总体上来说,普通光源发出的光的振动在空间的各个方向上均匀分布,因而不显示出偏振性。

既然光是横波,那就应有实验证明。早在 1928 年,一位年轻的大学一年级学生埃德温·赫伯特·兰德(Edwin Herbert Land,1909—1991 年)就成功地从普通光中分离出在任一方向振动的偏振光。

兰德把一种叫作赫拉帕赛的晶粒嵌在塑料薄膜里,然后把薄膜沿一个方向拉伸,于是针状的赫拉帕赛晶粒就随着塑料分子的拉长而整体排列起来。当用普遍光源发出的光照射这种塑料薄膜时,只有振动方向与晶粒排列方向相同的光才能通过,通过的光便是偏振光,后来人们就称这类能产生偏振光的人工材料为偏振片。

兰德制作的偏振片不但再次证实光是横波,而且为偏振光的应用开辟了广阔的前景。今天人们获得偏振光的方式很多,不但有尺寸很大、价格便宜的人工偏振片,而且也有价格虽贵,但透光性却优于人工偏振片的偏振棱镜。最常用的一种偏振镜叫作尼科耳棱镜,它是用方解石晶体做成的。

(二)拓展应用

立体电影之所以会有立体感,就是利用了光的偏振性。立体电影是用一种特殊的双镜头放映机放映,从两个镜头出来的光不是普通的光,而是两束有着不同偏振面的偏振光。看电影时人们要戴一副特制的偏振眼镜,每只镜片只能使一束偏振光通过。这样从银幕上看到的画面就与普通的电影画面不一样,它是两幅互相配合的影像,分别从左右两眼输入大脑,因而会产生立体感。

由于自然光经过水面反射后会产生偏振光,那么如果太阳光经行星表面反射后变成了偏振光,就说明行星表面一定有水或其他光滑物质覆盖着。根据这一原理,天文学家发现金星表面有一层明显的光滑物质覆盖物,极有可能是水晶或水滴。科学家还利用偏振技术,探得土星光环是由冰的晶体组成。

偏振光实现了手机和电子表的液晶显示,还能做到数字显示。在两块透振方向相互垂直的偏振片中插入一个液晶盒,盒内液晶层的上下是透明的电极板,它们刻成了数字笔画的形状。外界的自然光通过第一块偏振片后,成了偏振光。这束光在通过液晶时,如果上下两极板间没有电压,光的偏振方向会被液晶旋转 90°(这种性质叫作液晶的旋光性),于是它能通过第二块偏振片。第二块偏振片的下面是反射镜,光线被反射回来,这时液晶盒看起来是透明的。但在上下两个电极间有一定大小的电压时,液晶的性质改变了,旋光性消失,于是光线通不过第二块偏振片,这个电极下的区域变暗,如果电极刻成了数字的笔画的形状,用这种方法就可以显示数字。

将偏振镜放在摄影镜头前能消除反光。在拍摄表面光滑的物体如玻璃器皿、水面、陈列橱柜、油漆表面、塑料表面等,常常会出现耀斑或反光,这是由于光线的偏振引起的。在拍摄时加用偏振镜,并适当地旋转偏振镜面,能够阻挡这些偏振光,借以消除或减弱这些光滑物体表面的反光或亮斑。拍摄时通过取景器一边观察一边转动镜面,以便观察消除偏振光的效果,当观察到被摄物体的反光消失时,即可以停止转动镜面。

偏振镜可以在摄影时控制天空亮度,使蓝天变暗。由于蓝天中存在大量的偏振光,所以用偏振镜能够调节天空的亮度。加用偏振镜以后,蓝天变得很暗,突出了蓝天中的白云。偏振镜是灰色的,所以在黑白和彩色摄影中均可以使用。

生物的生理机能可以利用偏振光实现定位。人的眼睛对光的偏振状态是不能分辨的,但某些昆虫的眼睛对偏振却很敏感。例如,蜜蜂有五只眼,三只单眼、两只复眼,每只复眼包含有 6 300 个小眼,这些小眼能根据太阳的偏光确定太阳的方位,然后以太阳为定向标来判断方向,所以蜜蜂可以准确无误地把同类引到它所找到的花丛。

又如,在沙漠中,如果不带罗盘,人是会迷路的,但是沙漠中有一种蚂蚁,它能利用天空中的紫外偏光导航,因而不会迷路。

利用偏振片可以防止汽车夜晚时对面的车灯晃眼。夜晚开远光灯对对面来车是非常危险的,但是利用光的偏振在理论上可以解决这个问题。我们可以将汽车灯罩设计成斜方向 45°的偏振镜片,这时射出去的光都是有规律的斜向光。汽车驾驶员可以戴一副夜间眼镜,偏振方向与灯罩偏振方向相同。如此一来,驾驶员只能看到自己汽车射出去的光,而对面汽车射来光的振动方向,正好是与本方向汽车成 90°角,那样对面的车灯光线就不会再晃到驾驶员的眼睛。

二、实验指导与注意事项

(一)操作指导

(1)本实验中光源采用半导体激光器,激光功率较大,不可用眼睛直接直视光源。

(2)做实验之前首先要调节光路共轴:激光光源、偏振片和光功率计的高度要一致且相互平行。

(3)验证马吕斯定律时,先放入一个偏振片,按要求调光路共轴。旋转偏振片找到光强最大值,停止旋转。在第一个偏振片和光功率计之间放入第二个偏振片,然后旋转第二个偏振片,记录数据。

(二)数据处理指导

表 1-23 为调整偏振片角度所测激光通过偏振片后的最大光强 I_{max} 和最小光强 I_{min}。

表 1-23 偏振度的测量数据表

项目	1	2	3	平均值
I_{max}/mW				
I_{min}/mW				

根据公式 $V = \dfrac{I_{max} - I_{min}}{I_{max} + I_{min}}$ 计算偏振度,计算时要根据加减运算和乘除运算的保留有效位数原则,正确保留结果的有效位数。

表 1-24 为验证马吕斯定律实验数据,用各角度时所测光强 I 除以最大光强 I_{max} 获得 I/I_{max},并填入表格。

表 1-24 马吕斯定律的验证实验测量数据

项目	角度/(°)								
	10.0	20.0	30.0	40.0	50.0	60.0	70.0	80.0	90.0
$\cos^2\alpha$	0.970	0.883	0.750	0.587	0.413	0.250	0.117	0.030	0.000
I/mW									
I/I_{max}									

注:$I_{max} =$ _____,$\theta_0 =$ _____。

根据实验表格中数据,以 $\cos^2\alpha$ 值为横坐标,以 I/I_{max} 值为纵坐标,作 $I/I_{max} \sim \cos^2\alpha$ 的曲线,并标出物理单位;用两点式求斜率方法求出相应斜率,根据实验数据在坐标轴上选定等间距整齐的坐标刻度并标出数值标度,标度数值位数尽可能与实验数据的有效位数一致;将实验数据把每一个实验点在坐标纸上用相应符号标明;用直尺画一条直线,尽可能使数据点均匀分布在直线的两侧;在直线两端任意选取相对较远的非实验数据点,标明并根据坐标刻度读出相应数据,根据两点数值求出直线斜率。分析偏振光通过偏振片后透射光强和入射光强的关系是否与理论相符,给出实验结论。

数字示波器

一、实验背景及应用

示波器,器如其名,就是显示波形的机器,被誉为"电子工程师的眼睛",可以把被测信号的实际波形显示在屏幕上,以供工程师查找定位问题或评估系统性能等。示波器按所能测量的频率范围不同可分为低频示波器、高频示波器和微波示波器;按结构原理不同可分为模拟示波器和数字示波器。随着微电子和计算机技术的发展,数字示波器在生活和科技测量中扮演着尤为重要的角色。它是一种集数据采集、A/D 转换、软件编程等一系列技术制造出来的具有测量、分析、处理、存储功能的高性能示波器。数字示波器将采集到的模拟电压信号转换为数字信号,由内部微型计算机进行分析、处理后可以实现存储、显示或打印等操作。数字示波器不仅可以观察连续变化的信号,还可以捕捉单个的快速脉冲并将采集到的数据储存下来,然后利用调出功能将储存的数据转换为静止图形定格在屏幕上来进行精确的分析和测量,因此在现代工业、医疗、生活、国防、航天及各领域的科学研究中具有广泛的应用。

(一)实验背景

19 世纪末,电学发展已臻于完善,很多物理学家认为物理学已经发展到顶峰,盛宴已过,伟大的发现再难出现。1858 年,德国物理学家普吕克(Julius Plücker,1801—1868 年)在观察放电管中低压气体的放电现象时,发现正对阴极的管壁发出绿色的荧光,即阴极荧光现象。1876 年,德国物理学家哥尔茨坦(Eügen Goldstein,1850—1893 年)认为这是从阴极发出的某种射线,将其命名为阴极射线。1871 年,英国物理学家瓦尔利(Cromwell Fleetwood Varley,1828—1883 年)根据阴极射线为磁场偏转的实验现象很像带电粒子,提出阴极射线是由带负电的"粒子"组成的假说。这些研究促成人类发现物质世界最小的微粒——电子。英国物理学家汤姆逊(Joseph John Thomson,1856—1940 年)在对阴极射线进行了精确的实验研究后,于 1897 年发表了论文《论阴极射线》,用"电子"来命名阴极射线载荷子。随后人们开始探索电子的运用途径,又经过一百多年,人类步入信息时代。

在这样的背景下,19 世纪 90 年代,德国物理学家卡尔·费迪南德·布劳恩(Karl Ferdinand Braun,1850—1918 年)得知阴极射线研究后,也积极投身其中。1897 年布劳恩利用电子技术制成了世界上第一台阴极射线管(缩写 CRT,俗称显像管)示波器,用电子束制成一种特殊的轻便灵活的"笔",利用这支笔可以描绘稍纵即逝的电现象,根据电子踪迹,人们可以从容仔细地观测电信号的变化过程。这支"笔"的核心部件是布劳恩管(即阴极射线管,主要结构有:极板网栅、阳极、偏转线圈、加热器、阴极、电子束、聚集线圈和荧光屏),阴极射线管示意图如图 1-16 所示。在抽成真空的管路一端装上电极(图 1-16 中 5),从阴极发射出来的电子在穿过通电电极时,因为受到静电力的影响聚成一束狭窄的射线,即电子束,称为阴极射线(图 1-16 中 6),管子侧壁分别摆放一对水平和一对垂直的金属平行板电极(图 1-16 中 3),水平的电极使电子束上下垂直偏转运动,垂直的电极使电子束左右水平偏转运动。管子的另一端均匀地涂上一层硫化锌或其他矿物质细粉,做成荧光屏(图 1-16 中 8),电子束打在上面可以产生黄绿色的明亮光斑。随着侧壁上摆放的平行板电极电压的变化,电子束的偏转也随之变化,从而在荧光屏上形成不同的亮点,电子的这种工作方式被称为"扫描"。荧光屏上光斑的变化,呈现了控制电子束偏转的平行板电极电压的变化,也就是所研究电波的波动图像,这是示波器的雏形和基础,它使得对电波的直观观察成为可能。这项发明为科学家们提供了梦寐以求的观测仪器,使人们能够超越感觉器官的极限,直观地研究电的变化过程。

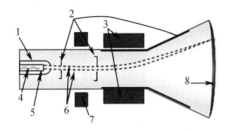

1. 电子枪　2. 阳极　3. 偏向线圈　4. 加热器　5. 电极　6. 阴极射线　7. 聚焦线圈　8. 荧光屏

图 1-16　阴极射线管示意图

但是,布劳恩最初设计的阴极射线管并不十分完美,只有一个冷阴极,管内也非完全真空,而且要求十万伏特的高压来加速电子束,才能在荧光屏上辨认出受偏转影响后的运动轨迹;此外,电磁偏转也只有一个方向。但是工业界很快对布劳恩的这个发明产生了兴趣,这使得阴极射线管得到了继续发展。1889 年,布劳恩的助手泽纳克(Zenneck)为阴极射线管增加了另一个方向的电磁偏转,此后又相继发明了热阴极和高真空。这使得阴极射线管不仅可以用在示波器上,1930 年起还成为显示器的重要部件,为后来电视、雷达和电子显微镜的发明奠定了重要基础,直到今天仍被广泛应用于计算机和电视机等的显像器上。1931 年,美国通用无线电公司制造了第一台实用的商用示波器。

早期的示波器(图 1-17)由于缺少触发器,所以只能在输入电压超过可调阈值时才能对输入电压的波形开始进行水平追踪。触发功能可以在 CRT 上保持稳定的重复波形,即多次重复画出相同轨迹的波形。如果没有触发功能,示波器会将多个扫描波形显示在不同的位置上,导致屏幕上出现不连贯的杂乱图形或移动的图像。1947 年,工程师霍华德·卫林改进了示波器,首次能够通过触发器来控制扫描功能,从而使示波器变得实用。同年,美国泰克公司发布了它的第一款示波器产品:511 型示波器,其特别之处在于首次拥有了精确的触发系统(其实就是我们现在每台示波器都具有的边沿电平触发)(图 1-18)。这项技术实际是通过调节触发电平来确定每次扫描在波形上的起点,通过数屏幕上的格子对被测信号进行准确的时域分析。在当时这项技术是跨时代的进步,这一简单的原理现在已成为每一台示波器所必需的功能,是现代示波器某种意义上的起点。

图 1-17　早期简易示波器

图 1-18　泰克 511 阴极射线示波器

　　20 世纪 30—50 年代的示波器是电子管时代,示波器的带宽(带宽是所能测量的频率范围,通常是衡量示波器的一项重要技术指标)一般不超过 40 MHz。进入 60 年代后,随着半导体技术的发展,一些半导体器件开始逐渐取代电子管的地位,同时电子计算机也开始逐渐推广应用,此时示波器的带宽达到了 100 MHz。到了 20 世纪 70 年代,微波半导体技术开始突飞猛进,微电子集成电路技术更是日新月异,集成电路技术为示波器的小型化和高性能、高可靠发展创造了条件,此时常规示波器带宽到达 350 MHz,特种示波器甚至可达 1 GHz。同时半导体技术的更进一步发展使示波器完全可程控化,也可以进行数字化采集。例如,同年代的模拟示波器已经具有微处理器了,可以在荧光屏上直观地读出测量参数,又可以将参数和波形传递给计算机。这是模拟示波器的辉煌时代,但是模拟示波器要提高带宽,需要示波管、垂直放大和水平扫描的全面推进。图 1-19 为早期教学用阴极射线示波器。

图 1-19　早期教学用阴极射线示波器

　　1973 年第一台数字示波器诞生了,数字示波器要改善带宽只需要提高前端 A/D(模/数)转换器的性能,对示波管和扫描电路没有特殊要求。20 世纪 80 年代以来,示波器进入了数字化、智能化的发展阶段,"带宽"不断提高,目前已达到几十兆赫兹的水平。半导体和软件的发展进一步将仪器从以模拟为主的构造转变为以数字化为主的构造。数字化领域的信号处理为商业和工业产品创造了有利条件,示波器从中获益尤多。数字智能化示波器具有更好的存储功能,能够实现自动化测量;对数据进行广泛的各种统计分析、函数分析功能;直接连接计算机,操作更为简便,功能更强大。因为计算机和信息技术的发展,数字示波器能满足更加复杂和更高速率的数据流的特殊测量要求;可以让用户根据信号的某些特定参数捕捉特定事件;用户甚至能够在另一个房间、另一个城镇乃至另一个国家对示波器进行远程操作并显示结果,使其成为自动检测系统组成部分。总之,数字技术和计算机技术在示波器上的应用,使得示波器的面貌日新月异,进入崭新的发展阶段,模拟示波器逐渐退出历史舞台。

(二)拓展应用

数字示波器具备两项基本功能:信号采集与信号分析。在采集信号样本的过程中,采集到的信号会保存在存储器中;而在信号分析时,示波器会分析采集到的波形并将其输出到显示器。

每一台数字示波器都具备四个基本功能模块:垂直系统、水平系统、触发系统及显示系统。数字示波器前面板的大部分区域均用于控制垂直、水平和触发功能,因为大部分必需的调节工作都是由这些功能来完成。垂直功能部分通过控件改变"每格电压值"(volts per division)数值来控制信号的衰减或放大,使信号能够以适当的幅度进行显示。水平控件与仪器的时基有关,其"每格秒数"控件用于确定显示屏上水平每格所代表的时间量。触发系统会执行信号稳定化处理及示波器初始化等基本功能以进行信号采集,用户可以选择并修改具体触发类型。而最后的显示系统则包括显示器本身和显示驱动器,以及用于执行显示功能的软件。

随着工业发展和检测需要,小型便携式示波器是未来的发展趋势。在工业方面或电子方面,便携式示波器可以用于现场维修,也可以在工厂内部进行维护和维修,以便于及时的排除故障;在设备安装和运行监测方面,便携式示波器也是一个重要的帮手;在工业过程中,便携式示波器可以进行相关的数据测试等,也可以用于工程师或技术员的研发及实验。随着电子技术的迅猛发展和对汽车性能要求的不断提高,以及日益严格的环保要求,电子技术在汽车电子中的运用越来越广,使用示波器能够快速判断出车辆的故障。

示波器既能够观测可转换为电压的电量(如电流、电阻),也能够借助传感器技术观测非电量(如压力、磁场、光强、温度),以及它们的动态过程。除了工业方面的广泛应用,所有发生电现象、波动现象的领域,都能找到它的用武之地。例如,军事上可用于观测导弹姿态、红外夜视、跟踪瞄准等;医学上可用于人体能产生电信号的多种器官功能活动(如观察心电、脑电、心音、肌电等生理量的变化)及病理变化的研究,以及临床监护等;农业和食品可用于各类发射、吸收光谱的检测,等等。

示波器的诞生与阴极射线研究直接相关,但是阴极射线的研究不仅止于此,这一物理发现引起了物理学革命,促生了电子、X射线、放射性的发现与应用,揭开了物理学新时代的序章。电子的发现,打破了早期原子不可分的传统观念,开辟了原子物理学的崭新领域;放射性的发现,导致了放射学的研究,为原子核物理学开拓必要的基础;射线的研究验伪了以太假设,为相对论的创立提供了重要依据。总之,在19世纪末20世纪初,物理学进入了新旧交替冲突的阶段,传统理论被证实或完善,人类在对世界的认识之路上不断前进。

二、实验指导与注意事项

(一)操作指导

(1)严格限制接入信号幅度。有大信号接入示波器时,需要先预估信号电平,并选用合适的衰减器对信号进行衰减,防止大信号烧毁示波器输入通道。

(2)示波器探头接入时,宜缓慢均匀用力,避免损坏接插端口。

(3)探头使用时注意避免拉、拽及折弯,避免撞击/掉落等。

(4)接口和线缆避免热插拔。

(5)触发调节直接关系到波形稳定性。单路测试时,触发源必须与被测信号所在通道一致。例如,待测信号接入示波器通道 CH1,则选择的触发源必须选 CH1;两个同频信号双路测试时,选信号强的一路为触发信号源;两个有整倍数频率关系的信号双路测试时,选频率低的一路为触发信号源。

(6)合成李萨如图形时,要注意时基选择为"X-Y"模式。

(二)数据处理指导

表 1-25 为测量的方波、三角波、正弦波的峰值及周期、频率测量数据及相关参数。

表 1-25

波形	V/cm	Y/cm	$U_{\text{p-p}}/\text{V}$	T/cm	L/cm	T/ms	f/kHz	$f_{显示}$
方波								
三角波								
正弦波								

(1)表格中"V/cm"列为示波器垂直方向的电压档位指示值,Y/cm 为实验波信号的 Y 幅度测量值,求出信号峰峰值电压 $U_{\text{p-p}}/\text{V}=V/\text{cm}\times Y/\text{cm}$。$T/\text{ms}$ 为示波器水平扫描指示值,L/cm 为实验波信号的每个波形长度值,求出波信号周期 $T/\text{ms}=T/\text{cm}\times L/\text{cm}$,波信号周期 $f/\text{kHz}=1/T$。

(2)运算时注意有效位数运算法则和各数据单位换算。

(3)根据自行记录的李萨如图形,分析其形成条件和特点。

分光计应用之光栅测定光波波长

一、实验背景及应用

光线入射到光学元件上会发生反射、折射、衍射等,入射光和出射光之间的角度偏转是有规律的,利用分光计可以精确测量入射光与出射光之间的偏转角度。光学中的许多基本量如波长、折射率、色散率、偏振都可以直接或间接地用光线的偏转角来表示,因而这些量都可以用分光计来测量。同时分光计的基本光学结构又是许多光学仪器(如棱镜光谱仪、光栅光谱仪、分光光度计、单色仪等)的基础,对现代科学研究具有重要意义。分光计技术广泛应用于光谱分析、天体物理、地质探测、物质结构分析等。

光栅是一种分光元件,也是各种光谱仪器的核心部件,从诞生伊始经过几百年的发展,除了广泛应用于摄谱仪进行光谱分析之外,新型的光栅也大量用于激光器、集成光路、光通信、光学互联、光计算、光学信息处理和光学精密测量控制等各个领域。

(一)实验背景

谈到分光计的诞生,就必须提及天体物理学和天体分光术。19 世纪中期,天文学家利用摄影和望远镜联合获得了月球、太阳和恒星的照片,但是对恒星的化学和物理性质依然一无所知。然后科学家们想到,是否可以通过恒星的光线来研究它的深层性质与结构呢?自 17 世纪起,太阳的光谱就不断被科学家们研究了,这些研究者中就有著名物理学家牛顿,作为最早分离阳光的人,1666 年他用玻璃三棱镜把一窄束阳光分解,把白光分离成彩色光谱,证明了太阳光由红、橙、黄、绿、青、蓝、紫 7 种颜色组成,为光的色散理论奠定了基础,使人们对颜色的解释摆脱了主观视觉印象,从而走上了与客观量度相联系的科学轨道。同时,这一实验开创了光谱学研究的先端,不久,光谱分析就成为光学和物质结构研究的主要手段。但是直到 19 世纪,两位德国科学家才通过研究每束阳光而了解了太阳的化学组成。

天体分光术的首个突破发生在 1802 年,英国科学家威廉·海德·渥拉斯顿(William Hyde Wollaston,1766—1828 年)观测到太阳连续光谱背景上有 7 条暗线,但是没能准确解释暗线;1814 年,德国物理学家约瑟夫·冯·夫琅禾费(Joseph von Fraunhofer,1787—1826 年)发明了分光仪,在太阳光的光谱中,他发现了 574 条黑线,将其中最突出的一条标注为 A,后面用 B 至 K 标注主要的特征谱线,较弱的用其他符号表示。其中 D 线的位置与蜡烛火焰中的明亮黄线相同,但是他不能解释。后来欧洲科学家在研究物质光谱时发现每种元素或成分都能产生自己独一无二的谱线,因此通过分光术分析物质是可行的。但是,夫琅禾费 D 线几乎出现在每种物质的光谱中,这又与通过特征谱线分析物质的发现不符。最后,1859 年左右两名德国科学家解决了这个问题,古斯塔夫·基尔霍夫(Gustav Kiechhoff,1824—1887 年)和罗伯特·威廉·本生(Robert Wilhelm Bunsen,1811—1899 年)研制出了那个时代最灵敏的分光计(图 1-20),解决了夫琅禾费 D 线无处不在的疑难,确定它是由钠元素引起的,还依靠光谱观察发现了铯和铷,更重要的是首次解释了发射线和吸收线的产生机理:稀薄气体的光谱可以是实验室中所见的发射谱,像太阳的光谱暗线那样,是在白热背景上的吸收线。19 世纪末,天体分光术在太阳系和银河系的范围内发挥了巨大作用,并最终促成了最为辉煌的时刻:宇宙膨胀的发现。分光计发明一百多年来,在基础和应用研究范围不断扩展壮大,是光谱、物质结构、物质成分机器相关研究领域最基础的实验装置,种类繁多,不同型号的分光计应用范围也会有细微差别。例如,紫外分光计、红外分光计、分光光度计等。

图 1-20 基尔霍夫和本生的分光计

教学用的分光计,或者说分光仪,也随着科学技术的发展而不断地演变。从 20 世纪 30 年代的国外物理实验教科书到现代教学使用的教材中,分光计的结构不断更新,有了很大的不同。最早的分光计中望远镜没有自准直系统;50 年代,我国生产的分光计已有自准直望远镜,当时自准直望远镜内装的是高斯目镜;60 年代以后,我国生产的分光计上的自准直望远镜既有高斯目镜又有阿贝目镜;80 年代以后,分光仪上的读数装置使用了光学刻度盘;目前我们使用的是 JJY 型分光计。

最早的光栅是 1786 年由美国天文学家戴维·李敦豪斯(David Rittenhouse,1732—1796 年)制作的。他在两根由钟表匠制作的细牙螺丝之间,平行地绕上细丝制成约 12.7 mm 的透射光栅,在暗室里透过它去看百叶窗上的小狭缝时,观察到三个亮度差不多相同的像,在每边还有几个另外的像:"离主线越远,它们越暗淡,有彩色,并且有些模糊。"他制作的最好光栅,约为 4.3 线/mm。1801 年托马斯·杨(Thomas Young,1773—1829 年)在《光的理论》一文中,介绍了他研究光栅的情况。他利用一块刻有相邻间隔约为 0.05 mm 的一系列平行线的玻璃测微尺当作光栅,做了如下的观察:"让阳光以 45°方向入射,当其以某一条刻线为轴旋转时,可以测出光的偏转角;我发现最亮的红线出现在偏转角为 10.5°、20.75°、32°和 45°处,它们的正弦之比为 1、2、3 和 4。"1813 年,他认识到所观察到的彩色是由于相邻刻线的微小距离所致。1821 年,夫琅禾费为了观测太阳光谱,用铁丝制成了衍射光栅,研究衍射角与其他参数的关系。他改变入射角,换用不同粗细的金属丝绕制的光栅常量相同的光栅,绕制和刻划了十个光栅常量不同的光栅。他发现衍射角与丝的粗细或缝宽窄无关,而只与这两者之和即光栅常

量 d 有关，即 $d(\sin i + \sin\theta_n) = n\lambda$，其中 i 和 θ_n 分别为入射角和衍射角，n 为级次，λ 为光波长。他用分光计上的大角游标测定 θ_n，用小角游标测出入射角 i，用显微镜上的螺旋测微装置测得光栅常量 d。他测得自制的最好光栅的 d 为 0.003 311 mm，波长 λ 的测量误差不超过 0.2%。他测定的太阳夫琅禾费 C、D、E、F 和 H 暗线的波长，与现在的公认值比，误差都在上述范围内。两年后，他又在平面玻璃上敷以金箔，再在金箔上刻槽做成了具有较大色散的反射衍射光栅，但是因刻线间距不均匀而精度受限。1867 年，美国卢瑟福（Lewis Merris Rutherfurd，1816—1892 年）设计了以水轮机为动力的刻划机制作的光栅，是当时最好的光栅；1870 年，卢瑟福在 50 mm 宽的反射镜上用金刚石刻刀刻划了 3 500 条槽，这是世界上第一块分辨率与棱镜相当的光栅；1877 年，他制出了 680 线/mm 的光栅。1882 年，亨利·奥古斯特·罗兰（Henry Augustus Rowland，1848—1901 年）为了系统地测量光谱线的波长，致力于光栅刻划技术的提高，发明了凹面光栅，即将刻线直接刻划于凹球面镜的表面上。这样的光栅不仅将光色散成光谱，同时还把它聚焦成清晰的像，以避免玻璃透镜对辐射的吸收作用，适用于红外线和紫外线。他建立了一整套的凹面光栅理论，还用自制的凹面光栅拍摄了太阳光谱图，谱线多达两万条，精度大大超过了以往的成果。1920 年，罗伯特·威廉姆斯·伍德（Robert Willianms Wood，1868—1955 年）在罗兰的基础上利用"闪耀技术"，大大提高了光栅的衍射效率。在 1948 年以前，光栅刻划机都是机械控制的。1948 年以后，开始应用干涉伺服系统控制刻划机，不但提高了刻划精度还扩大了光栅刻划面积，并提高了光栅各项技术指标，标志着光栅刻划技术进入了新的阶段。但是光栅刻划很费时间，又需要昂贵的设备，并且对刻划条件要求极为苛刻，所以又研究了光栅的复制方法。该工艺开始于 1940 年，最初用火棉胶，1949 年开始用镀铝母光栅以真空蒸发法复制成功，1955 年起进入商品生产。

1948 年，丹尼斯·伽柏（Dennis Gabor，1901—1979 年）发现了全息光学原理，随着 1960 年后激光技术的发展，出现了用记录激光干涉条纹制作光栅的技术，发展了所谓的"全息光栅"。1967 年，法国的 Labeyrie 和 Elamand，德国的 Rudolph 和 Schmahl 利用氩离子激光器和光刻机制做出了全息光栅，它可以消除残留的机械误差，曝光时间又与槽数无关，具有相当的稳定性和衍射效率，以及良好的光谱分辨率。全息光栅的制作技术和光栅复制技术的发展使得衍射光栅迅速商业化。

中国科学院长春光学精密机械研究所于 1958 年开始光栅刻划工作，上海光学仪器厂和北京光学仪器厂分别于 1958 年和 1963 年着手本项工作，随后全息光栅的制作也在国内多家单位展开。

（二）拓展应用

光栅是光谱仪器的核心元件。在 20 世纪 60 年代以前，全息光栅、刻划光栅作为色散元件，广泛用于光谱分析，是分析物质成分，探索宇宙奥秘，开发大自然的必用仪器，极大地推动了物理学、天文学、化学、生物学等科学的全面发展。

近年来，一系列新型光栅的出现对科学技术的发展和工业生产技术的革新发挥了越来越大的作用：把光栅与光纤结合，产生了光纤光栅，促进了光纤通信产业的发展；光栅和波导的结合，产生了阵列波导光栅，是非常重要的光纤通信的波分复用器件；光栅的飞秒脉冲啁啾放大技术促进了强激光的产生，大尺寸的脉冲压缩光栅是激光核聚变装置不可缺少分束器；Dammann 光栅应用于光电子阵列照明技术；体全息光栅在光存储及波分复用器件领域已进入实用化阶段。光栅推动了科学技术的发展,人类通过光谱测量研究物质的辐射特性,光与物质的相互作用,在采矿、冶金、石油、燃化、机器制造、纺织、农业、食品、生物、医学、天体与空间物理(卫星观测)等领域都有极其广泛的应用。

生产实践和科学实验是科学发展的源泉。科学的发展为生产技术提供了许多精密、快速、生动的实验手段和重要的理论依据;而生产技术的发展,又反过来不断向科学提出许多要求解决的新课题,并为进一步深入研究准备了物质条件。

例如,气象卫星工程任务中非常重要的红外分光计,其主要任务是探测大气温度和湿度廓线、臭氧总含量、云参数、气溶胶等,为数值天气预报、气候变化研究和环境监测提供重要参数。20 世纪 80 年代起,中国的红外分光计由中科院上海技术物理研究所负责研制。2010 年发射的风云三号 B 星上,就搭载有技物所研制的分光计。这台仪器正在为我们日常的气象预报提供数据支持。

再如,利用透射光栅测量激光等离子体辐射软光谱时,由于软 X 光的波长区域宽到了横跨几个频程,衍射光栅的多级衍射特性为其在 X 光波段的应用带来了严重困扰。作为光谱仪使用时,衍射光栅的高级衍射谱叠加到一级谱上形成高级衍射干扰,使测量数据不能直接反映目标辐谱;作为单色器使用时,波长为目标波长整数倍分之一的 X 光的高级衍射将混入目标波长单色光束,形成高次谐波污染。中国工程物理研究院激光聚变研究中心提出了一种新型的单级衍射光栅,与中国科学院微电子所、同济大学、清华大学、中国科学院高能物理研究所、中国科学院空间科学中心、四川材料工艺与应用研究所和中国大恒(集团)有限公司合作开发了"软 X 射线/极紫外无谐波光栅单色仪",用以实现单级衍射光栅的工程化、产业化开发和应用,极大地提高了光谱数据的测量精度,有效推动了国内 ICF 精密化研究的进程。

二、实验指导与注意事项

(一)操作指导

(1)光学元件要轻拿轻放,不得用手触摸或用纸擦光学面。

(2)实验中,平行光管已处于调平状态,可以不用再对其调平。

(3)止动螺钉锁紧时,不能强行转动望远镜,也不要随意拧动狭缝。

(4)测量中,移动望远镜时,应该用手握住望远镜的支臂。

(5)实验中,狭缝宽度约为 1 mm 左右。

(6)不要用眼睛直视点燃的汞灯,以免紫外线灼伤眼睛。

(7)注意分光计刻度盘读数问题。

①分光计刻度盘的最小分度是 0.5°,小于 0.5° 的可由角游标读出。角游标共有 30 个分度,与刻度盘上的 29 个相对应,所以游标的最小分度值为 1′,读数时先看游标零刻线所指位置的读数值,再找游标上与刻度盘刚好重合的刻度线,即为所求之分值。

②读数时要看清游标零线过没过刻度盘上的半度线,如果游标零线落在 0.5° 刻度线之外,则读数应该加上 30′。

③由于刻度盘的 0° 和 360° 线重合,如果某一次游标的两次读数位置恰好位于 0° 线两侧,则该游标两次读数差值不能作为测量结果,而是应该用 360° 减去这个差值,才是真正的测量结果。

(二)数据处理指导

表 1-26 为实验所测几种特征光透过光栅的 ±1 级谱线位置。

表 1-26

| 谱线 | -1 级谱线位置 θ_{-1} | | $+1$ 级谱线位置 θ_{+1} | | 1 级谱线衍射角 ϕ | 谱线波长 λ |
	左游标读数 $\theta_{-1左}$	右游标读数 $\theta_{-1右}$	左游标读数 $\theta_{+1左}$	右游标读数 $\theta_{+1右}$		
紫光						
绿光						
黄$_1$光						
黄$_2$光						

(1)根据光栅衍射方程,一级明纹与光栅中心轴夹角为衍射角,则负一级谱线与正一级谱线形成的角度是 2 倍衍射角:

$$\theta_{-1左}-\theta_{+1左}=2\phi$$
$$\theta_{-1右}-\theta_{+1右}=2\phi$$

所以得到衍射角

$$\phi=\frac{\left|\theta_{-1左}-\theta_{+1左}\right|+\left|\theta_{-1右}-\theta_{+1右}\right|}{4}$$

(2)先根据实验数据求出绿光衍射角 ϕ,已知绿谱线的波长 $\lambda=546.1\ nm$,根据光栅方程求得栅常量 d。

(3)再根据其他光线的测量谱线,求出相应衍射角,根据光栅方程求得各谱线的波长。

实验 十六　利用光电效应测普朗克常量

一、实验背景及应用

光电效应现象导致了光量子概念的诞生,证实了光的量子性。光电效应原理是光信号与电信号联系的桥梁,广泛应用于光电转换器件如硅基太阳能电池,还可用于清洁能源、通信、航天、交通、农业生产等领域。

(一)实验背景

19世纪最后一天,欧洲著名的科学家们欢聚一堂,辞旧迎新,在会上,英国著名物理学家汤姆逊(Thomson W,1824—1907年,即开尔文男爵)发表了新年祝词。他在回顾物理学所取得的伟大成就时说:"物理大厦已经落成,所剩下的只是一些修饰工作。"同时,他在展望20世纪物理学前景时,却若有所思地表示:动力理论肯定了热和光是运动的两种方式,现在,它美丽而晴朗的天空却被两朵乌云笼罩了,"第一朵乌云出现在光的波动理论上""第二朵乌云出现在关于能量均分的麦克斯韦-玻尔兹曼理论上"。1900年12月14日,德国物理学家普朗克在德国物理学会上,宣读了《正常光谱中能量分布律的理论》一文,提出了能量的量子化假设,并导出黑体辐射能量的分布公式,成功解释了黑体辐射实验规律,可以说,第二朵乌云雨过天晴了,浇灌出了量子论的世纪之花,普朗克也因此被公认为量子物理学的奠基者,量子力学之父。1887年赫兹(Hertz H R,1857—1894年)在实验中发现,紫外线照射到金属电极上可以帮助产生电火花,即光电效应现象。光电效应中的许多实验现象如光照和光电子激发的瞬时性(约1ns)、入射光红限频率的存在、反向截止电压大小与入射光频率成正比等,用经典的电磁理论均不能解释。光的能量不可避免地与频率相关,遗憾的是赫兹没有对该实验进一步研究下去。1905年爱因斯坦发表了《关于光产生和转变的一个启发性观点》的论文,给出了光电效应实验数据的理论解释。爱因斯坦提出光的能量并非均匀分布,而是负载于离散的光量子。而光量子的能量和其所组成的光的频率有关。根据爱因斯坦的假说,光的能量也是量子化的,每一份光子的能量 $\varepsilon = h\nu$ 由频率决定,h 为普朗克常量,并假设光子和金属中的电子做弹性碰撞,忽略碰撞前电子的运动和静止能量,根据能量守恒得到著名的爱因斯坦光电效应方程

$$h\nu = A + \frac{1}{2}mv_{\mathrm{m}}^2$$

应用此方程,完美地解释了光电效应中经典电磁理论不能解释的实验规律。爱因斯坦因成功解释光电效应于1921年获颁诺贝尔物理学奖。

　　爱因斯坦光量子理论的成功,证实了光的量子性,从而确立了光的波粒二象性,也拨开了20世纪初笼罩在物理学上空的第一朵乌云。随后,康普顿(Arthur H. Compton,1892—1962年)和中国物理学家吴有训(1897—1977年)参与研究的康普顿散射实验进一步证实了光的量子性。1924年法国物理学家德布罗意(Louis de Broglie,1892—1987年)在巴黎大学完成的博士论文《量子理论的研究》中提出德布罗意波(de Broglie wave)。他在光的波粒二象性的启发下,用历史的眼光、类比的方法创新地把波粒二象性推广到其他微观粒子如电子。1927年,美国物理学家戴维逊和革末及英国物理学家 G. P. 汤姆逊,分别在实验中发现了电子衍射现象,证明了电子德布罗意波的存在。1929年,德布罗意获得诺贝尔物理学奖。

　　光电效应的发现及研究开启了光电技术应用的伟大旅程,推动了人类科技文明的进步,也改变了人类生活的方方面面,不断造福人类。例如,传真机、电影放映机、电视机等为人类生活带来了便捷和精神文明;太阳能电池的开发应用,为人类带来了清洁能源,缓解了能源危机和生态危机。

　　科学发现是科技创新的基础,是人类社会发展的源泉,人们对从基础科学研究到应用开发的重视是科学技术进步的前提,决定着社会的发展和创新,也是推进人类物质文明和精神文明的动力。

(二)拓展应用

　　光电效应在现代科学技术中的应用非常广泛,最常见的是人们较熟悉的太阳能电池。除此之外,在其他现象里,光子束也会影响电子的运动。例如,光电导效应、光伏效应、光电化学效应等。拓展应用主要举以下几方面实例。

1. 光电倍增管

　　光电倍增管是一种非常灵敏的感光真空管,内部装有一个光电阴极、几个倍增极和一个阳极,如图 1-21 所示。位于真空管一端窗口的阴极具有极低的逸出功,每当有光子入射时很容易会发出光电子,穿过一系列电势越来越高的倍增极,光电子被加速,加上电子的二次发射,电子数量会急剧增多,在阳极形成能够被探测到的电流。光电倍增管可用于探测辐照度非常微弱的光束。

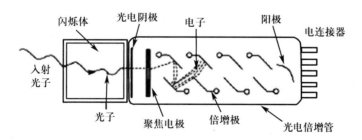

图 1-21　光电倍增管示意图

2. 光电子能谱学

　　光电子能谱学需要在高真空内完成,可用于测量固体、液体、气体样品因被光束照射而发射出的光电子的动能 E_K,再根据入射光的能量,测出样品逸出功 W,得到电子在样品中的结合能 E_B。

$$E_B = h\nu - E_K - W$$

3. 影像管

夜视仪最核心的组件是影像管,在影像管里,如果光子撞击到阳极薄膜,产生光电效应,发射光电子,这些光电子被静电场加速,撞击到荧光屏上又产生光子。

4. 航天器

由于光电效应,暴露于太阳辐射下的航天器会累积正电荷,这种现象被称为空间电荷累积(space charging)。背对太阳部分会从周围的等离子体获得负电荷,产生的电场会包抄到面对太阳部分,形成电势差,抑制光电子发射。航天器表面的增反膜会强烈反射太阳辐射,降低光电效应,避免了电性不平衡产生放电而损坏电子仪器的可能。

二、实验指导与注意事项

(一)操作指导

(1)测量前要先接通汞灯电源,预热 15~20 min。

(2)实验开始时,调节光电管与光源位置到相距 40 cm。选择合适的光阑。汞灯预热后,打开普朗克常量实验仪。准备测量前,一定注意光电管入射窗口,应避免强光照射。每当更换滤光片时,必须用遮光盖盖住窗口,更换完毕再打开。

(3)测量不同波长下的截止电压时,由于暗电流的存在,即使电压达到截止电压时,光电流也可能不会等于 0。注意反向偏压时,电流的变化,暗电流明显变化时读取截止电压,记录时截止电压为负值。

(二)数据处理指导

表 1-27 为普朗克常数的测定实验数据,即实验所测不同入射波长(λ_i)对应的截止电压数据。

表 1-27　普朗克常数的测定实验数据

项目	λ_i/nm				
	365	405	436	546	577
$\nu_i/(10^{14}\ \mathrm{Hz})$	8.22	7.41	6.88	5.49	5.20
U_S/V					

1. 普朗克常量的数据处理

表 1-27 中的数据,利用 5 种不同波长的光的频率和对应光电管阴极的截止电压值拟合直线,频率为横轴,截止电压为纵轴,利用最小二乘法求出直线的斜率 k,计算时注意单位和量级。

$$k = \frac{\overline{U_S \nu} - \overline{U_S} \cdot \overline{\nu}}{\overline{\nu^2} - (\overline{\nu})^2}$$

其中给定:$\overline{\nu} = 6.64 \times 10^{14}\ \mathrm{Hz}$,$\overline{\nu^2} - (\overline{\nu})^2 = 1.31 \times 10^{28}\ (\mathrm{Hz})^2$

公式 $\overline{U_s} = \dfrac{1}{5} \sum\limits_{i=1}^{5} U_{SI}$，$\overline{U_s v} = \dfrac{1}{5} \sum\limits_{i=1}^{5} U_i \cdot v_i$

实验结果：普朗克常量为 $h = ek (\text{J} \cdot \text{s})$　　($e = -1.6 \times 10^{-19}\text{C}$)

2. 光电管的伏-安特性曲线

表 1-28 为光电管的伏安特性曲线测量实验数据。

表 1-28　光电管的伏安特性曲线测量实验数据

项目	U/V										
	−1.0	0	1.0	2.0	3.0	4.0	5.0	6.0	7.0	8.0	9.0
$I / 10^{-10}\text{A}$											

项目	U/V										
	10.0	12.0	14.0	16.0	18.0	20.0	22.0	24.0	26.0	28.0	30.0
$I / 10^{-10}\text{A}$											

项目	U/V									
	32.0	34.0	36.0	38.0	40.0	42.0	44.0	46.0	48.0	50.0
$I / 10^{-10}\text{A}$										

　　测量光电管的伏安特性时，注意按电流随电压变化的规律不同分段测量，电压从 −1～10 V，每隔 1 V 记一次电流，从 10～50 V，每隔 2 V 记一次电流。用标准坐标纸画出伏-安特性曲线。

　　注：电压为横轴，光电流为纵轴，从点对点用光滑曲线连接，注意光电流的饱和情况，而且饱和光电流与入射光的强度有关，如图 1-22 所示。入射光的强度由光子数 N 决定。

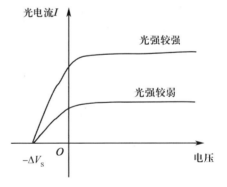

图 1-22　光电管 $U\text{-}I$ 特性曲线

实验十七 基本电学量的测量

一、实验背景及应用

电学是物理学的分支学科之一，是物理学中颇具重要意义的基础学科。自 18 世纪中叶以来，对电的研究蓬勃开展。它的每项重大发现都引起了广泛的实用研究，促进了科学技术的飞速发展。现今，人类生活、科学技术活动及物质生产活动都已离不开电。随着科学技术的发展，电学研究内容得到了极大丰富，对某些专门知识的研究逐渐独立，形成专门的学科如电子学、电工学等，广泛渗透到工业、农业、军事、生物、医学等领域，成为人类改造世界的重要武器。

（一）实验背景

蒸汽机让人类走出了以人力和畜力为动力来源的时代，但是随着工业化进程的加速，蒸汽机效率低下的局限性逐渐显露。电的发现和应用使人类工业社会进入了一个崭新的时代，促进了冶金技术、化工技术的发明，促进了以重工业如钢铁工业、冶金工业、化学工业等为基础的发展，而工业的发展又促进了人类文明的发展。电的发现，既是能量又是信息的发明。从能量的角度看，电力是第二次工业革命的新动力；从信息的角度看，电的普及带来了通信革命，加速了人类发展的进程。电的使用仅仅是最近两百多年的事，这也恰恰是世界经济飞速发展的两百多年。可以说，电是整个现代生活的核心，除了阳光、空气和水，现代文明须臾不可或缺的东西也许就是电了。

有关电的记载可追溯到公元前 6 世纪。早在公元前 585 年，古希腊自然科学家和哲学家泰勒斯（Thales of Miletus，约公元前 624 年—前 546 年）已记载了用木块摩擦过的琥珀能够吸引碎草等轻小物体，他把这种不可理解的力量称为"电"。后来又有人发现摩擦过的煤玉也具有吸引轻小物体的能力。中国西汉末年也有"碡瑁（玳瑁）吸偌（细小物体之意）"的记载；晋朝时进一步还有关于摩擦起电引起放电现象的记载，"今人梳头，脱著衣时，有随梳、解结有光者，亦有咤声"。

随后的两千年里，人类对电的研究进展缓慢。直到 1600 年，英国医生兼哲学家威廉·吉尔伯特（William Gilbert，1544—1603 年）发现，不仅琥珀和煤玉摩擦后能吸引轻小物体，而且相当多的物质（如金刚石、蓝宝石、硫磺、明矾等）经摩擦后也都具有吸引轻小物体的性质，他注意到这些物质经摩擦后并不具备磁石指南北的性质。为了表明与磁性的不同，他采用希腊文琥珀（ηλεκτορν）把这种性质称为"电的"（electric），并且把像琥珀这样经过摩擦后能吸引轻小物体的物体称作"带电体"。吉尔伯特在实验过程中制作了第一只验电器，这是一根中心固定可转动的金属细棒，当与摩擦过的琥珀靠近时，金属细棒可转动指向琥珀，用它证明了离带电体越近,吸引力越大。还指出电引力沿直线;带电体被加热或放在潮湿的空气中,它的吸引能力就会消失。这是历史上第一台电学仪器,为后来人们对电的研究提供了实验基础。

大约 1660 年,德国马德堡的格里克(Otto Von Guericke,1602—1686 年)发明了第一台摩擦起电机。他用硫黄制成可转动球体,用干燥的手掌摩擦转动球体,使之获得电。格里克的摩擦起电机经过不断改进,在静电实验研究中起着重要的作用,直到 19 世纪霍耳茨和推普勒分别发明感应起电机后才被取代。

1729 年,英国科学家格雷(Stephen Gray,1696—1736 年)在研究琥珀电效应是否可传递给其他物体时发现导体和绝缘体的区别:金属可导电,丝绸不导电,并证实人体是导体。格雷的实验引起法国科学家迪费(Charles Francois de Cisternay du Fay,1698—1739 年)的注意。1733 年迪费发现绝缘起来的金属仍可通过摩擦起电,因此他得出所有物体都可摩擦起电的结论。他把玻璃上产生的电叫作"玻璃的",琥珀与树脂上产生的电叫作"树脂的"。他还研究发现带相同电的物体互相排斥;带不同电的物体彼此吸引。

1745 年,荷兰莱顿的穆申布鲁克(Pieter van Musschenbroek,1692—1761 年)发明了能保存电的莱顿瓶。作为原始形式的电容器,莱顿瓶曾被用来作为电学实验的供电来源,也是电学研究的重大基础。莱顿瓶的发明,标志着对电的本质和特性进行研究的开始。

美国国父本杰明·富兰克林(Benjamin Franklin,1706—1790 年)也做了多次电学实验,提出了"正电""负电"的名称及电流的概念,1752 年,他根据著名的风筝实验,证明了雷闪就是放电现象,还制造了避雷针,这大概是电的第一个实际应用。

1780 年,意大利科学家伽尔瓦尼(Luigi Galvani,1737—1798 年)在解剖青蛙时,发现两种不同的金属接触到青蛙会产生微弱的电流。这是人类第一次发现了流动的电,这种流电为制造电池创造了可能。但是,伽伐尼认为这是来自青蛙体内的生物电。而意大利物理学家伏特(Count Alessandro Giuseppe Antonio Anastasio Volta,1745—1827 年)知道这件事情后,意识到这可能是因为两种不同的金属有电势差,因此产生了流动,而青蛙的作用相当于今天我们说的电解质。1799 年,他制造了第一个能产生持续电流的化学电池,其装置为一系列按同样顺序叠起来的银片、锌片和用盐水浸泡过的硬纸板组成的柱体,叫作伏特电堆。伏特电池堪称是现代电池的元祖,给予科学家一种稳定的能够连续不断的供给电流,极大地推动了电化学和电磁学的进展。电池的发明除了在科研和生活中具有实际的用途,还证实了一件事,就是能量是可以相互转化的。

19 世纪开始,人们对电学的研究进入了动电时代(电流及磁场),电学研究蓬勃发展。1820 年,丹麦物理学家奥斯特(Hans Christian Ørsted,1777—1851 年)实验证实了电能生磁,即电流磁效应,把电磁联系起来,打开了电应用的新领域。1822 年,法国科学家安培(André-Marie Ampère,1775—1836 年)进一步实验证实有电流必有磁场,提出磁性起源假说,把磁现象统一到电现象之中。1825 年,德国科学家欧姆(Georg Simon Ohm,1787—1854 年)得出重要的电路定律,指出电阻、电压、电流之间的关系,即欧姆定律,是电学中最基础的公式。1831 年英国科学家法拉第发现了磁生电现象,提出电磁感应定律,为发电机的出现提供了可能。1866 年,德国发明家、商业巨子西门子(Ernst Werner von Siemens,1816—1892 年)发明了世界上第一台真正能够工作的交流发电机,从此人类又能够利用一种新的能量——电能,并且由此进入了电力时代。

1865 年,英国科学家麦克斯韦(James Clerk Maxwell,1831—1879 年)提出电磁场理论的数学式,此理论提供了位移电流的观念,磁场的变化能产生电场,而电场的变化能产生磁场,将电学与磁学统合成一种理论,还预测了电磁波辐射的传播存在,指出光是电磁波的一种。1887年德国科学家赫兹(Heinrich Rudolf Hertz,1857—1894年)实验证实了电磁波的存在,还通过实验证实电磁波速与光速相同,电磁波与光具有类似的反射、折射、衍射和干涉等性质,全面证实了麦克斯韦电磁理论的正确性,开创了无线电电子技术的新纪元。

(二)拓展应用

电流磁效应的发现打开了电应用的新领域,1822年,法国物理学家阿拉戈(Arago,Dominique Fransois Jean 1786—1853)和盖吕萨克(Joseph Louis Gay-Lussac,1778—1850年)发现,当电流通过其中有铁块的绕线时,能使绕线中的铁块磁化。这实际上是电磁铁原理的最初发现。1823年,英国科学家斯特金(William Sturgeon,1783—1850年)在一根并非是磁铁棒的U形铁棒上绕了18圈铜裸线,当铜线与伏打电池接通时,绕在U形铁棒上的铜线圈即产生了密集的磁场,这样就使U形铁棒变成了一块"电磁铁"。这种电磁铁上的磁能要比永磁能放大很多倍,而当电源切断后,U形铁棒重新成为一根普通的铁棒。斯特金的电磁铁的发明,使人们看到了把电能转化为磁能的光明前景,很快在英国、美国及西欧一些沿海国家传播开来。1829年,美国电学家亨利(Joseph Henry 1797—1878年)对斯特金电磁铁装置进行了一些革新,使用绝缘导线代替裸铜导线,由于导线有了绝缘层,不必担心被铜导线过分靠近而短路,就可以将它们一圈圈地紧紧地绕在一起,由于线圈越密集,产生的磁场就越强,这样就大大提高了把电能转化为磁能的能力。到了1831年,亨利试制出了一块更新的电磁铁,虽然它的体积并不大,但它能吸起1 t重的铁块。强电磁铁的制成,为改进发电机打下了基础。1866年,德国科学家西门子(Ernst Werner von Siemens,1816—1892年)发明了可供实用的自激交流发电机,从此人类开始了电能的利用。19世纪末实现了电能的远距离传送,电动机在生产和交通中得到广泛应用,极大地改变了工业、生产和生活的面貌,直至今日依然如此。

电流磁效应还改变了人类的通信模式,1833年,德国科学家高斯(Carolus Fridericus Gauss,1777—1855年)和韦伯(Wilhelm Eduard Weber,1804—1891年)制造了第一台单线电报,实现了1.5 km的电报通讯。1837年英国物理学家惠斯通(Charles Wheatstone,1802—1875年)和美国著名画家、电报之父莫尔斯(Samuel Finley Breese Morse,1791—1872年)分别独立发明了电报机,莫尔斯还发明了一套电码,利用莫尔斯电码实现远距离信息传送。1855年,汤姆逊(William Thomson,Baron Kelvin,1824—1907年)研究电缆中信号传播的情况,得出了信号传播速度减慢与电缆长度平方成正比的规律。1858年,开尔文协助大西洋电报公司成功铺设了横过大西洋的海底电缆。为了成功地装设海底电缆,他用了很大的力量来研究电工仪器,发明了镜式电流计(大大提高了测量灵敏度)、双臂电桥、虹吸记录器(可自动记录电报信号)等,极大地促进了电测量仪器的发展。

麦克斯韦电磁理论通过赫兹电磁波实验的证实,开辟了一个全新的领域——电磁波的应用和研究。1895年,俄国科学家波波夫(Александр Степанович Попов,1859—1906年)和意大利的年轻工程师马可尼(Guglielmo Marconi,1874—1937年)分别实现了无线电信号的传送。后来马可尼将赫兹的振子改进为竖直的天线;德国物理学家布劳恩(Karl Ferdinand Braun,1850—1918年)进一步将发射器分为两个振荡电路,为扩大信号传递范围创造了条件。1901年,马可尼第一次建立了横跨大西洋的英国至加拿大的无线电联系。电子管的发明及其在线路中的应用,使得电磁波的发射和接收都成为易事,推动了无线电技术的发展,极大地改变了人类的生活。

灯是人类征服黑夜的一大发明。19世纪前,人们用油灯、蜡烛等照明,虽已冲破黑夜,但仍未能把人类从黑夜的限制中彻底解放出来。发电机和电灯的诞生,才使人类能用各色各样的电灯让世界大放光明,把黑夜变为白昼,扩大了人类活动的范围,赢得了更多时间。

伏特电池发明之后,各国利用这种电池进行了实验和研究。1815年,英国化学家戴维(Humphry Davy,1778—1829年)把2000个伏特电池连在一起,进行了电弧放电实验。戴维的实验是在正负电极上安装木炭,通过调整电极间距离使之产生放电而发出强光,这就是电用于照明的开始。1860年,英国科学家斯旺(Sir Joseph Wilson Swan,1828—1914年)把棉线碳化后做成灯丝装入玻璃泡里,发明了碳丝灯泡。然而,由于当时的真空技术不高,点灯时间一长,灯丝就会在灯泡里氧化而烧掉。1878年,斯旺先把棉线用硫酸处理,然后再碳化,再把玻壳内的真空度提高,制成了斯旺灯泡。斯旺白炽灯泡的原理是如今市面上的白炽灯的起源。随着灯丝研究和真空技术的进步,白炽灯最终达到了实用化。1879年,美国发明家爱迪生(Thomas Alva Edison,1847—1931年)成功地把白炽灯泡的寿命延长到了40 h以上。1910年,美国通用电气公司的库利奇(W. D. Coolidge)通过粉末冶金法制得钨坯条,再利用机械加工生产出在室温下具有延性的钨丝,用钨丝做灯丝,发明了钨丝灯泡。1913年,美国的兰米尔(I. Langmuir)在玻壳里充入气体以防止灯丝蒸发,发明了充气钨丝灯泡。1925年,日本的不破橘三发明了内壁磨砂灯泡。1932年,日本的三浦顺一发明了双螺旋钨丝灯泡。正是因为前人的不断探索,才使我们今天有了能享受白炽灯照明的日常生活。

如果要历数电的用途与贡献,还需要更多的篇章,在此无法一一赘述,不如反过来看看哪个领域可以脱离电的干系。庞大的智能化电网正成为社会发展的动力,无论热能、机械能、化学能、核能都首先用来发电。电,已成为社会能量交换的"通货",像阳光、空气和水一样不可或缺。

二、实验指导与注意事项

(一)操作指导

(1)万用表测量时电流与电压不能选错档位。如果误用电阻档或电流档去测电压,就极易烧坏电表。

(2)万用表不用时,不要旋在电阻档,应转到交流电压最大档。因为内有电池,如果不小心易使两根表棒相碰短路,不仅耗费电池,严重时甚至会损坏表头。

(3)万用表测量直流电压和直流电流时,注意"＋""－"极性,不能接错。如果发现指针开始反转,应立即调换表笔,以免损坏指针及表头。

(4)万用表测量位置值时,应先用最高档粗测,了解大约值后再选用合适的档位来测试,所选用的档位愈靠近被测值,测量的数值就愈准确。

(5)万用表测量换挡时,应先将表笔从被测元件或电路移开。

(6)万用表测量电阻时,不要用手触及电学元件裸露部分和表笔的金属部分,以免人体电阻与被测电阻并联,使测量结果不准确。

(7)测量电路中的电阻时,在测量前必须先断开电路内所有电源,如果有电容器,要放尽所有残余电荷,这时测量值才会准确。

(8)在低阻测量时,测量电阻时,先将两支表笔短接,记下此时显示的电阻值,实验测量电阻值要减去表笔短接电阻值后才是准确电阻测量值。

(9)测量电阻时,如两支表笔短接时电阻不小于 0.5 Ω,应检查表笔是否有松脱或其他故障。

(10)电路连接时,要保障先接电路,检查无误后再通电源,实验结束后应先关电源再拆电路。

(11)无论电路中有无高压,一定养成避免用手或身体去接触裸露导体部分的良好习惯。

(二)数据处理指导

表 1-29 至表 1-31 为一些基本电学量的测量数据。

表 1-29 元件阻值

项目	R_1	R_2	灯泡	变压器(初级)	变压器(次级)
元件阻值/Ω					

表 1-30 二极管和电容器

项目	二极管 D_1		二极管 D_2		电容 C
	正向	反向	正向	反向	电容值/μF
压降/V					

表 1-31 干电池电动势

电池	E_1	E_2
电动势/V		

表 1-32 和表 1-33 为直流阻抗和交流阻抗的测量数据。

表 1-32 直流电路

E/V	U/V	I/mA	$(R=U/I)/\Omega$	$(r=E/I-R)/\Omega$

表 1-33 交流电路

U_0/V	U/V	i/mA	$(Z=U/i)/\Omega$	$(z=U_0/i-Z)/\Omega$

表 1-34 为验证欧姆定律的测量数据。

表 1-34 验证欧姆定律的测量数据

项目	U/V				
	1.00	2.00	3.00	4.00	5.00
I/mA					

(1)根据实验数据作 U-I 曲线;注意在坐标纸上,选定横轴为电流 I,纵轴为电压 U,并标出物理单位;根据实验数据在坐标轴上选定等间距整齐的坐标刻度并标出数值标度,标度数值位数尽可能与实验数据的有效位数一致;将实验数据的每一个实验点在坐标纸上用相应符号标明。

(2)在图上用两点式作图法求出电阻值,验证金属元件的欧姆定律:用直尺画一条直线,尽可能使数据点均匀分布在直线的两侧;在直线两端任意选取相对较远的非实验数据点,标明并根据坐标刻度读出相应数据,根据两点数值求出直线斜率。

实验 十八 金属热膨胀系数的测量

一、实验背景及应用

利用光干涉原理制成的迈克尔逊干涉仪,可以产生等厚干涉条纹,也可以产生等倾干涉条纹,主要用于微小长度、折射率和光波波长的测量。迈克尔逊干涉仪也是傅立叶光谱仪等现代光学仪器的重要组成部分,被广泛应用于寻找太阳系外行星的探测中。

(一)实验背景

19 世纪 80 年代,人们普遍接受光的波动学说简单地假定了介质"以太"的存在,它必须充满分子之间的空间,不管是透明体还是不透明体,还必须充满星际空间。因此,在宇宙中它一定是静止不动,从而为测量地球速度提供了参照系。迈克尔逊大胆否定了静止以太这一假说的确定性,不过他仍然保持着依靠某种以太来说明光的传播现象。

1880—1881 年,迈克尔逊(Albert Abraham Michelson,1852—1931 年)在亥姆霍兹的实验室工作,其间他设计了一台干涉折射仪的仪器,这种仪器把一束光分成两束,沿不同路线发送,然后使它们回到一起,如果在此时两束光波不同步,就会得到干涉条纹,即交替的亮暗带。根据这些条纹的宽度和数量,可以做出极其精确的测量。

1881 年,迈克尔逊和莫雷(Edward Morley,1838—1923 年)利用干涉仪做了著名的"迈克尔逊-莫雷实验",试图测量地球相对于"以太"的速度。1887 年 7 月,迈克尔逊和莫雷用了 5 天的时间探测地球沿其轨道与静止"以太"之间的相对运动,不过他们所得结果仍然是零,这说明了根本没有以太。尽管实验结果令人失望,但这或许是科学史上最有意义的否定性实验。按照经典的牛顿物理学,这个结论似乎是荒谬的。为了解释实验结果,物理学不得不重建一个全新的基础,这使得物理学家们最终废弃了以太理论,这直接导致了 1905 年爱因斯坦用公式表述的相对论。

(二)拓展应用

除了用于长度和折射率的测量,迈克尔逊干涉仪最著名的应用是天文引力波的测量。它在近代物理和近代计量技术中如在光谱线精细结构的研究和用光波标定标准米尺等实验中也都有着重要的应用。

迈克尔逊干涉仪的原理是一束入射光经过分光镜分为两束后各自被对应的平面镜反射回来,因为这两束光频率相同、振动方向相同且相位差恒定(即满足干涉条件),所以能够发生干涉。它是利用分振幅法产生双光束以实现干涉。通过调整干涉仪,可以产生等厚干涉条纹,也可以产生等倾干涉条纹。干涉中两束光的不同光程可以通过调节干涉臂长度及改变介质的折射率来实现,从而能够形成不同的干涉图样。

爱因斯坦预言的引力波可以形象地看作弯曲时空中的涟漪,引力等同于空间的弯曲。一次引力的扰动会造成一个额外的弯曲,从空间中扩散出类似机械波或电磁波的一种波。引力波传播在时空中导致的挤压和拉伸极其微小,一般仪器观测不到这种微小变化。迈克尔逊干涉仪采用有效路径为几千米的激光束,两束光分别进入光学谐振腔中,重新会合前在光学谐振腔中被来回反射几百次,效果上相当于增加了光路径的长度 4~1 000 km。改造后的迈克尔逊引力波探测仪 LIGO 非常灵敏,能够检测到原子核半径千分之一的臂长变化。2016 年"激光干涉引力波天文台"成功探测到引力波的存在,这次探测直接验证了爱因斯坦百年前的预言,对人类探索宇宙有着重大意义。

传统的光谱分析仪使用的光学元件如棱镜和衍射光栅,将复杂光信号的各种波长扩展到不同的角度。通过这种方法,可以判定射线中的不同波长和它们的强度;但是这种类型的设备却限制了它们的分辨率和效率。傅立叶转换红外光谱仪中最重要组成部分——迈克逊干涉仪,两束光通过干涉仪后,通过傅立叶变换对信号进行处理,最终得到透过率或吸光度随波数或波长的红外吸收光谱图。傅立叶变换红外光谱仪无色散元件,没有夹缝,故来自光源的光有足够的能量经过干涉后照射到样品上然后到达检测器;分辨率决定于动镜的线性移动距离,距离增加,分辨率提高。一般可达 0.5/cm,高的可达 10^{-2}/cm;扫描速度极快,在不到 1 s 可获得图谱,比色散型仪器高几百倍。

二、实验指导与注意事项

(一)操作指导

(1)仪器桌要求平稳,因为微小的振动会导致实验数据不准确。

(2)在进行光路调节时,首先转动扩束器至 90°位置,使激光束不经过扩束器如图 1-23 所示。调节 M_1、M_2 背后的螺钉,使观察屏上的两组光点中的两个最强的光点重合。因为扩束器的作用是将光斑非常小的激光光源直径扩大,后面光路上光的能量发散,不能保证所有的光

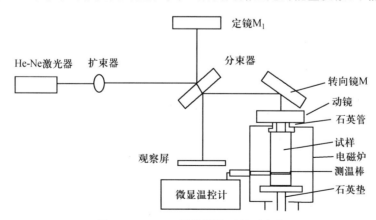

图 1-23　SGR-1 型热膨胀系数测定仪

都打到迈克尔逊干涉仪的动镜和静镜上,就会造成两束光汇合后相同位置光强大小不一样。虽然这两束光满足干涉条件,但是由于光强不同导致干涉条纹衬比度低,很难观察到干涉图样。两激光束不经过扩束器调节重合,保证相同位置两束光的光强相差不大,保证衬比度容易观察到干涉条纹。

(3)当把两个平面镜反射回的激光点调节重合后,注意一定把扩束器转回到光路中,观察成像屏上的干涉条纹。将扩束器转回光路中是为了把出射的激光光点扩束,将激光的光斑直径放大。仔细微调 M_1、M_2 背后的螺钉,使得干涉条纹清晰,环心位于视场的适中位置。微调 M_1、M_2 镜后面的螺钉会改变两个反射镜的反射仰角,保证两束反射光能更好地重合在一起。如果条纹的光照不均匀,可调节扩束器上的两个螺钉。调节扩束器的螺钉使得扩束器口径尽量与激光光源对齐,让激光尽可能地通过扩束器。

(二)数据处理指导

表 1-35 为干涉条纹每发生 10 个环的变化时,温度的测量数据。

表 1-35 金属热膨胀实验测量数据

t						
$\Delta t = t - t_0$						
N	10	20	30	40	50	60

注:$t_0 =$ _____,$\lambda = 632.8$ nm,$I_0 = 150$ mm。

热膨胀系数 α 图解法数据处理:根据实验表中的数据,以移动的干涉圆环的环数 N 为横坐标,Δt 为纵坐标,在坐标纸上绘出 N-Δt 的关系曲线,并标出物理单位;用两点式求斜率方法求出相应斜率 k,根据实验数据在坐标轴上选定等间距整齐的坐标刻度并标出数值标度,标度数值位数尽可能与实验数据的有效位数一致;将实验数据把每一个实验点在坐标纸上用相应符号标明;用直尺画一条直线,尽可能使数据点均匀分布在直线的两侧;在直线两端任意选取相对较远的非实验数据点,标明并根据坐标读出相应数据,根据两点数值求出直线斜率。根据公式 $\alpha = k \dfrac{\lambda}{2l_0}$,可求出金属热膨胀斜率系数 α。

实验 十九　用电位差计研究温差电偶的特性

一、实验背景及应用

利用温差电原理制成的仪器,是热能与电能的桥梁,可以把热能直接转换成电能(或其逆过程),温差电现象主要应用在温度测量、温差发电器和温差电制冷三方面。

(一)实验背景

1821年,德国物理学家托马斯·约翰·塞贝克(Thomas Johann Seebeck,1770—1831年)发现,在两种不同的金属所组成的闭合回路中,当接触处的温度不同时,回路中会产生一个电势,此所谓"塞贝克效应"。当导体两端存在温差时,热端电子的能量和速度高于冷端电子的能量和速度。除了电子的能量和速度有差别外,两端的电子浓度也有差别,热端电子浓度大,冷端电子浓度小,这就导致热端电子向冷端扩散,冷端积累负电荷,而热端会有多余的正电荷,建立了由热端指向冷端的电场。电场阻碍电子从热端向冷端扩散,当扩散与电场的作用相等时,就达到了动态平衡。此时在导体或半导体两端形成体电势差。

1834年,法国科学家珀尔帖(Jean Charles Athanase Peltier,1785—1845年)发现了它的反效应:两种不同的金属构成闭合回路,当回路中存在直流电流时,两个接头之间将产生温差,此所谓"珀尔帖效应"。构成回路的两种材料中参与导电的电子平均能量不同,电子流由平均能量较高的导体迁移至平均能量较低的导体时,释放出多余的热能,该能量变成晶格热振动的能量。电子流的方向相反时,需要吸收晶格的热量来补充电子流的能量,因而就有吸热效应。这些电子与晶格的能量交换过程都发生在两导体的交界附近,所以两个接头处会出现吸热或放热的现象。电流的方向决定了吸收还是产生热量,电流的大小决定了发热(制冷)量的多少。

1856年,汤姆逊(William Thomson,1824—1907年)利用他所创立的热力学原理对塞贝克效应和帕尔帖效应进行了全面分析,并将本来互不相干的塞贝克系数和帕尔帖系数之间建立了联系。汤姆逊认为,在绝对零度时,帕尔帖系数与塞贝克系数之间存在简单的倍数关系。在此基础上,他又从理论上预言了一种新的温差电效应,即当电流在温度不均匀的导体中流过时,导体除产生不可逆的焦耳热之外,还要吸收或放出一定的热量(称为汤姆逊热)。或者反过来,当一根金属棒的两端温度不同时,金属棒两端会形成电势差。这一现象称为汤姆逊效应(Thomson effect),该效应成为继塞贝克效应和帕尔帖效应之后的第三个热电效应(thermoelectric effect)。当电子流的方向是从导体热端流向冷端时,热端电子的多余能量就交给周围原子,引起导体发热;当电子流方向相反时,冷端的电子就需要吸收晶格的热能来弥补自己能量不足。这是其中一种因素,还有导体两端的温差电动势的影响,在第一种情况下电子运动会被减慢,第二种情况电子会被加速,这两种因素相互作用。有时第二种影响会超过第一种影响。

(二)拓展应用

在半导体中同样存在着上述三种温差电现象,而且效应比金属导体中显著得多。例如,金属中温差电动势率为 $0\sim10~\mu V/℃$,在半导体中常为几百微伏/摄氏度。因此金属中的塞贝克效应主要用于温差电偶(用作温度计);而半导体可用于温差发电。

温差电偶温度计是一种工业上广泛应用的测温仪器,利用温差电现象制成。两种不同的金属丝焊接在一起形成工作端,另外两端与测量仪表连接,形成电路。把工作端放在被测温度处,工作端与自由端温度不同时,就会出现电动势,因而有电流通过回路。通过电学量的测量,利用已知处的温度,就可以测定另一处的温度。只要选用适当的金属作热电偶材料,就可轻易测量到 $-180\sim2~000~℃$ 的温度,如此宽泛的测量范围,令酒精或水银温度计望尘莫及。热电偶温度计,甚至可以测量高达 $2~800~℃$ 的温度。通过控制受热面积和选择合适热容量材料,温差电偶温度计可以做成微纳级,实现了生物医学上单细胞温度测量。

温差发电是继核能、太阳能、风能之后的又一种新能源利用方式。温差发电技术的研究起始于 20 世纪 40 年代,于 20 世纪 60 年代达到高峰,并成功地在航天器上实现了长时发电。美国能源部的空间与防御动力系统办公室称温差发电是"被证明为性能可靠、维修少、可在极端恶劣环境下长时间工作的动力技术"。温差发电利用塞贝克效应把热能转化为电能。常用的是半导体温差热电偶发电系统,主要一个由一组半导体温差电偶经串联和并联制成的直流发电装置。每个热电偶由一 N 形半导体和一 P 形半导体串联而成,两者连接着的一端和高温热源接触,而 N 形和 P 形半导体的非结端通过导线均与低温热源接触,由于热端与冷端间有温度差存在,使 P 的冷端有负电荷积累而成为发电器的阴极;N 的冷端有正电荷积累而成为阳极。如果与外电路相连就有电流流过。这种发电器效率不大,为了能得到较大的功率输出,实用上常把很多对温差电偶串、并联成温差电堆。半导体温差发电目前主要应用于勘探、军事等领域,将发电装置与太阳能、地热、汽车尾气余热、工业废热等结合,回收热能将其转化为电能。除了半导体温差发电,同位素温差发电和海洋温差发电同样有很广泛的应用。同位素温差发电利用月球上的地热发电,解决了月球上无太阳辐照时太阳能电池无法工作的短板。同位素温差发电因其能满足夜晚环境工作、可靠性强、性能稳定、体积小、质量轻、寿命长等特点,被广泛应用于军事卫星、远洋科研及医学小型心脏起搏器等领域。

温差电制冷根据帕尔帖效应,将电能转换成热能。如果在温差电材料组成的电路中接入一电源,则一个结点会放出热量,另一结点会吸收热量。如果放热结点保持一定温度,则另一结点会开始冷却,从而产生制冷效果。半导体温差电制冷器也是由一系列半导体温差电偶串、并联而成。半导体温差制冷中热量的传递依靠空穴、电子在运动中实现,半导体温差电制冷器的热电堆相当于"制冷压缩机",冷端部分相当于蒸发器,热端部分相当于冷凝器。自由电子和空穴在外加电场的作用下运动,从热电堆的冷端到热端的过程相当于制冷压缩机中制冷剂的压缩过程。在热电堆的冷端,由于热交换器吸热,产生电子-空穴对,该过程相当于制冷剂在蒸发器中的吸热和蒸发。热端的热交换器散热,电子-空穴对复合,相当于在冷凝器中制冷剂的放热和凝结。整个过程中不使用制冷剂,与传统制冷方法比较具有独特的优势。温差电制冷不使用制冷剂,不污染环境,体积十分小,没有可动部分(因而没有噪声),运行安全故障少,并且可以改变电流大小进而控制制冷速度和温度,改变电流极性实现冷热功能转换,可广泛应用于潜艇、精密仪器的恒温槽、小型仪器的降温、血浆的储存和运输等场合。

二、实验指导与注意事项

(一)操作指导

(1)为了保证测量准确,每次测量待测电压前,必须进行工作电流标准化。

(2)待测的电压(电动势)接未知接线柱上时,不要接错正负极。如图 1-24 所示,实验中的电压连接都是同性对抗,如果接错了,就无法达到电压与电源互相抵消的目的。测量电压的方法是补偿法,这是因为在测量电动势时,如果用电压表直接测量,由于电压表也有一定电流通过,测出的值是电池的路端电压,而不是电源的电动势,所以要想消除电源的内阻影响,测出电源的电动势,就要用一个电压与电源互相抵消,这样当电路中电流为零时,补偿电压就是电源的电动势。

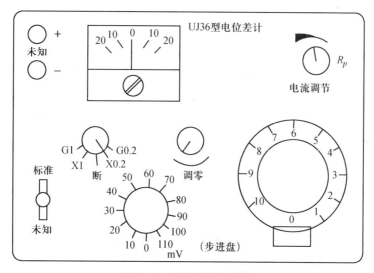

图 1-24　U36 型电位差计

(3)调节 R_0 使检流计指针指零,保证电桥平衡;将电键开关 K 扳向标准端,调节 R_p(多圈变阻器),使检流计指针指零,这样使得工作电流 I_0 被校准,确保了 R_s 上的电位降恰与补偿回路中标准电池的电动势 E_s 相等;再将电键开关扳向未知,旋动两只测量盘 R_1 和 R_2,使检流计指针再次指零,使得

$$E_X = \frac{R_X}{R_s} E_s$$

(二)数据处理指导

表 1-36 为随温度升高所测温差电动势实验数据。

表 1-36　温差电偶随温度升高电动势测量数据

$t/℃$								
$E_{温差}/\times10^{-3}$ V								
$t-t_0/℃$								

注:温差电偶材料为:镍铬-考铜,室温(水温)$t_0=$_____℃。

温差电系数 α 图解法数据处理:

根据实验表中的数据,以温差值 $t-t_0$ 为横坐标,温差电动势 ε 为纵坐标,在坐标纸上绘出温差电动势与温差的关系曲线,并标出物理单位;用两点式求斜率方法求出相应斜率,根据实验数据在坐标轴上选定等间距整齐的坐标刻度并标出数值标度,标度数值位数尽可能与实验数据的有效位数一致;将实验数据把每一个实验点在坐标纸上用相应符号标明;用直尺画一条直线,尽可能使数据点均匀分布在直线的两侧;在直线两端任意选取相对较远的非实验数据点,标明并根据坐标刻度读出相应数据,根据两点数值求出直线斜率。根据公式

$$\alpha=\frac{\varepsilon}{(t-t_0)}$$

可知斜率即为温差电系数 α。

超声波及其应用

一、实验背景及应用

利用超声波原理制成的仪器,是机械能与其他能量之间的桥梁,可以把机械能直接转换成其他能量,超声波主要应用在航海探测、导航和医学等领域。

(一)实验背景

1793 年,意大利科学家拉扎罗·斯帕拉捷对蝙蝠在黑夜里飞行感到十分好奇,于是他便捉来一些蝙蝠进行实验。他先是蒙上蝙蝠的眼睛,再是堵住它的鼻子,结果发现蝙蝠还是能够自由地在黑夜中飞行;他塞上蝙蝠的耳朵后,则发现它从墙上摔落下来。于是他总结出蝙蝠是利用听觉飞行的。可在寂静的夜晚哪来的声音呢?最终他发现了超声波的存在。后来,人们将频率 20 kHz 以上的机械波称为超声波,低于 20 Hz 的机械波则称为次声波,介于这两者之间的即为普通声波。

人类直到第一次世界大战才学会利用超声波,这就是利用"声纳"的原理来探测水中目标及其状态如潜艇的位置等。此时人们向水中发出一系列不同频率的超声波,然后记录与处理反射回声,从回声的特征我们便可以估计出探测物的距离、形态及其动态改变。医学上最早利用超声波是在 1942 年,奥地利医生杜西克首次用超声技术扫描脑部结构;到了 20 世纪 60 年代,医生们开始将超声波应用于腹部器官的探测。如今超声波扫描技术已成为现代医学诊断不可缺少的工具。

通过判断超声回波可以得到反射物的各种性质,这是超声波的应用之一。超声波在传播过程中,与介质之间会发生相互作用,称为超声效应。利用超声效应原理制成的仪器具有相当广泛的应用。超声效应根据介质物理和化学的变化不同分为力学的、热学的、电磁学的和化学的超声效应,可以概括为以下 4 种效应。

1. 机械效应

超声波的机械作用可促成液体的乳化、凝胶的液化和固体的分散。当超声波在流体介质中形成驻波时,悬浮在流体中的微小颗粒因受机械力的作用而凝聚在波节处,在空间形成周期性的堆积。超声波在压电材料和磁致伸缩材料中传播时,由于超声波的机械作用而引起感生电极化和感生磁化。

2. 空化作用

超声波作用于液体时可产生大量小气泡。一个原因是液体内局部出现拉应力而形成负压,压强的降低使原来溶于液体的气体过饱和,而从液体逸出,成为小气泡。另一个原因是强大的拉应力把液体"撕开"成一空洞,称为空化。空洞内为液体蒸气或溶于液体的另一种气体,甚至可能是真空。因空化作用形成的小气泡会随周围介质的振动而不断运动、长大或突然破灭。破灭时周围液体突然冲入气泡而产生高温、高压,同时产生激波。与空化作用相伴随的内摩擦可形成电荷,并在气泡内因放电而产生发光现象。在液体中进行超声处理的技术大多与空化作用有关。

3. 热效应

由于超声波使物质产生振动,被介质吸收时能产生热效应。

4. 化学效应

超声波的作用可促使发生或加速某些化学反应。例如,纯的蒸馏水经超声处理后产生过氧化氢;溶有氮气的水经超声处理后产生亚硝酸;染料的水溶液经超声处理后会变色或褪色。这些现象的发生总与空化作用相伴随。超声波还可以加速许多化学物质的水解、分解和聚合过程。超声波对光化学和电化学过程也有明显影响。各种氨基酸和其他有机物质的水溶液经超声处理后,特征吸收光谱带消失而呈均匀的一般吸收,这表明空化作用使分子结构发生了改变。

(二)拓展应用

超声定位和超声效应广泛地应用于航海探测、导航和医学等领域。超声波向周围介质传播时,会产生一种疏密的波形。这种压缩层和稀疏层连续交替形成的弹性波和声源振动的方向一致,是一种弹性纵波。由于超声波的波长短、不易衍射、可以聚集成狭小的发射线束直线传播,故传播具有一定的方向性。超声波的传播速度与介质的特性和温度有关,而与频率无关。超声波能量在气体中被吸收最大,液体中被吸收较小,固体中吸收最小;超声波在空气中的吸收系数比在水中约大 1 000 倍,因而高频超声波在空气中的衰减异常剧烈。正因为超声波这种特点,超声波在海水中吸收少,因而传播距离长。所以海水对超声波是"透明"的。光线与无线电波都属于电磁波,不依靠介质传播,在介质中会受到损耗。因为水的电导率很大,光线与电磁波会很快衰弱并消失。海水对电磁波是很不"透明"的。人们正是利用海水的这一特点发明了潜水艇,潜水艇隐藏在海中就难以被看见,雷达也找不到。但是超声波的特点正好可以在海水中发挥作用,用超声波代替电磁波可探测海洋中的物体、传输信息和进行遥测与遥感。

超声振动可引起组织细胞内物质运动,从而显示出一种微细的按摩作用;可引起容积变化,产生细胞质流动,细胞质颗粒振荡、旋转、摩擦;可刺激细胞半透膜的弥散过程,引起扩散速度和膜渗透性改变;促进新陈代谢,加强血液和淋巴循环,改善组织营养,改变蛋白合成率,提高再生机能等。利用超声振动及空化的压力、高温效应,促使两种液体、两种固体或液-固、液-气界面之间发生分子的相互渗透,形成新的物质属性。金属或塑料的超声焊接,超声乳化、清洗、雾化可归为此类作用。

超声振动可使气、液媒质中悬浮粒子以不同速度运动,增加相碰撞机会;或利用驻波使它们趋于波腹处,从而发生凝聚过程。烟道收尘、人工降雨可属此类。利用高强度超声脉冲,可以粉碎人体内的肾结石和胆结石而不损伤软组织。

二、实验指导与注意事项

(一)操作指导

(1)为了增加耦合效率,在实验前和实验中超声探头要不断地蘸水。

(2)熟悉阴极射线示波器的原理和基本用法,需要知道示波器的调节和使用。各个旋钮的功能作用要清楚,各个旋钮的操作要熟练。

(3)超声波发射探头和反射探头正确连接示波器的输入和输出的接头上。调节示波器振幅旋钮使超声波的信号在示波器屏幕上显示占屏幕的 2/3;调节示波器频率旋钮使超声波的信号在示波器屏幕上显示适合观察。超声波信号既不能密集又不能太过稀疏。

(4)测量铝块中的缺陷时,要从无缺陷铝块处慢慢移动到有缺陷处;测量缺陷时,探头要垂直缺陷,不能将探头对着缺陷的孔洞。

(5)通过示波器和超声波仪的衰减调节,在示波器屏幕上调节出正确的波形;根据扫描速度获取两个回波间的时间;利用数字卡尺测量铝块的厚度。

(二)数据处理指导

表 1-37 为试块上无缺陷位置的一次底面回波时间 t_1、二次底面回波时间 t_2 和试块厚度 L 的 6 次测量数据。

表 1-37 试块回波时间与厚度测量数据

参数	次数					
	1	2	3	4	5	6
$t_1/\mu s$						
$t_2/\mu s$						
L/mm						
$v\,/(10^3\ m/s)$						

(1)根据表 1 的数据可求出直探头的延迟 $t(\mu s) = \dfrac{2t_1 - t_2}{2}$。

(2)根据表 1 的数据可以计算得到超声波在金属试块中的传播速度 $v = \dfrac{L}{\dfrac{t_2 - t_1}{2}}$,填入表格,查询常温常压下空气中超声波的传播速度,进行比较分析。

表 1-38 为脉冲超声波的频率和波长测量数据,利用试块的一次底面回波,测量脉冲波 N 个振动周期的时间 t',求其频率和波长,测量 6 次,实验要求自行设计表格。例如,以测量脉冲波 2 个振动周期的时间 t' 为例设计实验数据表格如下,其中周期 $T = \dfrac{t'}{2}$。

表 1-38　超声波的频率和波长测量数据

$N=2$ 参数	1	2	3	4	5	6
t'/ns						
T/ns						
f/kHz						
λ/mm						

　　表 1-39 为试块中缺陷的测量数据,实验要求自行设计表格。例如设计以下表格,其中 t_3 为缺陷回波时间,根据表 1-37 中数据计算获得的直探头的延迟 t 和超声波在金属试块中的传播速度 v,可以计算得到缺陷在试块中的位置 $h=v\times\dfrac{t_3-t}{2}$,再与缺陷离探测位置实测距离 $h_{测量}$(钢尺直接测量)进行比较和分析。

表 1-39　试块中缺陷的测量数据

参数	1	2	3	4	5	6
$t_3/\mu\text{s}$						
h/mm						
$h_{测量}/\text{mm}$						

实验二十一 红外波的物理特性及应用

一、实验背景及应用

红外线介于微波和可见光波之间。利用红外线制备的仪器在通信、探测、医疗、军事等方面有广泛的用途。红外线光谱反映了材料中电子、振动及转动的能级结构,是材料分析重要工具。

(一)实验背景

1864 年,英国科学家麦克斯韦在总结前人研究电磁现象的基础上,建立了完整的电磁波理论。他断定电磁波的存在,推导出电磁波与光具有同样的传播速度。1887 年德国物理学家赫兹用实验证实了电磁波的存在。1898 年,马可尼又进行了许多实验,不仅证明光是一种电磁波,而且发现了更多形式的电磁波,它们的本质完全相同,只是波长和频率有很大的差别。人们将这些电磁波按照它们的波长或频率的大小顺序进行排列,这就是电磁波谱。电磁波谱可大致分为无线电波、微波、红外线、可见光、紫外线、X 射线和伽马射线。

红外线是电磁波谱中的一员,由英国科学家赫歇尔于 1800 年发现,又称为红外热辐射,热作用强。他将太阳光用三棱镜分解开,在各种不同颜色的色带位置上放置了温度计,试图测量各种颜色的光的加热效应。结果发现,位于红光外侧的那支温度计升温最快。因此得到结论:太阳光谱中,红光的外侧必定存在看不见的光线,这就是红外线。其波长为 $0.76~\mu m \sim 1~mm$(其中近红外短波为 $0.76 \sim 1.1~mm$,近红外长波为 $1.1 \sim 2.5~\mu m$,中红外为 $2.5 \sim 6~\mu m$,远红外为 $6 \sim 15~\mu m$,超远红外为 $15~\mu m \sim 1~mm$)。红外线是频率介于微波与可见光之间的电磁波。它是频率比红光低的非可见光,俗称红外光,透过云雾能力比可见光强。

大气对红外线辐射传输的主要影响是吸收和散射。大气对红外线辐射的吸收,主要是由大气中的水蒸气、二氧化碳和高层大气中的臭氧分子造成的。这些大气分子的强烈吸收使大气对红外线辐射的大部分区域是不透明的,只有在某些特定的波长区,红外线辐射才能透过。这些特定的波长区称为红外线辐射的"大气窗口",它们几乎都集中在 $25~\mu m$ 以下的近红外和中红外区域。散射是大气对红外线辐射的另一种重要作用。散射有两种不同的类型,即瑞利散射和弥散射。瑞利散射是由大气分子引起的,它对红外线辐射的影响并不特别重要,对于波长大于 $1~\mu m$ 的辐射的影响常可被忽略。弥散射是由大气中的悬浮粒子如雨、雪、雾、云、灰尘和烟的微粒造成的,这对红外线传输过程中的衰减有重要作用。

(二)拓展应用

红外线在通信、探测、医疗和军事等方面有广泛的用途。

红外线通信是一种利用红外线传输信息的通信方式,可传输语言、文字、数据和图像等信息,传输角度有一定限制。红外通信是利用 950 nm 近红外波段的红外线作为传递信息的媒体,即通信信道。发送端将基带二进制信号调制为一系列的脉冲串信号,通过红外发射管发射红外信号。接收端将接收到的光脉转换成电信号,再经过放大、滤波等处理后送给解调电路进行解调,还原为二进制数字信号后输出。常用的有通过脉冲宽度来实现信号调制的脉宽调制(PWM)和通过脉冲串之间的时间间隔来实现信号调制的脉时调制(PPM)两种方法。红外线通信可用于沿海岛屿间的辅助通信、室内通信、近距离遥控、飞机内广播和航天飞机内宇航员间的通信等。

红外辐射的应用主要有红外探测器、红外测温仪、红外成像技术、红外无损检测,以及在军事上的红外侦察、红外雷达等。在工业上最主要的应用是红外测温仪和红外热像仪。

温度在绝对零度以上的物体,都会因自身的分子运动而辐射出红外线。通过红外探测器将物体辐射的功率信号转换成电信号后,成像装置的输出信号就可以完全一一对应地模拟扫描物体表面温度的空间分布,经电子系统处理,传至显示屏上,得到与物体表面热分布相应的热像图。运用这一方法,便能实现对目标进行远距离热状态图像成像和测温并进行分析判断。利用这一点,红外测温仪开始成为测温领域的主流。

红外热像仪是利用红外探测器、光学成像物镜和光机扫描系统(先进的焦平面技术则省去了光机扫描系统)接受被测目标的红外辐射能量分布图形反映到红外探测器的光敏元上,在光学系统和红外探测器之间,有一个光机扫描机构(焦平面热像仪无此机构)对被测物体的红外热像进行扫描,并聚焦在单元或分光探测器上,由探测器将红外辐射能转换成电信号,经放大处理、转换或标准视频信号通过电视屏或监测器显示红外热像图。这种热像图与物体表面的热分布场相对应。

红外测温仪和红外热像仪被广泛应用于电厂、钢厂、大型机床,以及电力巡检、森林防火等多个领域。

红外线波长较长,给人的感觉是热,产生的是热效应,那么红外线在穿透的过程中穿透达到的范围在什么样的层次?如果红外线能穿透到原子、分子内部,那么会引起原子、分子的膨大而导致原子、分子的解体。而事实上,红外线频率较低,能量不够高,远远达不到原子、分子解体的效果,因此,红外线只能穿透原子、分子的间隙,而不能穿透原子、分子的内部。由于红外线能穿透原子、分子的间隙,会使原子、分子的振动加快、间距拉大,即增加热运动能量,故从宏观上,物质会融化、沸腾、汽化,但物质的本质(原子、分子本身)并没有发生改变,这就是红外线的热效应。因此,我们可以利用红外线的这种激发机制来烧烤食物,使有机高分子发生变性,但不能利用红外线产生光电效应,更不能使原子核内部发生改变。

红外线治疗作用的基础是温热效应。在红外线照射下,组织温度升高,毛细血管扩张,血流加快,物质代谢增强,组织细胞活力及再生能力提高。红外线在治疗慢性炎症时,可改善血液循环,增加细胞的吞噬功能,消除肿胀,促进炎症消散;红外线可降低神经系统的兴奋性,有镇痛、解除横纹肌和平滑肌痉挛及促进神经功能恢复等作用;红外线在治疗慢性感染性伤口和慢性溃疡时,可改善组织营养,消除肉芽水肿,促进肉芽生长,加快伤口愈合,红外线照射有减少烧伤创面渗出的作用;红外线还经常用于治疗扭挫伤,促进组织肿涨和血肿消散及减轻术后粘连,促进瘢痕软化,减轻瘢痕挛缩等。

二、实验指导与注意事项

(一)操作指导

(1)将红外发射器连接到发射装置的"发射管"接口,接收器连接到接收装置的"接收管"接口(在所有的实验进行中,都不取下发射管和接收管)。

(2)连接电压源输出到发射模块信号输入端 2,向发射管输入直流信号。将发射系统显示窗口设置为"电压源",接收系统显示窗口设置为"光功率计"。

(3)在电压源输出为 0 时,如果光功率计显示不为 0,即为背景光干扰或 0 点误差,记下此时显示的背景值,以后的光强测量数据应是显示值减去该背景值。

(4)调节电压源,微调接收器受光方向,使光强显示值最大。

(5)进行后面四部分测试时,按照不同测试对发射系统和接受系统要求将旋转调节到对应的功能上。在部分材料的红外特性测量时,反射率测量时要将接收器放到发射器旁边;对发光二极管的伏安特性与输出特性测量时,发射系统显示窗口设置为"发射电流",改变发射管电流得到光功率计数值,同时发射系统窗口切换到"正向偏压"记录偏压数值;对发光管的角度特性测量时,微调接收端受光方向,使显示值最大。增大电压源输出,使接收的光功率最大。然后以最大接收光功率点为 0°,记录此时的光功率,以顺时针方向(作为正角度方向)每隔 5°(也可以根据需要调整角度间隔)记录一次光功率,依次逆时针操作一遍记录数据;在光电二极管伏安特性的测量时,固定接收光功率数值,调节反向偏压,记录反向偏压和光电流数值并作图。

(二)数据处理指导

表 1-40 为 3 种不同材料的测试镜红外特性测量数据。

表 1-40 部分材料的红外特性测量

材料	样品厚度 /mm	透射光强 I_T /mW	反射光强 I_R /mW	反射率 R	折射率 n	衰减系数 α /mm^{-1}
测试镜 01						
测试镜 02						
测试镜 03						

注:初始光强 $I_0 = $ _____ mW。

在计算材料的反射率时,要注意对于衰减可忽略不计的红外光学材料,用 $R = \dfrac{I_R/I_0}{2 - I_R/I_0}$ 计算反射率;对于衰减较大的非红外光学材料,用 $R = \dfrac{I_R}{I_0}$ 计算反射率。用 $n = \dfrac{1 + \sqrt{R}}{1 - \sqrt{R}}$ 计算折射率。用 $\alpha = \dfrac{1}{L}\ln\left[\dfrac{I_0(1-R)^2}{I_T}\right]$ 计算衰减系数。运算过程中需要注意按有效数字法则进行有效位数的保留。

表 1-41 为发光二极管伏安特性与输出特性测量。

表 1-41 发光二极管伏安特性与输出特性的测量

正向偏压/V								
发射管电流/(×10 mA)	0	0.5	1.0	1.5	2.0	2.5	3.0	3.5
光功率/mW								

以表 1-41 数据中正向偏压为横轴,发射管电流为纵轴,将实验数据每一个实验点在坐标纸上用相应符号标明,标度数值位数尽可能与实验数据的有效位数一致,在坐标轴末端标出物理量,做发光二极管的伏安特性曲线;以发射管电流为横轴,光功率为纵轴,做发光二极管的输出特性曲线。

表 1-42 为红外发光二极管角度特性的测量。

表 1-42 红外发光二极管角度特性的测量

项目	转动角度/(°)												
	−30	−25	−20	−15	−10	−5	0	5	10	15	20	25	30
光功率/mW													

根据红外发光二极管角度特性的测量数据绘制图时,根据实验表中的数据,以角度值为横坐标,以光强值为纵坐标,做红外发光二极管发射光强和角度之间的关系曲线。将实验数据把每一个实验点在坐标纸上用相应符号标明,标度数值位数尽可能与实验数据的有效位数一致,在坐标轴末端标出物理量。根据方向半角定义(光强超过最大光强 60% 以上的角度)得出方向半值角并分析发光二极管角度特性。

表 1-43 为光电二极管伏安特性的测量。

表 1-43 光电二极管伏安特性的测量

项目	反向偏置电压/V						
	0	0.5	1	2	3	4	5
$P=0$	光电流/μA						
$P=0.5$ mW							
$P=1$ mW							
$P=2$ mW							

以表 1-43 数据中反向偏压为横轴,光电流为纵轴,做不同入射光功率时光电二极管伏安特性曲线。并根据每个入射光功率的实验数据点拟合做一条直线,使实验数据点尽可能在直线上,不在直线上的点也要尽可能分布在直线两侧,并分析曲线是否符合光电二极管的伏安特性。

误差配套

一、实验背景及应用

误差配套属于设计性实验。目的是让学生已在基础实验中学习了有关数据的测量与处理和误差理论知识的基础上,综合应用误差传递公式和实验测量技术,设计新实验,创新实验方法,培养学生从事科学研究的素养和科学创新的能力。

(一)实验背景

1. 测量与测量结果表示

物理学是实验科学。一般说来,物理实验的目的有两方面,在研究中证实一个理论或模型是否正确,以及发现一些新的东西。在实验教学中,除了验证一个理论或模型外,还能对已知的实验进行创新设计。

在工程技术和实际应用中,常常要对不同的物理量进行测量,而测量不可避免地会产生误差。我们知道,人无完人,人在生活和工作中都会犯某种程度的错误,但实验中的误差不是指这种"错误"。实验中即使人们不犯错,实验结果中仍然存在误差,实际上,这意味着实验测量中"不确定性(uncentainty)"的存在。

按误差产生的原因,误差一般可分为以下几类。① 真正的错误,因仪器的功能异常,实验方案设置不当,实验步骤的错误等产生;②仪器误差,因实验中所使用的仪器和工具的限制产生;③人为误差,由人的视觉判断和反应不同产生;④系统误差,因人的观察角度,实验仪器未校准,实验室环境不同,分析方法的简化等产生;⑤随机误差,或者统计误差,因实验读数的随机涨落,实验环境的随机变化,实验者读数和反应的随机起伏等原因产生。

在实验中,做到以下几点可以避免错误、人为和系统误差的产生。①实验前检查和校准仪器;②培训实验者,修正理论方法,避免人为误差和系统误差;③随机误差主要是因实验者判断和反应的不确定性产生,单次测量具有随机性,多次测量服从统计规律,可以通过重复实验次数来减小或计算得到。

假设要求准确测量一个物理量 x,相同的实验者在相同的实验环境重复测量 n 次,得到不同的实验结果,用 x_1, x_2, x_3, $\cdots$, x_n 表示,它们的算术平均值就叫最佳结果,接近"真值(true value)"。

$$\overline{x} = \frac{\sum_{i=1}^{n} x_i}{n} \quad n = 1, 2, 3, \cdots \qquad 式1-5$$

实验结果的标准偏差用公式表示如下：

$$S(\overline{x}) = \sqrt{\frac{\sum\limits_{i=1}^{n}(x_i - \overline{x})^2}{n-1}}$$ 式 1-6

这样，测量了一组数据$(x_1, x_2, x_3, \cdots, x_n)$后，$n$ 大于或等于 6 次，小于 10 次，可以表示物理量 x 的测量结果为 $\overline{x} \pm \Delta x$，其中不确定度 Δx 就是上式中的标准偏差。

2. 实验结果评估

怎样评估一次实验的结果是否是满意的结果呢？如果实验是新的，就用测量数据和估计的误差来表示测量结果。如果对于实验结果，已经有理论或定律作为依据，给出一个希望值 x_T，计算测量数据的算术平均值和理论希望值的偏差 Δ 公式如下：

$$\Delta = |\overline{x} - x_T|$$

一般情况下 $\Delta \neq 0$，可以用 Δ 来评估实验结果。①如果 $\Delta < \Delta x$，就认为在实验误差范围内理论被证实了，为进一步检验理论，需要改进实验使 Δx 更小。②如果 $\Delta > \Delta x$，说明理论是错的，需要进一步仔细检查理论和实验，解释产生偏差的原因，也许就会发现新的物理理论或定律。正如狭义相对论和量子物理学的诞生，均是从实验结果和经典物理学理论的矛盾开始的。

3. 间接测量不确定度传递

通常情况下，我们需要测量的物理量 φ 是直接测量量 $x, y, z, \cdots$ 的函数，可表示为 $\varphi = F(x, y, z, \cdots)$，$x, y, z, \cdots$ 代表不同的直接测量量。为减少误差，每一个直接测量量都需进行多次测量，如前所述 x 的测量结果用算术平均值和不确定度表示 $\overline{x} \pm \Delta x$。

φ 的测量结果和不确定度的计算在教材第一章误差理论中有详细的论述。根据函数表达式得到带权重的误差传递公式如下：

$$\Delta_\varphi = \sqrt{\left(\frac{\partial F}{\partial x}\right)^2 (\Delta_x)^2 + \left(\frac{\partial F}{\partial y}\right)^2 (\Delta_y)^2 + \left(\frac{\partial F}{\partial z}\right)^2 (\Delta_z)^2 + \cdots}$$ 式 1-7

$$\frac{\Delta_\varphi}{\varphi} = \sqrt{\left(\frac{\partial \ln F}{\partial x}\right)^2 (\Delta_x)^2 + \left(\frac{\partial \ln F}{\partial y}\right)^2 (\Delta_y)^2 + \left(\frac{\partial \ln F}{\partial z}\right)^2 (\Delta_z)^2 + \cdots}$$ 式 1-8

公式 1-7 对应函数为和差形式，公式 1-8 对应函数为积商指数形式。两式中各直接测量量 x, y, z 等的不确定度对 φ 的不确定度贡献是不同的，各项所占权重由公式中的偏导数平方决定。那么，当我们在测量中，面对测量值差异很大的情况，该怎样制订测量方案、选择仪器和确定实验次数呢？这就是误差配套实验中要解决的问题。

(二)拓展应用

在本实验中，需测量一个打有 n 个圆孔的薄板体积，薄板的长 L、宽 B、厚 H 和圆孔的直径 D 尺寸差别很大，从几十厘米到零点几厘米，测量工具有米尺、游标卡尺、千分尺和读数显微镜，该如何选择测量工具呢？根据体积公式，长方形体积（长宽厚的乘积）减去圆孔的体积（底面积乘厚度）就是所测量的体积，根据公式(4)得到体积的相对不确定公式如下：

$$\frac{\Delta V}{V} = \sqrt{\left(\frac{\Delta_L}{L}\right)^2 + \left(\frac{\Delta_B}{B}\right)^2 + \left(\frac{\Delta_H}{H}\right)^2 + \left(\frac{n\pi D\Delta_B}{2LB}\right)^2} \qquad \text{式 1-9}$$

根据公式 1-9 的相对不确定度传递公式和不确定度均分原理,将体积的相对不确定度均匀分配到各个直接测量量中。在测量之前,先用米尺估测长、宽、厚和孔直径的值,再把测量工具的仪器不确定度代入计算根号中的各量,如表 1-44 所示。选择计算结果中量级相近的平方值,即可确定对应的测量工具。根据计算结果,本实验测量长度选择米尺,宽度可选米尺或游标卡尺,厚度选择千分尺或读数显微镜,直径选米尺测量。从计算可以看出,对测量结果影响不大的物理量不必追求高精度的仪器如圆孔直径的测量。

表 1-44

项目	$(\Delta_B/L)^2$	$(\Delta_B/B)^2$	$(\Delta_B/H)^2$	$(n\pi D\Delta_B/2LB)^2$
米尺($\Delta_B = 0.2$ mm)	10^{-6}	10^{-5}		10^{-6}
游标卡尺($\Delta_B = 0.02$ mm)		10^{-7}		
千分尺($\Delta_B = 0.004$ mm)			10^{-6}	
读数显微镜($\Delta_B = 0.004$ mm)			10^{-6}	

二、实验指导与注意事项

(一)操作指导

在测量前复习各种长度测量工具的使用及读数方法,千分尺要进行零点读数修正。使用读数显微镜测量细丝直径时,注意目镜和物镜的聚焦,目镜中十字叉丝的位置要正,一个轴和细丝的边要正相切。

(二)数据处理指导

表 1-45 为带孔长方形金属薄板各直接测量量工具选取的分析表格,在开始具体测量前用米尺分别测量金属薄板的长 L、宽 B、厚度 H 和孔直径 D 的值,计算相应数据填入表 1-45。

表 1-45

项目	$\left(\dfrac{\Delta_B}{L}\right)^2$	$\left(\dfrac{\Delta_B}{B}\right)^2$	$\left(\dfrac{\Delta_B}{H}\right)^2$	$\left(\dfrac{n\pi D\Delta_B}{2LB}\right)^2$
米尺($\Delta_B = 0.2$ mm)				
游标卡尺($\Delta_B = 0.02$ mm)				
千分尺($\Delta_B = 0.004$ mm)				
读数显微镜($\Delta_B = 0.004$ mm)				

根据不确定度均分原理,即各直接测量量的相对不确定度数量级接近的原则来确定长、宽、厚度和孔直径的测量工具。进行具体的测量,并将实验数据及工具的仪器不确定度 Δ_B 填

入表 1-46。

表 1-46

项目	1	2	3	4	5	6	平均值	S	Δ_A	Δ_B	Δ
L/mm											
B/mm											
H/mm											
D/mm											

根据表 1-46 中实验数据分别计算标准偏差 S、A 类不确定度 $\Delta_A = S$、各测量量的不确定度 $\Delta = \sqrt{\Delta_A^2 + \Delta_B^2}$。根据公式 $V = LBH - \dfrac{n\pi D^2}{4}H$ 计算有孔金属薄板体积、相对不确定度

$$\frac{\Delta_V}{V} = \sqrt{\left(\frac{\Delta_L}{L}\right)^2 + \left(\frac{\Delta_B}{B}\right)^2 + \left(\frac{\Delta_H}{H}\right)^2 + \left(\frac{n\pi D \Delta_D}{2LB}\right)^2}$$ 和不确定度 $\Delta_V = V \dfrac{\Delta_V}{V}$，并写出有孔薄板体积的实验结果 $V \pm \Delta_V$。

表 1-47 为待测 100 张纸的各直接测量量工具选取的分析表格，在开始具体测量前用米尺分别测量 100 张教材纸长 L、宽 B 和厚度 H 的值，计算相应数据填入表格 1-47。

表 1-47

项目	$\left(\dfrac{\Delta_B}{L}\right)^2$	$\left(\dfrac{\Delta_B}{B}\right)^2$	$\left(\dfrac{\Delta_B}{H}\right)^2$
米尺（$\Delta_B = 0.2$ mm）			
游标卡尺（$\Delta_B = 0.02$ mm）			
千分尺（$\Delta_B = 0.004$ mm）			

根据不确定度均分原理，即各直接测量量的相对不确定度数量级接近的原则来确定长、宽和厚度的测量工具。进行具体的测量，并将实验数据及工具的仪器不确定度 Δ_B 填入表 1-48。

表 1-48

项目	测量值	Δ_B
L/mm		
B/mm		
H/mm		

根据表 1-48 中的数据，分别计算 100 张纸的体积 $V = LBH$、相对不确定度 $\dfrac{\Delta_V}{V} = \sqrt{\left(\dfrac{\Delta_L}{L}\right)^2 + \left(\dfrac{\Delta_B}{B}\right)^2 + \left(\dfrac{\Delta_H}{H}\right)^2}$ 和不确定度 $\Delta_V = V \dfrac{\Delta_V}{V}$，最后计算出一张纸的测量结果 $V \pm \Delta_V$。

第二章
实验习题及拓展

误差理论与数据处理

一、填空题

1. 用实验方法找出物理量量值的过程叫作_____,按照测量方法的不同,可将测量分为_____和_____两大类。

2. 凡是使用测量仪器能直接测出被测量数值的叫作_____测量;如果测量后还需要经过数学运算才能得到测量数值的测量则是_____测量。

3. 误差是_____与_____之间的差值,反映测量结果的准确程度。

4. 通常情况下真值是不知道的,用_____代替。残差是_____与_____之间的差值。

5. 绝对误差反映_____,可以描述_____。相对误差的大小则可以_____。

6. 按照测量条件的不同,可将测量分为_____测量和_____测量。

7. 误差产生的原因很多,按照误差产生的原因和不同性质,可将误差分为_____、_____和_____。

8. 一般实验测量误差按照来源不同主要分为_____和_____两种。难以避免且无法修正的是_____,具有规律性可修正性的是_____。

9. 系统误差一般来自_____、_____、_____,如果测量只有一次时,用_____代替系统误差。

10. 系统误差的特点是_____、_____、_____。因其特点具有可修正性,可用特定方法来消除部分误差。

11. 随机误差由实验中各种因素的微小变动引起,具有不可预知性。其产生的主要原因有:实验装置和测量环境在各次测量_____的变动性,测量仪器_____的变动性,测量者_____的变动性。

12. 在实验中多次测量后计算的偏差属于其中的_____,该类误差的特点是_____、_____、_____。因其特点具随机性,可以通过多次测量减小部分误差。

13. 测量中的视差属于_____误差,天平不等臂产生的误差属于_____误差。

14. 测量中千分尺的零点误差属于_____系统误差,米尺刻度不均匀的误差属于_____系统误差。

15. 一般情况下,总是在同一条件下对某量进行多次测量,多次测量的目的有两个,一是_____,二是_____。

16. 测量结果有效数字的位数由_____和_____共同决定。

17. 表示测量数据离散程度的是_____,它属于_____误差,用_____误差(偏差)

来描述它比较合适。

18. 连续读数的仪器如米尺、千分尺、温度计等仪器误差为_____。

19. 游标卡尺、秒表、数字仪表等仪器误差为_____。

20. 50 分度的游标卡尺,其仪器误差为_____。

21. 计算标准偏差用_____法,其计算公式为_____。

22. S 表示多次测量中每次测量值的_____程度,Δ 表示_____偏离真值的多少。

23. 根据概率理论,对于有限次测量来说,当测量次数为_____次时可以近似用测量值的标准差作为测量结果的 A 类不确定度,此时的置信概率为_____。

24. 不确定度是指_____。

25. Δ 表示_____,或者测量值的真值_____。

26. 不确定度按数值的评定方法分为_____和_____两类,具体实验处理时利用_____公式来合成不确定度。

27. 在测量小球质量时,10 个小球一起测质量,主要目的是_____。

28. 在进行十进制单位换算时,有效数字的位数_____。

29. 请以三位有效数字的形式表示出 1/50 的值_____。有效数字的运算法则规定,当两个数字进行乘法运算时,应先以_____的那个数字为标准进行数字修约,再进行计算。

30. 不确定度在计算过程中可以保留多位有效数字。在物理实验中,由于不确定度本身只是一个估计范围,所以其有效数字一般只取_____位有效数字。

31. 在测量结果的数字表示中,如果若干位可靠数字加上_____位可疑数字,便组成了有效数字。

32. 已知某地重力加速度值为 9.801 m/s²,甲、乙、丙三人测量的结果依次分别为 9.800±0.008 m/s²、9.810±0.004 m/s²、9.811±0.002 m/s²,其中精密度最高的是_____,准确度最高的是_____。

33. 已知 $y = X_1 - 2X_2 + 3X_3$,直接测量量 X_1、X_2、X_3 的不确定度分别为 Δ_{X_1}、Δ_{X_2}、Δ_{X_3},则间接测量量的不确定度 $\Delta y =$ _____。

34. 对直接测量量 x,合成不确定度 $\Delta x =$ _____。对间接测量量 $y(x_1, x_2)$,位直接测量量的 x_1 和 x_2 和差形式,其合成不确定度 $\Delta y =$ _____。

35. 当间接测量量公式为积商、指数等形式,求不确定度,应_____。例如,$\varphi = F(x, y, z, \cdots)$,则_____。

36. 不确定度的有效数字确定后,采用同一测量单位表述测量结果和其不确定度,它们的末位_____。

37. 某位学生在体积测量中将体积的测量结果错误的表达成 $V = 3\,922 \pm 28.4$。这个表达结果中的错误有_____、_____。正确的表达方式应该为_____。

38. 一铜管直径刚好为 10 mm,如果分别用毫米为最小分度的米尺、游标卡尺及千分尺去测量,测量结果应分别记为_____ mm、_____ mm 和_____ mm。

39. 测量一规则木板的面积,已知其长约为 30 cm,宽约为 5 cm,要求结果有四位有效位数,则长用_____来测量,宽用_____来测量。

40. 用某尺子对一物体的长度进行 15 次重复测量,计算得 A 类不确定度为 0.01 mm,B 类不确定度是 0.6 mm,如果用该尺子测量类似长度,应选择的合理测量次数为_____。

41. 用 20 分度的游标卡尺测长度,刚好为 15 mm,应记为_____ mm。

42. 为了消除天平不等臂的影响,称衡时可采用的方法为_____。

43. 模拟法是以_____理论为基础,主要分为_____模拟和_____模拟两类。

44. 电势差计实验中,热电偶的电动势与温差成线性关系,实验数据等间距且为偶数组,可用_____法、_____法和_____法来求得经验方程。

45. 减小误差提高测量精度的方法有_____、_____、_____和_____等。

46. 逐差法处理数据的条件是:_____,_____。

47. 最小二乘法处理数据的理论基础是_____。

48. 累加放大测量方法用来测量_____物理量,使用该方法的目的是_____从而减小不确定度。

49. 间接测量量由直接测量量根据公式计算获得,在测量间接测量量时根据_____,把间接测量量的相对不确定度_____到各个直接测量量中,由此分析并确定直接测量量的测量方法和测量仪器,从而指导实验,即_____。

50. 用作图法处理实验数据需要注意,在坐标纸上,_____;_____;_____;用直尺画一条直线_____;在直线上选取_____标明并根据坐标刻度读出相应数据,根据两点数值求出直线斜率。

二、判断题

( ) 1. 误差是指测量值与真值之差,即误差＝测量值－真值,如此定义的误差反映的是测量值偏离真值的大小和方向,既有大小又有正负符号。

( ) 2. 残差(偏差)是指测量值与其算术平均值之差,它与误差定义一样。

( ) 3. 绝对误差是指测量结果与真值之间的差值。由于真值通常不知道,所以一般情况下不用绝对误差表示测量误差的大小。

( ) 4. 精密度是指重复测量所得结果相互接近的程度,反映的是随机误差大小的程度。

( ) 5. 测量不确定度是评价测量质量的一个重要指标,是指测量误差可能出现的范围。

( ) 6. 准确度是指测量值或实验所得结果与真值符合的程度,描述的是测量值接近真值程度的程度,反映的是系统误差大小的程度。

( ) 7. 精确度是指精密度与准确度的综合,既描述数据的重复性程度,又表示与真值的接近程度,反映了综合误差的大小程度。

( ) 8. 系统误差的特征是有规律性,而随机的特征是无规律性。

( ) 9. 算术平均值代替真值是最佳值,平均值代替真值可靠性可用算术平均偏差、标准偏差和不确定度方法进行估算和评定。

( ) 10. 系统误差在测量条件不变时有确定的大小和正负号,因此在同一测量条件下多次测量求平均值能够减少或消除系统误差。

( ) 11. 测量结果不确定度按评定方法可分为 A 类分量和 B 类分量,不确定度 A 类分量与随机误差相对应,B 类分量与仪器误差相对应。

（　　）12. 测量小钢球质量时,采用多个小钢球一起测质量的方法,主要目的是减小随机误差。

（　　）13. 交换抵消法可以消除周期性系统误差,对称测量法可以消除线性系统误差。

（　　）14. 加减法运算后的有效数字,取到参与运算各数中最靠前出现可疑数的那一位。

（　　）15. 乘除运算后结果的有效数字,一般以参与运算各数中有效数字位数最少的为准。

（　　）16. 把 3.141 59 cm 修约为五位有效数字值是 3.121 6 cm。

（　　）17. 2.710 259 的有效数字为 6 位。

（　　）18. 36 000 km 使用科学计数法后可表示成 3.6×10^4 km。

（　　）19. 某次长度测量结果表达为 $L = (23.68 \pm 0.02)$ m。

（　　）20. 某时间测量结果表达为 $T = (12.563 \pm 0.01)$ s。

（　　）21. 用 1/50 游标卡尺单次测量某一个工件长度,测量值 $N = 10.00$ mm,用不确定度评定结果为 $N = (10.00 \pm 0.02)$ mm。

（　　）22. 用一级千分尺测量某一长度($\Delta_{仪} = 0.004$ mm),单次测量结果为 $N = 8.000$ mm,用不确定度评定测量结果为 $N = (8.000 \pm 0.004)$ mm。

（　　）23. 如果间接测量量 $N = \dfrac{x - y}{x + y}$,则其不确定度传递公式为 $\Delta_N = \sqrt{\dfrac{y^2 \Delta_y^2}{x^2 + y^2} + \dfrac{y^2 \Delta_x^2}{x^2 + y^2}}$。

（　　）24. 如果间接测量量 $L = x + y - 2z$,则其不确定度传递公式为 $\Delta_z = \sqrt{\Delta_x^2 + \Delta_y^2 + 4\Delta_z^2}$。

（　　）25. 利用逐差法处理实验数据的优点是充分利用数据和减少随机误差。

（　　）26. 在实际测量中,测量仪器的精度越高越好。

（　　）27. 用一根直尺测量长度时,已知其仪器误差限为 0.5 cm,则此直尺的最小刻度为 1 cm。

（　　）28. 一个物理实验公式两边的物理量的量纲若不相等,则这个公式就一定错误。

（　　）29. 用最小二乘法对实验数据点进行线性拟合时,总能取得最佳效果。

（　　）30. 用同一个量具测量长度时,单次测量时 $L = L_{测} \pm \Delta_B$,多次测量时 $L = L_{测} \pm \sqrt{\Delta_A^2 + \Delta_B^2}$,因为用同一个量具测量 Δ_B 相同,所以 $\sqrt{\Delta_A^2 + \Delta_B^2} > \Delta_B$,因为单次测量的不确定度范围比多次测量的窄,单次测量的精度也就比多次测量的精度高。

三、简答题

1. 什么是系统误差,系统误差的特点是什么?

2. 系统误差的来源有哪些?

3. 什么是随机误差,随机误差的特点是什么?

4. 随机误差的来源有哪些?

5. 为减小或避免误差,在实验中应注意哪些方面?

6. 不确定度的运算规则有哪些?

7. 直接测量结果的不确定度如何计算?

8. 间接测量结果的不确定度如何计算？

9. 以作图法为例，简述利用实验方法探索物理规律的主要步骤。

10. 以验证欧姆定律 $R=U/I$ 为例，简述用直接计算法的主要步骤。

四、计算题

1. 请用直接测量量的不确定度或相对不确定度表示出下列各间接测量的不确定度或相对不确定度。

(1) $N=x+y+z$。

(2) $f=\dfrac{uv}{u+v}$。

(3) $I_2=I_1\dfrac{r_2^2}{r_1^2}$。

(4) $f=\dfrac{l^2-d^2}{4l}$。

(5) $n=\dfrac{\sin i}{\sin \gamma}$。

(6) $V=\pi r^2 h$

2. 用螺旋测微计测某一钢丝的直径，6 次测量值 y_i 分别为 0.249，0.250，0.247，0.251，0.253，0.250；同时读得螺旋测微计的零位 y_0 为 0.004，单位 mm，已知螺旋测微计的仪器误差为 $\Delta_{仪}=0.004$ mm，请给出完整的测量结果。

3. 一小钢球，用千分尺（仪器极限误差为 ± 0.004 mm）测量其直径 6 次，测量数据为：14.257、14.277、14.262、14.263、14.258、14.272（mm）；用天平（仪器极限误差为 ± 0.06 g）测量它的质量 1 次，测量值为 11.84 g，试求钢球密度的最佳值与不确定度。

4. 用 1/50 游标卡尺，测得某金属板的长和宽数据如下表所示，求金属板的面积。

项目	测量次数					
	1	2	3	4	5	6
长 L/cm	10.02	10.00	9.99	10.06	9.98	10.01
宽 W/cm	4.02	4.06	4.08	4.04	4.06	4.10

5. 计算 $\rho=\dfrac{4M}{\pi D^2 H}$ 的结果及不确定度 Δ_ρ，并分析直接测量值 M、D、H 的不确定度对间接测量值 ρ 的影响。

其中 $M=(236.124\pm 0.002)$g，$D=(2.345\pm 0.005)$cm，$H=(8.21\pm 0.01)$cm。

6. 根据单摆的运动规律可知，单摆的周期 T、摆长 L 和重力加速度 g 之间的关系为 $T=2\pi\sqrt{\dfrac{L}{g}}$。利用此关系式通过间接测量方法可以测量重力加速度。实验中测得周期 $T=1.347\pm 0.002$ s，摆长 L 用极限误差为 0.2 mm 的米尺测量 6 次的结果如下：451.6 mm，450.8 mm，451.3 mm，451.1 mm，450.9 mm，451.4 mm，试求重力加速度的测量结果。

7. 为测定金属材料的热膨胀系数,根据膨胀系数的定义 $\beta = \dfrac{x}{l_0 \cdot y}$,其中:$l_0$ 为温度 t_0 时的原始长度。x 代表温度增加 y 后长度的增加量。样品长度 l 随温度 t 变化的实验数据表如下。

$t_0 = 20 \ ℃, l_0 = 100.00 \ (\text{mm})$,仪器误差 $\Delta t = 0.1℃, \Delta l = 0.02 \ \text{mm}$

项目	$t/℃$					
	25.0	30.0	35.0	40.0	45.0	50.0
l/mm	100.24	100.50	100.74	101.00	101.26	101.50

(1)根据膨胀系数公式,导出 β 的不确定度计算公式。

(2)根据上述测量数据,计算膨胀系数 β 及其不确定度。

提示:用逐差法处理数据。

8. 用惠斯登电桥测定某金属丝在不同温度下的电阻值,数据如下表所示。试用作图法求铜丝的电阻与温度的关系。

项目	测量次数							
	1	2	3	4	5	6	7	8
温度(t)/℃	24.0	26.5	31.1	35.0	40.3	45.0	49.7	54.9
电阻(R)/Ω	2.897	2.919	2.969	3.003	3.059	3.107	3.155	3.207

长度与固体密度测量

一、实验问题

(一)填空题

1. 精度值为 0.05 mm 的游标卡尺,游标上_____ mm 被分成_____个格。

2. 螺旋测微计主要由固定套管、测微螺杆和微分筒组成。实验中,微分筒旋转一周时,测微螺杆沿轴线方向移动_____ mm,微分筒转过一刻度,测微螺杆沿轴线方向移动_____ mm。

3. 读数显微镜是用来测量微小距离或微小距离变化的,其构造分为_____和_____。

4. 在使用读数显微镜测量时,要求十字叉丝的一条丝必须和_____平行,测量细丝直径时,十字叉丝的另一条丝和细丝的一条边必须_____。

5. 读数显微镜的测微鼓轮在测量中只能向一个方向转动的原因是_____。

6. 对于微小的不易夹持的物体,通常选用_____精确测定,而孔深的精确测定可以选用_____。

7. 使用游标卡尺和螺旋测微计时都存在零点修正问题,这属于_____误差。

8. 米尺测量为 0.7 mm 的小球,使用实验中的游标卡尺测,有效数字为_____位;使用实验中的螺旋测微计测量,有效数字为_____位。

9. 检查螺旋测微计零点时,微分筒上第 40 根刻线与固定套管上的水平线对齐,此时零点读数是_____ mm。

10. 螺旋测微计的螺距是 0.5 mm,如果微分筒上刻有 100 个分格,它的分度值为_____ mm。

(二)判断题

(　　)1. 用游标卡尺测量圆筒直径时,应先读取游标副尺头部所对应的主尺刻度线,再读取和主尺对齐的游标上刻度线的值。

(　　)2. 使用螺旋测微计,当两个测量面将要接触物体时,继续旋转微分筒,直到听到"咯咯"响声为止。

(　　)3. 实际测量时选择的仪器越精密越好。

(　　)4. 只要知道仪器的最小分度值,就可以大致确定仪器误差的数量级。

(　　)5. 测量物体长度时,有效数字的位数只由所使用的测量工具决定。

（　　）6. A 类不确定度是同一条件下多次测量值按统计方法计算的误差分量。

（　　）7. 米尺的最小分度是 1 mm，则仪器误差是 0.1 mm。

（　　）8. 50 分度的游标卡尺仪器误差是 0.02 mm。

（　　）9. 使用游标卡尺测长度时应将测量值加上零点读数，才是真实测量值。

（　　）10. 螺旋测微器的分度值是 0.01 mm，则其仪器误差是 0.01 mm。

(三)思考题

1. 简述游标卡尺的工作原理。

2. 什么是回程误差？如何消除回程误差？

3. 比较实验中使用的三种测量长度的工具。

4. 实验中产生误差的因素有哪些？

5. 减少实验误差的方法有哪些？请结合本实验给出说明。

6. 实验中如何对测量工具进行保护？

二、实验拓展——设计性实验

1. 利用实验中测量仪器的工作原理设计出一个精确测量角度的仪器。

2. 测量同一个物体的几个不同性质的物理量，各个测量工具应怎样匹配？

3. 设计实验来测量微小时间差。

用拉伸法测金属丝的弹性模量

一、实验问题

(一) 填空题

1. 激光的作用是_____。

2. 本实验测量微小形变量的方法是_____。

3. 用逐差法处理数据,数据必须满足的条件是_____、_____。

4. 实验中,光杠杆的后足尖必须放置在_____,两个前足尖必须放置在_____。

5. 实验中测量金属丝的长度是指_____到_____的距离。

6. 实验调节过程中,禁止_____。

7. 实验测量过程中,禁止_____。

8. 测量金属丝长度过程中,切忌_____。

9. 实验中为了消除金属丝初始形变量带来的误差,采取了_____的方法,为了消除读数过程造成的系统误差,采取了_____的对称测量方法。

(二) 判断题

( ) 1. 材料相同,但粗细、长度不同的两根金属丝,弹性模量相同。

( ) 2. 增大光杠杆与标尺间的距离,可以提高光杠杆的放大倍数。

( ) 3. 增大光杠杆后足长度,可以提高光杠杆的放大倍数。

( ) 4. 本实验需要两个人一组合作完成,为了体验测量过程,测量同一组数据过程中两个人可以交换位置,一人读加砝码的数据,一人读减砝码的数据。

( ) 5. 实验调节过程中,为了使得反射光照在刻度尺上,可以移动平台上的光杠杆。

( ) 6. 同样实验条件下,弹性模量的大小与金属丝的材料无关。

( ) 7. 实验中,加砝码质量越大,金属丝的变形量就越大。

( ) 8. 可以直接用直尺测量光杠杆杆长。

( ) 9. 实验中,增减砝码时发现标尺刻度值几乎不发生变化或者变化很小,可能的原因是光杠杆后足尖不在圆柱形夹持件上。

( ) 10. 实验中,按比例增减砝码时发现标尺刻度值不按比例增减,可能的原因是光杠杆后足尖贴到了金属丝上。

(三)思考题

1. 什么是弹性模量(又称杨氏模量)?
2. 什么是视差? 怎样判断与消除视差?
3. 本实验中激光被平面镜反射的红色斑点照在刻度尺和望远镜筒之间,应该如何调节?
4. 逐差法处理数据的优点是什么?
5. 本实验用光杠杆放大法测量微小形变量,如何计算放大倍数?
6. 实验调节过程中,为什么刻度尺上有红色斑点,在望远镜筒中就一定能够看到刻度尺?
7. 实验开始记录数据前为什么要让初始位置在 0 附近?
8. 实验调节过程中,红色斑点在刻度尺之上应该如何调节?
9. 试分析本实验中误差产生的原因有哪些,应采取什么措施来减小误差?

二、实验拓展——设计性实验

1. 利用光杠杆放大法原理设计出一个桥梁超载服役的测试仪器。
2. 你还有什么方法能够检测材料微小变形量? 试举例说明。

碰 撞 实 验

一、实验习题

(一)填空题

1. 动量守恒定律的前提条件是_____。

2. 完全弹性碰撞的特点是碰撞前后系统的_____、_____。

3. 完全非弹性的特点是碰撞前后系统的_____、_____。

4. 相互碰撞的物体,恢复系数是_____和_____之比。完全弹性碰撞的恢复系数为_____,完全非弹性碰撞的恢复系数为_____,一般的非完全弹性碰撞的恢复系数为_____。

5. 本实验中设计了两种方法验证动量守恒定律,一种是碰撞滑块质量_____,另一种是碰撞初试滑块质量_____于被碰滑块,都属于_____碰撞。

6. 气垫导轨实验装置利用_____可以最大限度地减少_____。它主要由_____、_____和_____三部分组成。

7. 判断导轨是否处于水平有两种方法,第一种是_____,其调平的判据是_____;第二种是_____,其调平的判据是_____,也就是滑块在气垫导轨上做_____。

8. 实验中滑块的瞬时速度是_____(准确值、近似值),是由_____获得。

9. 实验中测出恢复系数大于 1 的原因可能是:_____、_____。

10. 实验中使用气垫导轨是为了消除_____,一个滑块以某一速度与质量相当的另一静止滑块碰撞后,前者_____,后者_____。

(二)判断题

(   ) 1. 气垫导轨的用途是完全消除运动过程的摩擦阻力。

(   ) 2. 动量守恒定律的前提条件是系统所受的合外力为零。

(   ) 3. 完全非弹性的特点是碰撞前后系统的动量守恒和机械能守恒。

(   ) 4. 实验中完全弹性碰撞前后系统的动量守恒和动能守恒。

(   ) 5. 实验中一个滑块以某一速度与质量相当的另一静止滑块碰撞后,前者静止下来,后者以前者原来的速度沿相同的方向运动。

(   ) 6. 实验中用质量不同的滑块碰撞来验证非完全弹性碰撞的规律。

（　　）7. 实验中测出恢复系数大于1的原因可能是气垫导轨没有调平。

（　　）8. 实验中所测滑块的瞬时速度是由挡光片宽度与挡光时间的比值获得的。

（　　）9. 完全弹性碰撞的恢复系数为1。

（　　）10. 完全非弹性碰撞的恢复系数为1。

（　　）11. 导轨已调平状态下，滑块运动不受任何阻力作用。

（三）思考题

1. 气垫导轨如何调平？

2. 判断气垫导轨是否调平的方法有哪些？在什么情况下可以认为是调平了？

3. 简述光电门的工作原理。

4. 气垫导轨调平状态下，滑块通过两个光电门的时间完全相同才可以认为是调平吗？

5. 该实验中验证什么物理定律？实验中采取什么方法来满足定律成立的条件？

6. 本实验数据处理中 e、R 的含义是什么？计算结果应该等于多少？如果偏离太多，是什么原因？

7. 本实验中滑块的动能、动量中的速度是指什么速度？实验中如何得到？

8. 如果实验中碰撞后所测得的总动量总是小于碰撞前的总动量，会有哪些原因？如果实验中碰撞后所测得的总动量总是小于碰撞前的总动量，会有哪些原因？

9. 实验中可能引起误差的原因有哪些？为什么？

10. 实验中光电门靠近或远离碰撞位置对实验有什么影响？

11. 实验中滑块碰撞速度过大或过小对实验有什么影响？

12. 实验中导轨气压大小是否会影响实验精度？

13. 实验中恢复系数是否与速度有关？

二、实验拓展——设计性实验

1. 利用本实验装置验证完全非弹性碰撞。

2. 利用本实验装置验证牛顿第二定律。

3. 利用实验装置测定空气黏滞阻力系数。

驻 波 实 验

一、实验问题

(一)填空题

1. 在长度为 L 的弦线上形成稳定驻波的条件是＿＿＿＿＿＿＿＿＿＿＿＿。

2. 驻波的本质是＿＿＿＿＿＿＿＿＿＿＿＿的结果。

3. 两列波＿＿＿＿、＿＿＿＿和＿＿＿＿叫相干波。

4. 实验中,利用波的＿＿＿＿产生相干波。

5. 实验中,利用弦线下面挂砝码,使弦线拉直,可以通过求砝码的＿＿＿＿来得知弦线中的张力。

6. 实验中,固定砝码的质量,改变＿＿＿＿和＿＿＿＿来获得稳定的驻波。

7. 实验中,获得稳定驻波时,可动滑轮支架的支撑(卡口)处是＿＿＿＿,因为＿＿＿＿。

8. 实验中所测驻波的波节点数比波腹数＿＿＿＿。

(二)判断题

( ) 1. 在弦线上观察到只有一个波腹,那么此时也只有一个波节。

( ) 2. 实验中,在有限范围内,频率越大越容易调节出稳定的驻波。

( ) 3. 实验中,同样实验条件下,弦线上的波节数与滑块位置无关。

( ) 4. 实验中,同样实验条件下,频率越高,相邻波节之间的长度越小。

( ) 5. 弦线的粗细不影响实验结果。

( ) 6. 增大砝码重量不影响所测金属丝弦线密度。

( ) 7. 实验中为了测量精度,要求频率选择间隔大于 5 Hz。

( ) 8. 实验中,获得稳定驻波时,可动滑轮支架的支撑(卡口)处是波节点。

(三)思考题

1. 实验中只用了一个波源,是如何获得驻波的?

2. 如果用两个波源可否形成驻波?

3. 实验中弦线上的拉力增加对实验有无影响? 为什么?

4. 弦线的粗细和弹性对实验有什么影响?

5. 弦乐和管乐的发声原理是什么?

6. 本实验中观察到的波节是一个区域,为什么?

7. 试分析你发现的生活中的驻波现象。

二、实验拓展——设计性实验

1. 根据实验中的测量过程,设计出一个测量弦线密度的实验。

2. 查阅资料,设计制作一个看得见的纵驻波现象。

3. 设计实验演示环线上驻波。

4. 设计实验用驻波演示超声波。

液体表面张力系数的测定

一、实验问题

(一)填空题

1. 液体表面张力是指＿＿＿＿＿＿＿＿,表面张力的方向沿＿＿＿＿＿＿＿＿。
2. 表面能是＿＿＿＿＿＿,荷叶的表面能比水＿＿＿＿＿＿。
3. 表面张力系数大小与＿＿＿＿＿、＿＿＿＿＿有关。
4. 材料的疏水性大小与材料的＿＿＿＿＿有关。
5. 毛细现象是＿＿＿＿＿＿＿＿＿＿,水银在毛细管中是＿＿＿＿＿＿,水在毛细管中是＿＿＿＿＿＿。
6. 实验中力敏传感器所受力与电压表输出的电压成＿＿＿＿＿关系,实验前要先对力敏传感器＿＿＿＿＿＿。
7. 实验中吊环上有杂质对实验结果＿＿＿＿＿(有、无)影响。
8. 实验中水膜拉破瞬间的电压值＿＿＿＿＿(大于、小于)整个过程中电压最大值。

(二)判断题

( ) 1. 液体表面能决定了液体的润湿与否。
( ) 2. 接触角大于90°为润湿。
( ) 3. 表面张力越大表面能就越大。
( ) 4. 表面张力系数大小与温度无关。
( ) 5. 实验中力敏传感器所受力与电压表输出的电压成反比关系。
( ) 6. 实验中盛水的玻璃皿中有杂质不会影响实验结果。
( ) 7. 实验前要先对力敏传感器定标。
( ) 8. 实验中力敏传感器调节过程中的电压示数先增大后减小。

(三)思考题

1. 表面张力系数的物理意义是什么?
2. 液体润湿的本质是什么?牛奶杯中的麦片为什么会贴在杯子壁上?
3. 同种液体与不同固体接触时,与什么固体接触是润湿的?与什么固体接触是不润湿的?

4. 疏水性材料是根据什么原理制备的？

5. 荷叶为什么出淤泥而不染？

6. 喷洒农药为什么要加入表面活性剂？

7. 为什么天旱时农民要锄地？

8. 实验中使用的标准砝码有何用途？

9. 简述盐碱地的成因。

二、实验拓展——设计性实验

1. 利用本实验原理设计一件下雨天不会淋湿的衣服。

2. 如何利用液体的疏水性给舰艇穿上一件防结冰的"衣服"？

实验六 用转筒法和落球法测液体的黏度

一、实验问题

(一)填空题

1. 液体的黏滞系数又称为_____或_____。

2. 流体根据黏性所遵循的规律分为_____和_____。

3. 实验中采用_____和_____测量液体的黏度。

4. 转筒法测量液体黏度的实验中,要保证细线在水平方向和竖直方向_____。

5. 落球法测量液体黏度的实验中,尽量要小球在量筒的_____做直线运动。且落下一定距离后开始计时,是为了保证小球达到_____速度,称作_____速度。

6. 要满足公式推导的假定条件,转筒法实验中要保证_____再开始计时;落球法实验中要保证_____再开始计时。

7. 在把细线绕在小轮上时,动作尽可能缓慢,这是要尽量减少_____对实验的影响。

8. 实验中选取小球落下一定距离时,视线应与小球_____来读刻度。

9. 在确定液体中,如果小球的直径减小,收尾速度将_____(变大、变小),换一个形状相同,密度更小的小球时,收尾速度将_____(变大、变小)。

(二)判断题

( ) 1. 落球法实验中,小球进入液体就可以开始计时。

( ) 2. 转筒法实验中,砝码开始下落就可以开始计时。

( ) 3. 三次测量的黏滞系数可以求平均值。

( ) 4. 所有液体都有黏度。

( ) 5. 液体的黏度随着温度的升高而减小。

( ) 6. 落球法实验中,要保证小球匀速下落再开始计时。

( ) 7. 转筒法实验中,细线可以重叠交叉绕,但要保证动作尽可能缓慢。

( ) 8. 落球法实验中,不同尺寸的两种小球所测液体黏滞系数理论上应该相同。

(三)思考题

1. 什么是液体的黏度?

2. 流体是按照什么分成两类的? 为什么?

3. 落球法测量液体的黏度时,数据处理公式需要满足的条件是什么? 实验中是如何实现的?

4. 转筒法测量液体的黏度,数据处理公式需要满足的条件是什么? 实验中是如何实现的?

5. 实验中的数据是不等精度测量获得的,什么是不等精度测量?

6. 液体的黏度随着温度升高而减小,实验中如何避免温度变化对实验的影响?

7. 同样的落球法测量液体黏度,砝码重量不同的数据组之间可以求平均值吗? 为什么?

8. 为什么落球法实验中小球要沿量筒轴线下落?

9. 本实验中落球法测量黏滞系数时,哪个小球下落得快? 原因是什么?

二、实验拓展——设计性实验

1. 利用液体黏度的性质辨别蜂蜜真伪。

2. 优化落球法测液体黏滞系数实验。

3. 随着人们生活水平的不断提高,私家车越来越普及,请给出同一种车不同车况下的机油黏度选择。

刚体转动惯量的测定

一、实验问题

(一)填空题

1. 转动惯量是描述刚体转动时_____大小的物理量,与物体的_____、_____和_____有关。

2. 实验中待测物体的转动惯量 $I_x = I - I_0$ 是利用了刚体转动惯量的_____原理。

3. 实验中刚体转动体系受到两个外力矩,分别为_____和_____。

4. 电脑式毫秒计单片机中角位移 2π 和 8π 的默认值分别对应第_____次和第_____次遮光。

5. 电脑式毫秒计单片机计算角加速度是将运动视为_____。

6. 利用作图法测定刚体系统的转动惯量,确定角位移 θ 和 r,将_____视为常数,并设定初始条件_____。

7. 利用作图法确定刚体系统的转动惯量,砝码的质量越大,转动体系所受的合外力矩越____,转过相同角位移所用的时间越_____。

8. 实验中测铝环的转动惯量,把铝环放在载物台上时,如果放偏了,则测出的结果会_____(偏大、不变、偏小)。

9. 实验中系在转绳上的砝码应从_____状态下落。

10. 如果忽略实验误差,测得的时间数据与转盘转动角度成_____关系。

(二)判断题

(   ) 1. 刚体转动惯量越大越容易改变原有的转动状态。

(   ) 2. 如果将毫秒计设置成"0219",表明在计数期间,转体共转动 18 圈。

(   ) 3. 同样实验条件下,更换金属环或金属盘的材料转动惯量不变。

(   ) 4. 两组实验中遮光棒都需要以初速度为零,遮第一次光。

(   ) 5. 细绳误绕在直径较大的绕轮上将导致测量结果偏小。

(   ) 6. 测铝盘对中心轴的转动惯量,通过作图法处理数据无法获得摩擦力矩的大小。

(   ) 7. 生活中质量均匀分布的物体,都可通过数学方法求得其绕固定轴的转动惯量。

(   ) 8. 本转动惯量实验中,测定圆环转动惯量原理涉及定轴转动定律和转动惯量叠加原理。

（　　）9. 实验中测定转动惯量的方法是恒力矩转动法。

（　　）10. 实验测量之前的调整要求转动台仪器调平，小滑轮滑槽与绕线塔轮所取滑槽等高，方位相互垂直。

（三）思考题

1. 转动惯量的物理意义和应用有哪些？
2. 测定刚体转动惯量实验使用了哪些基本原理和定律？
3. 实验中产生误差的因素有哪些？
4. 在推导转动惯量的公式中做了哪些近似？实验中如何保证这些近似条件成立？
5. 实验中没有考虑定滑轮的质量和转动惯量，为什么？
6. 本实验如何检验转动惯量测量值的精度？
7. 根据量纲分析理论验证第一组实验中的公式。

二、实验拓展——设计性实验

1. 设计实验验证转动惯量平行轴定理。
2. 设计实验验证刚体转动定律。

用惠斯通电桥研究金属的电阻温度系数

一、实验问题

(一)填空题

1. 在 20~80 ℃的一定温度范围内,金属的电阻随温度升高而_____(增大、减小或不变),半导体材料的电阻随温度升高而_____(增大、减小或不变)。

2. 实验中判断惠斯通电桥平衡的条件是_____。

3. 利用平衡电桥法测量电阻的主要优点是_____。

4. 实验中处理实验数据时用_____法求电阻随温度变化率。

5. 单臂电桥实验中 R_1、R_2 是比例臂电阻,R_S 是比较臂电阻,R_X 是待测臂电阻,则电桥的平衡条件为_____。

6. 单臂电桥实验测电阻的误差主要来自_____和_____。

7. 实验中采用_____法寻找平衡点,实际操作中电流计开关 G 按钮要求_____,以避免_____;电桥电源开关 B 按钮要求_____,以避免_____。

8. 电桥的灵敏度与_____和_____有关。

9. 单臂电桥测量方法是_____。

10. 当金属电阻值为 0~80 Ω 时,与温度成_____关系。

(二)判断题

(　　)1. 材料的电阻温度系数都是正的。

(　　)2. 检流计的灵敏度决定了电桥的灵敏度。

(　　)3. 某些材料在温度降低到接近 0 K 时电阻会减小到接近 0。

(　　)4. 实验中只要电桥达到平衡,检流计中就没有电流通过。

(　　)5. 实验中只要检流计中没有电流通过,电桥就达到平衡。

(　　)6. 寻找电桥平衡点时,电桥电源开关和检流计开关需要用跃按式观察检流计中的电流变化。

(　　)7. 单臂电桥实验时,比较电阻可以固定阻值电阻。

(　　)8. 电桥的灵敏度只与检流计灵敏度有关。

(　　)9. 在 0~80 Ω 时,金属电阻值与温度成正比关系。

（三）思考题

1. 惠斯通电桥能否用于测量温度？
2. 怎样选择电桥的倍数旋钮 R_2/R_1 的值？
3. 实验中能用伏安法测量未知电阻吗？
4. 如果电桥无论如何调节电阻都达不到平衡，可能的原因有哪些？
5. 为什么实验中电桥电源开关和检流计开关要用跃按式进行测量？
6. 数据处理时求直线斜率可否用量角器测出拟合直线与横轴的夹角，再计算出斜率值？
7. 为了消除测量方法带来的系统误差，实验中采用了什么测量方法？

二、实验拓展——设计性实验

1. 杨氏模量的测量。
2. 用惠斯通电桥设计称重计。

用补偿法测电池的电动势

一、实验习题

(一)填空题

1. 补偿测量法通过调整与_____有已知平衡关系(或已知其值)的同类标准物理量,去_____被测物理量的作用,此时被测量与标准量具有确定的关系,由此可测得被测量值。

2. 在用线式电位差计测量化学电池电动势实验中,利用了_____方法精确地测量出电池的电动势。与使用电压表进行电动势的测量方法相比,该测量方法最大的优点是_____。

3. 电位差计工作电流不稳定,对电池电动势的测量_____影响("有""没有")。

4. 在补偿法测电池电动势的实验中,工作电源 ε_1、标准电源 ε_2、待测电源 ε_3 间应满足_____和_____,否则检流计将一直往一个方向偏转。

5. 实验中,有_____个电源回路,分别是_____、_____和_____,主要实验步骤有两个,是_____和_____。

6. 电位差计的工作电流不是民用交流电而是_____电源,是为了辅助回路的_____。

7. 影响实验测量准确度的主要因素有_____、_____、_____和_____。

(二)判断题

( ) 1. 电位差计工作电流不稳定,对电池电动势的测量没有影响。

( ) 2. 在电位差计实验中,电路连接时需要注意极性相抗,即正极接正极,负极接负极。

( ) 3. 用补偿法测电池电动势的精确度更高的原因是用补偿法可以消除电池内阻对所测电池电动势的影响。

( ) 4. 如果电源极性接错,在使用电位差计测量电池电动势实验中会发现检流计总是向一侧偏转。

( ) 5. 使用电位差计测量电池电动势实验中调至平衡时,断开工作电流回路,不影响测量。

( ) 6. 实验中,有 2 个电源回路,即标准电池回路和待测电池回路。

( ) 7. 补偿法消除了测量电池的电动势实验中的系统误差,实验结果更精确。

( ) 8. 实验中的工作电源不可以用交流电源。

(三)思考题

1. 简述电位差计的基本原理。实验中如果调至平衡状态时断开工作电流回路,这时检流计指针会如何变化?

2. 补偿法测电池电动势的电路中有几个电路回路?为什么?

3. 在使用电位差计测量电池电动势实验中发现检流计总是向一侧偏转,试分析可能原因。

4. 实验中影响电位差计准确度的因素有哪些?

5. 补偿法电位差计测量电池电动势的优点有哪些?

6. 实验中工作电源不稳定对电动势的测量是否有影响?工作电池采用稳压电源还是恒流电源更好?为什么?

7. 什么是电流补偿原理?

8. 试寻找生活中补偿法应用的实例。

二、实验拓展——设计性实验

1. 设计补偿法测干电池内阻的实验方案。现有一待测电源,其内阻未知,另有电流表 A_1 和 A_2,电压表 V_1 和 V_2。四个电表都是非理想电表,内阻未知。另外还有开关和导线及一只电流表 G,请设计电路图,测出电源电动势 E 和内阻 r。

2. 如果有 PN 结温度传感器,能否利用电位差计设计测温方法?

利用霍尔效应测磁场

一、实验问题

(一)填空题

1. 霍尔效应是指载流体处于磁场中,当电流方向与磁场方向_____时,在与电流和磁场都垂直的方向上产生_____电场。

2. 霍尔效应实验中为消除负效应的影响,采取_____法消除负效应,具体是由改变_____和_____的方向来实现。

3. 实验中采用_____做霍尔元件,霍尔效应更明显。

4. 实验中励磁电流用来控制_____,霍尔电流用来控制_____。

5. 实验中霍尔片厚度越大,霍尔电压越_____;霍尔电流越大,霍尔电压越_____。

6. 根据原理,霍尔电压与_____和_____成正比,与_____成反比。

7. 实验中如果磁场与霍尔元件片不垂直,则测出的磁感应强度比实际要_____(大、小)。

8. 根据霍尔电压公式,如果霍尔片与磁场不垂直,则测出的霍尔电压比实际值要_____(大、小)。

9. 实验中利用霍尔效应来测量磁场强度,属于物理实验方法中的_____。

10. 在实验前和实验结束时,应调节工作电流和励磁电流,使其输入电流趋于_____(最大、最小)。

(二)判断题

( ) 1. 霍尔效应的本质是运动带电粒子受磁场洛伦兹力作用产生的偏转。

( ) 2. 霍尔效应电流是霍尔效应实验仪线圈上的电流。

( ) 3. 同样的实验条件下,霍尔电压的大小与霍尔元件的材料无关。

( ) 4. 实验中,励磁电流的强度越大,磁场的磁感应强度就越大。

( ) 5. 霍尔效应实验中,一般励磁电流强度大于霍尔电流。

( ) 6. 实验中如果磁场与霍尔元件片不垂直,则测出的磁感应强度比实际要大。

( ) 7. 实验中霍尔片越厚,霍尔灵敏度越高。

( ) 8. 实验中励磁电流大于霍尔电流,所以连线时要注意不能接错。

( ) 9. 实验中霍尔电压的大小与霍尔片上的工作电流成反比。

( ) 10. 在实验前和实验结束时,应调节工作电流和励磁电流,使其输入电流趋于最小。

(三)思考题

1. 简述霍尔效应和它的发现历史。
2. 实验中霍尔元件是用什么材料做的？为什么？
3. 霍尔电压产生的物理实质是什么？
4. 霍尔效应产生霍尔电势差时,主要有哪些负效应的影响？
5. 实验中用什么原理消除负效应引起的系统误差？
6. 实验中在测磁场前为什么要先测定霍尔元件的灵敏度？
7. 霍尔元件上的工作电流和励磁电流分别是什么作用？是直流还是交流？
8. 预测本实验中长直螺线管中的磁场分布规律。

二、实验拓展——设计性实验

1. 利用霍尔效应设计出一个电梯超载报警电路。
2. 设计实验来辨别半导体材料是 P 形半导体还是 N 形半导体。
3. 依据霍尔效应原理设计简单的自行车测速器。

一、实验问题

(一)填空题

1. 牛顿环装置中，_____和_____之间形成一层空气薄膜，利用薄膜上下两表面对入射光的依次反射实现了薄膜干涉。

2. 牛顿环干涉图样是一系列明暗交替的同心圆环，同一圆环所对应的_____相同，属于_____干涉。

3. 牛顿环装置中透镜和玻璃之间可能存在接触压力，这使得接触处为一个圆形平面，由于_____，干涉环中心为_____斑（明、暗）。

4. 空气薄膜中可能有微小的灰尘存在，引起附加的光程差，给测量带来_____误差，可以通过_____来消除。

5. 实验中调节读数显微镜的方向使显微镜视场亮度最大是为了满足_____的基本要求。

6. 读数显微镜的十字叉丝的纵轴应与圆环_____，使用读数显微镜时，为了避免_____引起的误差，应向一个方向水平移动测微鼓轮。

7. 实验中叠加干涉获得牛顿环，两束光之间_____（有、没有）半波损失。

8. 理论上，测牛顿环明条纹或暗条纹所得结果应该是_____（相同、不同）的。

9. 实验中反射光干涉条纹位于_____，所以显微镜要对此处聚焦。

(二)判断题

（　　）1. 获得相干光的方法有分振幅法和分波阵面法，牛顿环干涉属于分波阵面法。

（　　）2. 反射光干涉条纹位于空气薄膜的上表面，也是显微镜物镜的焦平面处。

（　　）3. 调节显微镜的焦距时，正确的操作是使物镜筒自上而下地调节。

（　　）4. 测量时可以使读数显微镜目镜中的十字叉丝从牛顿环中心向左移动到第15条暗环后再开始测量，依次测量到第40条暗环后，反转鼓轮再从中心向右移测量。

（　　）5. 牛顿环干涉条纹的特点是明暗相间、内疏外密。

（　　）6. 实验中如果选用波长更长的入射光，条纹间隔将增大。

（　　）7. 实验中反射光干涉条纹位于平板玻璃的上表面。

（　　）8. 实验中观测到的干涉条纹为明暗相间的等宽同心圆环。

（　　）9. 用白光照射时可以观测到彩色牛顿环条纹。

（　　）10. 实验中测牛顿环明条纹和暗条纹所得透镜曲率半径应该是不同的。

(三)思考题

1. 牛顿环干涉条纹形成的原因是什么？

2. 简述牛顿环干涉条纹的分布特征并做出解释。

3. 牛顿环实验将测量式由 $R = \dfrac{r_k^2}{k\lambda}$ 化为 $R = \dfrac{D_m^2 - D_n^2}{4(m-n)\lambda}$ 的原因是什么？

4. 使用读数显微镜时需要注意什么？

5. 牛顿环的中心是亮斑而不是暗斑对实验结果有影响吗？ 显微镜目镜中的十字叉丝没有沿牛顿环直径移动对实验结果有影响吗？

6. 用白光照射时牛顿环干涉条纹有何特征？

7. 从牛顿环透射出来的环底的光能形成干涉条纹吗？ 如果能形成干涉条纹,则与反射光形成的条纹在明暗上有何关系？

8. 怎样通过牛顿环装置测量未知光波波长？

9. 牛顿环是非等间隔的干涉环,为什么在实验中仍用逐差法处理数据？

二、实验拓展——设计性实验

1. 两杯未知的待测液体(一杯是工业乙醇,一杯是茅台陈酿),请利用本实验的理论和实验仪器,设计一套完整合理、具有可操作性的试验方案,以区分这两杯待测液体。

2. 利用本实验的理论,设计一套完整合理、具有可操作性的试验方案来检测透镜的表面质量。

单缝衍射实验

一、实验问题

(一)填空题

1. 日常生活中声波的衍射比光的衍射更常见,是因为声波的_____。

2. 光的衍射通常分为两类。一类是_____,是指_____
衍射现象。可见在此类衍射中,入射光或衍射光不是平行光,或者两者都不是平行光;另一类
是_____,是指_____衍射现象。因此该类衍射中入射光和
衍射到接收屏上任意一点的光都是平行光,这一条件在实验室里可借助于_____实现。

3. 单缝衍射的中央明纹是_____级明纹,其宽度约为其他级次明纹宽度的_____,
所有明条纹中_____的亮度最强。

4. 单缝衍射条纹的宽度与狭缝宽度成_____关系。

5. 实验中对给定单色光,狭缝宽度变小时,中央明条纹的中心位置_____,其他级次的
衍射条纹对应的衍射角_____(不变、变大、变小)。

6. 如果用自然光照射狭缝,后面的观测屏上_____看到衍射现象(可以或不可以)。

7. 其他实验条件不变,狭缝与接收屏的距离增大,衍射明纹宽度随之_____(不变、变
大、变小)。

8. 实验中狭缝宽度一般_____ 0.5 mm;缝屏距离一般_____ 50.00 cm(大于、等
于、小于)。

9. 实验中将单缝沿垂直于透镜光轴的稍作平移,则衍射条纹将_____(不动、和单缝同
方向移动、和单缝反方向移动)。

10. 实验中将入射光从平行光垂直单缝入射改成平行光斜入射,则衍射条纹将_____
(不动、和入射光方向同方向移动、和入射光方向反方向移动)。

11. 实验中入射光如果是自然白光,那么除中央明纹外的同一级衍射明纹外侧将是
_____,内侧将是_____。

(二)判断题

( ) 1. 单缝衍射现象证实了光波的波动性是正确的,也证明了光不具有微粒性。

( ) 2. 光的衍射现象在生活中不够明显的原因是因为可见光的波长值比较小。

( ) 3. 日常生活中声波的衍射比光的衍射更常见,是因为声波的强度更大。

（　　）4. 日常生活中声波的衍射比光衍射更常见,是因为声波的波长比光波更长。

（　　）5. 为了使衍射现象更明显,可以使狭缝宽度略小于光波波长。

（　　）6. 实验中采用激光作为光源,是因为激光波长单色性好,光强稳定。

（　　）7. 实验中光接收器的光阑宽度如果大于单缝衍射条纹的宽度,可能无法检测出暗条纹的位置。

（　　）8. 实验中将单缝沿垂直于透镜光轴的稍作平移,则衍射条纹将和单缝同方向移动。

（　　）9. 实验中将入射光从平行光垂直单缝入射改成平行光斜入射,则衍射条纹将不动。

（　　）10. 实验中入射光如果是自然白光,那么除中央明纹外的同一级衍射明纹外侧将是红光。

(三)思考题

1. 什么是光的衍射？产生明显衍射现象的条件是什么？形成衍射的原因是什么？

2. 什么是菲涅耳衍射？什么是夫琅禾费衍射？

3. 在实验中,调节狭缝宽窄,其衍射条纹会否随之发生相应的变化？

4. 光接收器件移测装置与单缝的距离对实验有何影响？

5. 与普通光源相比,激光有什么优点？

6. 单缝衍射条纹有什么特点？

7. 调窄单缝宽度,在一定衍射角度内,能见到的衍射条纹是增多还是减少？

二、实验拓展——设计性实验

1. 利用本实验的理论和实验仪器,在现有仪器上稍加改变,设计出一套完整合理、具有可操作性的试验方案,测量一根头发的直径。

2. 利用本实验的理论和实验仪器,在现有仪器上稍加改变,设计出一套完整合理、具有可操作性的试验方案,获得双缝干涉图样,观察其图样并总结特点。

3. 利用光的衍射原理测量金属丝的杨氏模量。

光的偏振实验

一、实验问题

(一)填空题

1. 光的偏振是指_____,由此可知光是一种_____波。

2. 光经过方解石会产生_____光,这是一种_____现象。

3. 根据偏振态光可以分为_____、_____、_____、_____和_____。

4. 实验中偏振片的偏振化方向是_____。

5. 实验中使用的激光光源是_____光。

6. 实验中测量了_____的偏振度,数值_____。

7. 理论上偏振度等于1的有_____、_____和_____,等于0的是_____。

8. 验证马吕斯定律时第一个偏振片起到_____的作用,第二个偏振片起到_____的作用,所以第二个偏振片要放在_____的位置。

9. 实验后处理验证马吕斯定律实验数据是用_____法。

(二)判断题

( ) 1. 自然光是一种部分偏振光。

( ) 2. 实验中的激光光源是一种线偏振光。

( ) 3. 验证马吕斯定律实验中的两个偏振片的偏振方向应该垂直放置。

( ) 4. 偏振度表征了光源的线偏振化的程度。

( ) 5. 光功率计显示为横杠说明光强超过了光功率计的量程。

( ) 6. 测量激光偏振度的实验中,偏振片的作用是检偏。

( ) 7. 验证马吕斯定律时第一个偏振片起到检偏的作用。

( ) 8. 光的偏振研究证实了光是横波,推动了人类对光本质研究的进步。

(三)思考题

1. 光偏振现象是如何被发现的?它的意义是什么?

2. 如何区分自然光和部分偏振光?生活中水面反射的光属于哪一种光?

3. 满足马吕斯定律的条件是什么?在本实验中如何实现的?

4. 摄影师在拍摄水面的景物、玻璃橱窗内的陈列物等的照片时必备偏振镜,在拍时旋转偏振镜的目的是什么？

   5. 如何区分自然光和圆偏振光？

   6. 在两个正交的偏振片之间放入 1/2 波片，出射光有什么变化，为什么？

二、实验拓展——设计性实验

   1. 利用光的偏振特性测量晶体的压力。

   2. 利用偏振片防止汽车夜晚对面车灯晃眼。

一、实验问题

(一)填空题

1. 数字示波器具备两项基本功能:_____与_____。

2. 数字示波器具备四个基本功能模块:_____、_____、_____及_____。

3. 电子示波器的核心部件是电子示波管,由_____、_____、_____三部分组成。

4. 电子管模拟示波器显示的波形是加在 Y 轴方向的_____和加在 X 轴方向的_____合成的结果。

5. 数字示波器显示的波形是对信号电压采样,经模/数转换器将_____转成_____后存储起来,再利用这些数据在示波器的显示屏上重建信号波形。

6. 在互相垂直方向上的两个频率成简单整数比的简谐振动所合成的规则的、稳定的闭合曲线称为_____。如果以 N_x 和 N_y 分别表示李萨如图形与外切水平线及外切垂直线的切点数,则其切点数与正弦波频率之间的关系为_____。所以在电工、无线电技术中,常利用它来测定两个信号的_____与_____。

7. 当两列传播方向_____、频率_____的简谐波叠加后波形的幅值将随时间作强弱的周期性度化,这种现象称之为"拍"。拍的频率比原来的振动频率_____(高、低)得多。

8. 为了准确测量各被测信号,实验采用的是_____,即_____,从而测出各种波形的_____和_____。

9. 实验测量时,如果示波器屏幕上的信号幅度小于 1 cm,为了测量的精确性,应_____(增大、减小)垂直档位标尺系数旋钮,如果示波器屏幕上的信号幅度超出屏幕,应_____(增大、减小)垂直档位标尺系数旋钮。如果示波器屏幕上有多个周期的波形,为了精确测量信号频率,应_____(增大、减小)水平扫描旋钮。

10. 实验中测量信号频率和周期时,实验读数能读到_____cm。

(二)判断题

(   )1. 电子模拟示波器显示的波形是加在 Y 轴方向的被测信号电压和加在 X 轴方向的扫描电压合成的结果。

(   )2. 数字示波器对信号电压采样,经模/数转换器将模拟信号转成数字信号后存储起来,再利用这些数据在示波器的显示屏上重建信号波形。

（　　）3. 实验中测量信号频率和周期时，实验读数能精确到 0.01 cm。

（　　）4. 实验中测量波的频率和周期，使用的方法是比较测量法。

（　　）5. 示波器屏幕上的信号幅度超出屏幕，应减小垂直档位标尺系数旋钮。

（　　）6. 如果示波器屏幕上有多个周期的波形，为了精确测量信号频率，应减小水平档位旋钮。

（　　）7. 两个相互垂直的频率成简单整数比的简谐振动合成李萨如图形。

（　　）8. 要获得李萨如图形需要把示波器功能菜单中时基设定为"X-Y"模式。

（　　）9. 当两列频率相差不大的简谐波叠加后就可以形成拍现象。

（　　）10. 电子管示波器与数字示波器的仪器原理是相同的。

(三)思考题

1. 电子管模拟示波器和数字示波器的不同之处是什么？

2. 试分析数字示波器的优缺点。

3. 示波器可以直接测量什么物理量？如何测量？

4. 实验中示波器测量时，读数能读到 0.01 cm 吗？为什么？

5. 如果实验中观察到的波形向左或向右移动，是什么问题？应该如何调节？

6. 实验中的示波器可以观测非周期信号吗？

7. 如何利用李萨如图形测量未知信号频率？

8. 示波器已显示波形，如果将水平扫描旋钮把扫描时间指示值"T/cm"从 200 μs 改到 100 μs，屏上显示的波形是增多还是减少？

9. 实验中的比较测量法基本原理是什么？

二、实验拓展——设计性实验

1. 利用超声发生器、气垫导轨和数字示波器研究声速多普勒效应。

2. 利用压电陶瓷片和示波器观测自己的脉搏。

3. 利用数字示波器测量"液晶响应时间"。

分光计应用之光栅测定光波波长

一、实验问题

(一)填空题

1. 复色光通过分光装置分解成单色光的现象称为_____。

2. 分光计的四个组成部分是_____、_____、_____和_____。

3. 分光计测光波长的实验中,复色光通过光栅后发生_____,利用分光计测量_____,根据_____就可以计算出光波的波长。

4. 调节望远镜光轴与仪器中心轴垂直时:用_____观察寻找小"十"像,用_____调重合,按_____完成具体调节。

5. 平行光管由_____、_____和_____组成。

6. 刻度盘设置对称的两个游标是为了消除_____,即_____。

7. 分光计调节好的标准是_____、_____和_____。

8. 光栅方程是_____。

9. 复色光通过光栅后发生衍射现象,因为光的_____不同,其_____也不同。

10. 太阳光经光栅分光后可从中心到两侧的见光排列顺序是_____、_____、_____、_____、_____、_____和_____。

11. 光的波长越短,经过光栅衍射后的衍射角就_____。

(二)判断题

(   ) 1. 分光计的用途是精确测量光线方位及其夹角的一种仪器。

(   ) 2. 望远镜的主要结构是物镜、叉丝分划板和目镜。

(   ) 3. 游标盘在内盘上相隔 180° 处设有对称的两个游标是为了消除刻度盘几何中心与分光计中心转轴不同心而带来的系统误差。

(   ) 4. 刻度盘的分度值为 0.5°,游标分度值为 0.5 分。

(   ) 5. 调节分光计时,如果反射镜的正反两面反射回来的"十"字叉丝反射像不在上交叉点上,只要通过调节望远镜俯仰调节旋钮,就能把反射像调到上交叉点上。

(   ) 6. 调节望远镜光轴与仪器中心轴垂直时采用各半调节法调节望远镜和载物台。

(   ) 7. 在测量衍射角时,读数时发现无论测量哪一级谱线,角度都不发生变化,原因是主刻度盘没有与望远镜固定在一起。

（　　）8. 光的波长越长，通过光栅后的衍射角就越小，谱线位置就越靠近中央。

（　　）9. 分光计实验里光栅将复色光分成单色光的原理是光的衍射。

（　　）10. 分光计通过分光装置把复色光分成单色光的现象称为光的色散。

(三)思考题

1. 分光计的组成部分有哪些？各部分的作用是什么？

2. 如果望远镜"十"字像不清晰该如何调整？

3. 如果狭缝像不清晰该如何调整？

4. 望远镜光轴垂直于分光计中心转轴的标志是什么？

5. 借助双面镜调节望远镜光轴使之垂直于分光计中心转轴时，为什么要旋转 180°使平面镜两面的法线都与望远镜光轴平行？可否只调一面？

6. 为什么分光计刻度盘有两个角游标？

7. 转动望远镜测量角度之前，分光计的哪些部分应该固定不动？望远镜又应该跟哪个部件一起转动？

8. 比较分光计双游标读数与游标卡尺读数的异同。

9. 分光计测量读数时需要注意哪些问题？

10. 光栅分光的原理是什么？太阳光经过光栅分光后从内往外的光谱线排列顺序是什么样的？

11. 实验中狭缝的宽度过大或过小，对谱线测量会有什么影响？

二、实验拓展——设计性实验

1. 利用分光计测定光栅的分辨本领和色散率。

2. 利用分光计研究光的偏振。

3. 利用分光计测定超声波在液体中的传播速度。

利用光电效应测普朗克常量

一、实验问题

(一)填空题

1. 当适当频率的光照射到特定金属表面时,有电子从金属表面逸出,这种现象称为_____,逸出的电子叫做_____,形成的电流叫做_____。

2. 饱和光电流的大小和入射光强成_____(正比、反比)

3. 光电子是指光照射到金属阴极时,当光子能量大于_____时,金属阴极受激发产生的电子,当加以_____向电压时,形成光电流。光电效应分外光电效应和内光电效应,本实验主要是用_____光电效应来测_____常量。

4. 对于同一种阴极,光电子的最大初动能与_____成线性关系,对于同一种入射光,光电子初动能与_____有关,大小由_____方程求出。

5. 实验中通过变换滤波片来获得_____种不同波长的光,实验中光不能直射光电管,更换滤波片时应盖上_____。

6. 处理数据过程中,本实验采用了_____方法求斜率。

7. 实验中通过观察_____的明显变化,读取截止电压。

8. 在光电效应实验中,截止电压与入射光的频率成_____(正比、反比)。

9. 实验中当入射光频率_____(低、高)于某极限频率时,即使入射光强再大,照射时间再久,也不会发生光电效应现象,此极限频率称为_____。

10. 对光电效应的研究,证实光的_____性,光的本性是_____,促进了光量子论和近代物理学的发展。

(二)判断题

(　　) 1. 光电效应现象是因为普朗克提出的能量量子化而成功解释的。

(　　) 2. 光电流的强弱只由入射光的强度决定。

(　　) 3. 不同的金属有不同的红限频率。

(　　) 4. 随着正向电压增大,光电流随之越来越大。

(　　) 5. 本实验根据截至电压与入射光频率成正比来测量普朗克常量。

(　　) 6. 光电效应实验中,不同频率的光照射下,测得的截止电压不同。

(　　) 7. 光电效应实验中,如果入射光频率低于阴极的红限频率,则无论入射光多强照射时间多长,都不会有光电子产生。

（　　）8. 光电效应实验中,改变入射光强的办法是更换滤色片。

（　　）9. 光电效应实验中,为使仪器充分稳定,需开机预热 20 min。

（　　）10. 光电效应的研究使人们认识到光具有波粒二象性。

(三)思考题

1. 光电效应在物理学史上的意义有哪些?
2. 怎样理解光的波粒二象性?
3. 怎样根据本实验求出光电管阴极的逸出功?
4. 实验中是用两点式求斜率吗?
5. 真空中的自由电子会吸收光子成为光电子吗?
6. 简述光电效应的基本实验规律。
7. 实验中发现,当光电管两端电压为 0 时,光电流显示不为 0,为什么?
8. 实验中产生误差的主要原因有哪些?

二、实验拓展——设计性实验

1. 设计实验测量不同金属材料的逸出功,并比较不同金属的逸出功大小。
2. 设计实验演示光电效应现象。

基本电学量的测量

一、实验问题

(一)填空题

1. 使用实验中的万用电表可以直接测量_____、_____、_____和_____等电学量。

2. 到目前为止,已经学过的测量电阻的方法有_____、_____和_____。

3. 万用表从结构上大致可分为_____和_____两大类。

4. 伏安法测电阻实验设计过程中从总体上应考虑的三个方面是_____、_____和_____。

5. 当预先不知道被测值大小时,应将万用表_____。万用电表的量程是指_____。

6. 在使用万用电表测量电流时,万用电表应该以_____连接在电路中;测量电压时,万用表应该以_____连接在电路中。

7. 电学元件的伏安特性是指_____;伏安特性曲线是指_____,电学元件的伏安特性曲线_____(总是、不全是)线性的。

8. 测电阻的电路连接方法分为电流表_____和_____两种,对于第一种连接方法,计算出来的电阻值比实际值偏_____(大、小);对于第二种连接方法,计算出来的电阻值比实际值偏_____(大、小)。实验中验证电阻伏安特性采用的是_____。

9. 实验中用万用电表的_____档来判断二极管的极性。

10. 万用电表常用于检测电路中的故障,经常使用两种判断方法是_____和_____。

11. 在伏安特性研究实验中,有电流表内接和外接两种接法,在同一条件下测量两组数据,如果电流表读数变化相对明显,应选用_____,如果电压表变化相对明显,则选用_____。

(二)判断题

(   ) 1. 实验中当不知道被测值大小时,应将万用表转换开关置于最高档。

(   ) 2. 万用表测电压时内阻最小,测电流时内阻最大。

(   ) 3. 实验中用万用电表的电流档来判断二极管的极性。

（　　）4. 在伏安特性研究实验中,测量时如果电流表读数变化相对明显,应选用电流表外接法。

（　　）5. 电学元件的伏安特性曲线总是线性的。

（　　）6. 在电路连线或拆线时,必须断电。

（　　）7. 电流表内接法测电阻,计算出来的电阻值比实际值偏大。

（　　）8. 测量电路中的电阻时,在测量前必须先断开电路内所有电源,如果有电容器要放尽所有的残余电荷,测量值才准确。

（　　）9. 低阻测量时,需要加上表笔短路时显示电阻值,才是准确的电阻测量值。

（　　）10. 实验中电流表选择为 500 mA 档,但刻度盘上最大度数只有 100 mA,则实验中读数需要乘以 5 才是真实测量值。

(三)思考题

1. 测量相应的电学量 I、V、R、C、二极管偏压时,两表头应插在什么位置?

2. 万用电表的内阻在什么功能处最小? 在什么功能处最大? 实验结束后应该把万用表功能档放在哪一档?

3. 列举万用电表使用时的注意事项,举一例说明误用万用表的事故。

4. 如何使用万用表来检查电路故障?

5. 测电压时,电表应怎么连接? 测电流时,电表应怎么连接?

6. 测电路板中小灯泡交流或直流阻抗时,连接电源,合上开关,小灯泡应该亮,如果不亮,可能是什么问题? 怎么解决?

7. 如果用电表测电流(交流、直流)时,电表已接入,小灯泡不亮,是什么问题? 怎么解决?

8. 实验中测量了通电和不通电状态下小灯泡的电阻,所得阻值不同,为什么?

9. 家里用电时发生短路,会产生什么后果? 如何判断短路或断路?

10. 试分析家用电表跳闸的原因。

11. 试比较伏安法、补偿法和电桥法测电阻的特点。

二、实验拓展——设计性实验

1. 自行设计电路测定半导体二极管和稳压二极管的伏安特性。

2. 利用金属的电阻温度特性设计一个金属温度计。

金属热膨胀系数的测量

一、实验问题

(一)填空题

1. 根据光的干涉原理,当光程差为半波长偶数倍时,会产生_____现象,形成_____(明、暗)条纹,当光程差为半波长奇数倍时,会产生_____现象,形成_____(明、暗)条纹。

2. 迈克尔逊干涉仪是用_____的方法获得双光束干涉的仪器。它的主要特点是:两相干光束分离得很开,光程差的改变可以由_____或_____得到。

3. 热膨胀实验中,动镜上升时,干涉条纹_____,动镜下降时,干涉条纹_____。

4. 热膨胀实验中移动一个条纹,待测物体的长度改变_____。

5. 实验开始前,调节光路时,第一步是_____。

6. 固体受热膨胀后,一般情况下固体的长度随温度增加而_____。

7. 实验中观察到的干涉条纹是_____干涉条纹。

8. 光的干涉已经广泛地用于_____、_____、_____和_____中的自动控制等许多领域。

9. 不同金属的线膨胀系数是_____(相同、不同)的。

(二)判断题

(   ) 1. 迈克尔逊干涉仪用分振幅的方法获得双光束干涉。

(   ) 2. 实验中观察到的条纹是圆环条纹。

(   ) 3. 实验中观察到的条纹是等厚干涉条纹。

(   ) 4. 实验中观察到的条纹是等倾干涉条纹。

(   ) 5. 温度增加时实验中的干涉条纹会消失。

(   ) 6. 实验中迈克尔逊干涉仪中动镜上升时,干涉条纹会冒出。

(   ) 7. 实验中要求仪器桌要平稳。

(   ) 8. 相同实验条件下,不同金属的线膨胀系数是不同的。

(三)思考题

1. 什么是等倾干涉?什么是等厚干涉?实验中测量所用的干涉是哪一种?

2. 实验仪器中,试样与动镜之间为何要用石英管连接,而不用金属连接?

3. 实验中有的干涉条纹图样较大,圆环间距较稀疏;而有些实验的干涉图样较小,环距较紧密,这是由什么决定的? 哪种图样更好? 为什么?

4. 根据本实验的测量方法,类比找到你所了解的放大测量微小变量的实验方法。

5. 迈克尔逊干涉仪工作原理是什么? 测量精度为什么高?

6. 实验仪器中,扩束器起到什么作用? 分束器一侧表面为什么涂有一层膜?

二、实验拓展——设计性实验

1. 利用本实验的实验原理设计测量空气的折射率。

2. 利用干涉检测光学镜面是否平整。

用电位差计研究温差电偶的特性

一、实验问题

(一)填空题

1. 温差电效应是指当两种不同的金属材料组成回路时,当_____时,回路中就会有_____产生。

2. 温差电实验中材料的_____决定了温差电效应大小,组成温差电偶的材料具有_____小的特点,因而它的_____高。

3. 实验中电池 E_s、E_x 和 E 必须接成_____。

4. 实验电路校准过程中,未知电源 E_x 和 E 必须满足_____关系。

5. 在连续测量时,要求经常核对电位差计的工作电流,防止_____。

6. 调节 R_0 使检流计指针指零,保证_____;将电键开关 K 扳向标准端,调节 R_p,使检流计指针指零,这样使得_____,确保了 R_s 上的电位降恰与补偿回路中标准电池的电动势 E_s 相等。

7. 利用温差电偶测温度的优点主要有_____、_____和_____。

8. 实验中使用的电位差计实质是:_____。

9. 电位差计工作原理是_____法。

(二)判断题

(　　) 1. 铜-康铜温差电偶比镍铬-镍硅温差电偶测量温度范围宽。

(　　) 2. 接通了电位差计的工作电源和检流计放大器的电源后,需要调节仪器面板中间的调零旋钮使检流计指示为零。

(　　) 3. 温差电偶的灵敏度与温差电偶的材料无关。

(　　) 4. 将电键 K 扳向"标准",无需调节电流调节旋钮,使检流计指示为零。

(　　) 5. 电位差计工作原理是补偿法。

(　　) 6. 电位差计工作原理是比较法。

(　　) 7. 实验中使用电位差计每次测量都需要校准,是因为测量中工作条件容易发生变化。

(　　) 8. 金属温度计的物理原理就是温差电偶。

(三)思考题

1. 简述温差电效应和它的发现历史。
2. 实验中温差电偶是用什么材料做成的？为什么？
3. 温差电产生的物理实质是什么？
4. 温差电有哪些效应？它们的区别是什么？
5. 实验中用什么原理来测温差电的电动势？
6. 实验中温差电偶的灵敏度和准确度为什么很高？
7. 实验中为什么三个电源要接成同极性对抗？

二、实验拓展——设计性实验

1. 设计利用人体温差产生电能的新型电池。
2. 利用温差电设计一个露点仪。

超声波及其应用

一、实验问题

(一)填空题

1. 超声波与声波都是＿＿＿＿＿＿波,振动方向与传播方向是＿＿＿＿＿＿,所以是一种＿＿＿＿＿＿。

2. 超声波频率是＿＿＿＿＿＿。

3. 超声波传播时能量在＿＿＿＿衰减最大,在＿＿＿＿＿衰减最小。

4. 超声波具有＿＿＿＿＿、＿＿＿＿＿和＿＿＿＿＿特点。

5. 超声波具有＿＿＿＿＿、＿＿＿＿＿、＿＿＿＿＿和＿＿＿＿＿四种效应。

6. 超声波在介质中传播有＿＿＿＿＿、＿＿＿＿＿和＿＿＿＿＿波型。

7. 常用的超声波探头有＿＿＿＿＿、＿＿＿＿＿。

8. 超声波在两种固体界面上发生折射和反射时,＿＿＿＿＿可以折射和反射为＿＿＿＿＿,＿＿＿＿＿也可以折射和反射为＿＿＿＿＿。

9. 晶片受激发产生超声波后,声波首先在探头内部传播一段时间后,才到达试块的表面,这段时间称为＿＿＿＿＿。

(二)判断题

(　　) 1. 超声波在空气中传播最远。

(　　) 2. 超声波在海水中比电磁波传播得远。

(　　) 3. 超声波传播速度与介质无关。

(　　) 4. 超声波能量大,方向性好,传播距离远。

(　　) 5. 蝙蝠是通过超声波回波来进行定位的。

(　　) 6. 超声波一般有直探头和斜探头两种。

(　　) 7. 超声波斜探头有时间延迟。

(　　) 8. 超声探头发射的能量具有较强的指向性。

(　　) 9. 超声波在介质中传播可以有不同的波型,它取决于介质可以承受何种作用力,以及如何对介质激发超声波。

(三)思考题

1. 什么是超声波? 它的发现历史是怎样的?

2. 超声波的传播速度与介质有何关系？

3. 超声波与介质相互作用会有几种效应，分别是什么？

4. 为什么在海洋中用超声波定位而不用电磁波定位？

5. 医学上用超声波来进行结石碎石治疗用了超声波的什么原理？

6. 实验中为什么超声探头要不断地蘸水？

二、实验拓展——设计性实验

1. 利用本实验是否能探测家具和水果中的虫洞？

2. 利用超声波是否能将牛奶中不易消化的大分子蛋白质和脂肪打碎？

实验 二十一　红外波的物理特性及应用

一、实验问题

(一)填空题

1. 红外波是_____波,波长从_____到_____。
2. 红外线在大气中传播时会发生_____。
3. 红外线在材料中传播时,随着传播深度其强度_____。
4. 红外线因为具有_____,可以对人体炎症部位有治疗作用。
5. 红外夜视仪利用了红外线的_____。
6. 红外光谱反映材料的_____、_____和_____。
7. 用红外波作为通信载波的优点是_____。
8. 发光二极管的发射强度随发射方向不同而_____。
9. 方向半值角是指_____,此角度越小说明元件的指向性越_____。

(二)判断题

(　　) 1. 红外线相对毫米波在空气中传播得更远。
(　　) 2. 红外线能穿透物体中的分子或原子。
(　　) 3. 红外线在空中传播会受到大气的吸收和散射。
(　　) 4. 红外线的热效应比可见光明显是因为红外线的波长短。
(　　) 5. 红外发生装置、红外接收装置和轨道部分三者要保证接地良好。
(　　) 6. 发光二极管的发射强度与发射方向相同。
(　　) 7. 红外波作为通信载波的优点是通信容量大。
(　　) 8. 方向半值角越大说明元件的指向性越好。

(三)思考题

1. 红外线的波长为多少?它的发现历史是怎样的?
2. 红外理疗仪你也许见过,因为已广泛应用于临床理疗,试讨论其原理。
3. 光宽带你一定不陌生,试论述红外通信的优点。
4. 红外光是怎样传输音频信号和数字信号的?

5. 实验中为什么要转动光电接收器方向以获得最大信号？

二、实验拓展——设计性实验

1. 利用本实验学到的知识，设计一个万用家电遥控器。
2. 利用红外线原理设计报警器。

误差配套

一、实验问题

(一)填空题

1. 所有类型的误差均能反映出实验的精确度和准确度,但高的精确度不一定代表高的准确度。精确度高但准确度低反映了 _____ 误差。准确度高但精确度低反映了 _____ 误差。

2. 在间接测量中,各直接测量量的不确定度对测量结果不确定度的贡献由 _____ _____ 确定。

3. 在间接测量量的表达式中,函数对各直接测量量的偏导数平方表示 _____。

4. 系统误差的特点是 _____、_____ 和 _____。

5. 系统误差的来源有 _____、_____、_____、_____ 和 _____ 等。

6. 随机误差的特点是 _____、_____ 和 _____。

7. 实验中计算不确定度数值时,根据评定方法不同分为 _____ 和 _____。

8. 有效数字含有 _____ 位可疑数字,所以有效位数是指 _____ 的位数。

(二)判断题

( ) 1. 随机误差可以通过重复实验次数来减小和确定。

( ) 2. 不确定度的有效位数只可取 1 位,最多取 2 位。

( ) 3. 在对相差很大的同一类物理量进行测量时,为方便可以选一种工具测量。

( ) 4. 系统误差不能通过多次测量减小误差。

( ) 5. 系统误差可以通过方法和理论改进完全消除。

( ) 6. B 类不确定度代表系统误差。

( ) 7. 单次测量时可以仪器误差代替不确定度。

( ) 8. 不确定度均分原理在生活中有实际意义,可以指导测量工具的选择。

( ) 9. 实际测量中,测量仪器的精度越高越好。

(三)思考题

1. 实验测量中的误差有哪几类?

2. 当测量不同精度的对象时,根据什么原理选择测量仪器?

3. 什么是不确定度和不确定度均分原理？

4. 什么是系统误差？系统误差的特点是什么？

5. 系统误差的来源有哪些？

6. 什么是随机误差？随机误差的特点是什么？

7. 随机误差的来源有哪些？

二、实验拓展——设计性实验

1. 如需要测量一根粗细均匀的圆形细长铁丝的体积,怎样设计实验比较合理？

2. 测量实验教材中一张纸的体积。

第三章
习题答案及设计性实验

误差理论与数据处理

一、填空题

1. 测量,直接测量,间接测量

2. 直接,间接

3. 测量结果,真值

4. 算数平均值,每一次测量值,真值(或算数平均值)

5. 测量值偏离真值的大小和方向,测量的精度,比较两个测量效果的好与坏

6. 等精度,非等精度

7. 过失误差(粗大误差),随机误差(偶然误差),系统误差

8. 系统误差,随机误差,随机误差,系统误差

9. 仪器误差,理论(方法)误差,环境误差,人为误差(测量者的固有习惯),仪器误差

10. 单向性,重复性,规律性

11. 调整操作,指示数值,判断和估计读数

12. 随机误差,有界性,对称性,统计性

13. 随机,系统

14. 已定,未定

15. 减小随机误差,避免过失误差

16. 被测量的大小,测量仪器

17. 精密度,随机(偶然),标准

18. 最小分度的 1/2

19. 最小分度

20. 0.02 mm

21. 贝塞尔,$S = \sqrt{\dfrac{\sum\limits_{i=1}^{n}(x_i - \overline{x})^2}{n-1}}$

22. 分散,平均值

23. 6,95%

24. 由于测量误差的存在而导致被测量值不能准确测定的程度

25. 误差以一定的概率(95%)被包含在量值范围($-\Delta \sim \Delta$)之中,以一定的概率落在量值范围$(\overline{x}-\Delta)\sim(\overline{x}+\Delta)$之中

26. A 类不确定度,B 类不确定度,方和根

27. 减小仪器误差

28. 不变

29. 0.020 0,有效数字少

30. 一位

31. 1

32. 丙,甲

33. $\sqrt{\Delta_{x_1}^2 + 4\Delta_{x_2}^2 + 9\Delta_{x_3}^2}$

34. $\sqrt{\Delta_A^2 + \Delta_B^2}$,$\sqrt{\left(\dfrac{\partial y}{\partial x_1}\right)^2 \Delta_{x_1}^2 + \left(\dfrac{\partial y}{\partial x_2}\right)^2 \Delta_{x_2}^2}$

35. 先取对数,再微分求相对不确定度,

$$\frac{\Delta_\varphi}{\varphi} = \sqrt{\left(\frac{\partial \ln F}{\partial x}\right)^2 (\Delta_x)^2 + \left(\frac{\partial \ln F}{\partial y}\right)^2 (\Delta_y)^2 + \left(\frac{\partial \ln F}{\partial z}\right)^2 (\Delta_z)^2 + \cdots}$$

36. 应对齐

37. 不确定度没有用一位有效数字,没有单位,$(3.92 \pm 0.03) \times 10^3$ mm^3

38. 10.0,10.00,10.000

39. 毫米尺,1/50 游标卡尺

40. 1 次

41. 15.00

42. 交换复称法

43. 相似,物理,数学(替代)

44. 作图,逐差,最小二乘

45. 交换抵消,累加放大,理论修正,多次测量,零示法,光杠杆放大,补偿法,对称观测法 (写出四种方法即可)

46. 自变量等间距变化,偶数组数据

47. 最小二乘原理

48. 微小等量,减小仪器造成的误差

49. 不确定度传递公式,均匀分配,不确定度均分原理

50. 选定横纵轴,并标出物理单位;根据实验数据在坐标轴上选定等间距整齐的坐标刻度 并标出刻度;将实验数据把每一个实验点在坐标纸上用相应符号标明;尽可能使数据点均匀分 布在直线的两侧;相对较远的非实验数据点

二、判断题

1. √	2. ×	3. √	4. √	5. √	6. √	7. √	8. √	9. √	10. ×
11. ×	12. ×	13. ×	14. √	15. √	16. √	17. ×	18. ×	19. √	20. ×
21. √	22. √	23. ×	24. √	25. √	26. ×	27. √	28. √	29. ×	30. ×

三、简答题

1.【答案】　系统误差是指每次测量中都有一定大小,一定符号且按一定规律变化的测量

误差。其特点是:单向性、重复性、规律性。

2.【答案】 系统误差的来源有:仪器误差、理论误差、方法误差、环境误差、测量者的固有习惯等。

3.【答案】 随机误差是指由于各种偶然因素导致测量值随机变化而引起的测量误差。其特点是:统计性、对称性、有界性。

4.【答案】 随机误差的来源有:实验仪器在测量时调整操作上的变动性;测量仪器示数上的变动性,测量者在判断和读取测量值上的变动性等。

5.【答案】 (1)实验前检查和校准仪器。(2)培训实验者,修正理论方法,避免人为误差和系统误差。(3)随机误差主要是因实验者判断和反应的不确定性产生,单次测量具有随机性,多次测量服从统计规律,可以通过重复实验次数来减小。

6.【答案】 (1)加减法运算后的有效数字,取到参与运算各数中最靠前出现可疑数的那一位,也称作尾数对齐原则。(2)乘除运算后结果的有效数字,一般以参与运算各数中有效数字位数最少的为准,也称作位数齐。(3)乘方开方运算时,结果的有效位数与被乘方或被开方的有效数字位数相同。

7.【答案】 (1)求测量数据 y 列的平均值 $\overline{y}=\dfrac{1}{n}\sum\limits_{i=1}^{n}y_i$

(2)修正已定系统误差 y_0,得出被测量值 y,$y=\overline{y}-y_0$

(3)用贝塞耳公式求标准偏差 S,$S=\sqrt{\dfrac{\sum\limits_{i=1}^{n}(y_i-\overline{y})^2}{n-1}}$

(4)标准偏差 S 乘以因子,求得 Δ_A,$\Delta_A=\dfrac{t_p(n-1)}{\sqrt{n}}S$

(5)根据使用仪器得出 Δ_B,由 Δ_A、Δ_B 合成总不确定度 Δ,$\Delta=\sqrt{\Delta_A^2+\Delta_B^2}$

(6)给出直接测量的最后结果 Y,$Y=y\pm\Delta$(单位)

8.【答案】 (1)根据公式 $\varphi=F(x,y,z,\cdots)$ 利用直接测量量求得间接测量量。

(2)判断间接测量量的公式是和差还是积商形式,从而选择合适的不确定度传递公式求得间接测量量的不确定度结果。

例如,和差形式 $\Delta_\varphi=\sqrt{\left(\dfrac{\partial F}{\partial x}\right)^2(\Delta_x)^2+\left(\dfrac{\partial F}{\partial y}\right)^2(\Delta_y)^2+\left(\dfrac{\partial F}{\partial z}\right)^2(\Delta_z)^2+\cdots}$,

积商形式 $\dfrac{\Delta_\varphi}{\varphi}=\sqrt{\left(\dfrac{\partial \ln F}{\partial x}\right)^2(\Delta_x)^2+\left(\dfrac{\partial \ln F}{\partial y}\right)^2(\Delta_y)^2+\left(\dfrac{\partial \ln F}{\partial z}\right)^2(\Delta_z)^2+\cdots}$,

(3)给出间接测量的最后结果:$\varphi=\overline{\varphi}\pm\Delta_\varphi$(单位)。

9.【答案】 (1)确定研究内容和研究对象。

(2)设计实验。作图,判定曲线类型,建立相应函数关系。

(3)实验测量待测量的对应关系。

(4)判断曲线函数形式,写出一般式,建立经验公式。

(5)验证。

10.【答案】

(1)设计实验再现欧姆定律的物理过程。

(2)测量电压 U_i 和电流 I_i。

(3)计算出电阻 R 的实验值。

(4)确定理论值不确定度。

(5)计算实验值不确定度。

(6)计算总不确定度。

(7)把理论值、实验值和 U 进行比较,判断是否验证。

四、计算题

1.【解析】 (1) $N = x + y + z$

$$\Delta N = \sqrt{(\Delta x)^2 + (\Delta y)^2 + (\Delta z)^2}$$

(2) $f = \dfrac{uv}{u+v}$

$$\ln f = \ln u + \ln v - \ln(u+v)$$

$$\frac{\partial \ln f}{\partial u} = \frac{1}{u} - \frac{1}{u+v} = \frac{u+v-u}{u(u+v)} = \frac{v}{u(u+v)}$$

同理 $\dfrac{\partial \ln f}{\partial v} = \dfrac{1}{v} - \dfrac{1}{u+v} = \dfrac{u}{v(u+v)}$

所以 $\left(\dfrac{\Delta f}{f}\right)^2 = \left[\dfrac{v\Delta u}{u(u+v)}\right]^2 + \left[\dfrac{u\Delta v}{v(u+v)}\right]^2$

(3) $I_2 = I_1 \dfrac{r_2^2}{r_1^2}$

$$\ln I_2 = \ln I_1 + \ln r_2^2 - \ln r_1^2$$

$$\frac{\partial \ln I_2}{\partial I_1} = \frac{1}{I_1} \qquad \frac{\partial \ln I_2}{\partial r_2} = \frac{2}{r_2} \qquad \frac{\partial \ln I_2}{\partial r_1} = \frac{2}{r_1}$$

所以 $\left(\dfrac{\Delta I_2}{I_2}\right)^2 = \left(\dfrac{\Delta I_1}{I_1}\right)^2 + \left(\dfrac{2\Delta r_2}{r_2}\right)^2 + \left(\dfrac{2\Delta r_1}{r_1}\right)^2$

(4) $f = \dfrac{l^2 - d^2}{4l}$

$$\ln f = \ln \frac{1}{4} + \ln(l^2 - d^2) - \ln l$$

$$\frac{\partial \ln f}{\partial d} = \frac{-2d}{l^2 - d^2} \qquad \frac{\partial \ln f}{\partial l} = \frac{2l}{l^2 - d^2} - \frac{1}{l} = \frac{2l^2 - l^2 + d^2}{l(l^2 - d^2)} = \frac{l^2 + d^2}{l(l^2 - d^2)}$$

所以 $\left(\dfrac{\Delta f}{f}\right)^2 = +\left(\dfrac{2d\Delta d}{l^2 - d^2}\right)^2 + \left[\dfrac{(l^2 + d^2)\Delta l}{l(l^2 - d^2)}\right]^2$

(5) $n = \dfrac{\sin i}{\sin \gamma}$

$$\ln n = \ln \sin i - \ln \sin \gamma$$

$$\frac{\partial \ln n}{\partial i} = \frac{\cos i}{\sin i} \qquad \frac{\partial \ln n}{\partial \gamma} = -\frac{\cos \gamma}{\sin \gamma}$$

所以 $\left(\dfrac{\Delta n}{n}\right)^2 = \left(\dfrac{\cos i \Delta i}{\sin i}\right)^2 + \left(\dfrac{\cos \gamma \Delta \gamma}{\sin \gamma}\right)^2$

(6) $V = \pi r^2 h$

$\ln V = \ln \pi + \ln r^2 + \ln h$

$\dfrac{\partial \ln V}{\partial r} = \dfrac{2}{r}$ $\dfrac{\partial \ln V}{\partial h} = \dfrac{1}{h}$

$\dfrac{\Delta V}{V} = \sqrt{(\dfrac{2\Delta r}{r})^2 + (\dfrac{\Delta h}{h})^2}$

2. 【解析】 测得值的最佳值为 $y = \overline{y} - y_0 = 0.250 - 0.004 = 0.246 (\mathrm{mm})$

测量列的标准偏差 $S = \sqrt{\dfrac{\sum\limits_{i=1}^{n}(y_i - \overline{y})^2}{n-1}} = 0.002 (\mathrm{nm})$

测量次数 $n = 6$，近似有 $\Delta = \sqrt{\Delta_A^2 + \Delta_B^2} \approx 0.005 (\mathrm{mm})$

则测量结果为：$Y = (0.246 \pm 0.005)\ \mathrm{mm}$

3. 【解析】 (1)直径 D，最佳值 $\overline{D} = \dfrac{\sum\limits_{i=1}^{6} D_i}{6} = 14.265 (\mathrm{mm})$

不确定度 A 类分量 $\Delta_{AD} = S = \sqrt{\dfrac{\sum\limits_{i=1}^{6}(D_i - \overline{D})^2}{5}} = 0.008 (\mathrm{mm})$

不确定度 B 类分量 $\Delta_{BD} = 0.004 \times 10^{-2} (\mathrm{mm})$

合成不确定度 $\Delta_D = \sqrt{\Delta_{AD}^2 + \Delta_{BD}^2} \approx 0.009 (\mathrm{mm})$

结果表示 $D = (14.265 \pm 0.009) \mathrm{mm}$

(2)质量 m 单次测量 $\overline{m} = m = 11.84 (\mathrm{g})$

不确定度 B 类分量 $\Delta_{Bm} = 0.06 (\mathrm{g})$

合成不确定度 $\Delta_m = \Delta_{Bm} = 0.06\ (\mathrm{g})$

结果表示 $m = (11.84 \pm 0.06)\ \mathrm{g}$

(3)钢球的密度 ρ，最佳值 $\overline{\rho} = \dfrac{\overline{m}}{\dfrac{4}{3}\pi \left(\dfrac{\overline{D}}{2}\right)^3} = \dfrac{6\overline{m}}{\pi(\overline{D})^3} = 0.007\ 792 (\mathrm{g/mm^3})$

相对不确定度 $\dfrac{\Delta_\rho}{\overline{\rho}} = \sqrt{\left(\dfrac{\partial \ln \rho}{\partial m}\right)^2 (\Delta_m)^2 + \left(\dfrac{\partial \ln \rho}{\partial D}\right)^2 (\Delta_D)^2}$

$= \sqrt{\left(\dfrac{\Delta_m}{m}\right)^2 + \left(\dfrac{3\Delta_D}{D}\right)^2}$

$= \sqrt{\left(\dfrac{0.06}{11.84}\right)^2 + \left(\dfrac{3 \times 0.009}{14.265}\right)^2}$

$= 0.0054$

不确定度 $\Delta_\rho = \overline{\rho}\dfrac{\Delta_\rho}{\overline{\rho}} = 0.000\ 042 \approx 0.000\ 05 (\mathrm{g/mm^3})$

(4)测量结果 $\rho=(7.79\pm0.05)\times10^{-3}$ g/mm^3

$$E=\frac{\Delta_\rho}{\rho}=0.54\%$$

4.【解析】　(1)金属块长度平均值：$\overline{L}=10.01$(mm)

长度不确定度 A 类分量 $\Delta_{AL}=S=\sqrt{\dfrac{\sum\limits_{i=1}^{6}(L_i-\overline{L})^2}{5}}=0.03$(mm)

长度不确定度 B 类分量 $\Delta_{BL}=0.02$(mm)

合成不确定度 $\Delta_L=\sqrt{\Delta_{AL}^2+\Delta_{BL}^2}\approx0.04$(mm)

金属块长度为 $L=(10.01\pm0.04)$(mm)

(2)金属块宽度平均值 $\overline{W}=4.06$(mm)

宽度不确定度 A 类分量 $\Delta_{AW}=S=\sqrt{\dfrac{\sum\limits_{i=1}^{6}(W_i-\overline{W})^2}{5}}=0.03$(mm)

宽度不确定度 B 类分量 $\Delta_{BW}=0.02$(mm)

合成不确定度 $\Delta_W=\sqrt{\Delta_{AW}^2+\Delta_{BW}^2}\approx0.04$(mm)

金属块宽度是 $W=(4.06\pm0.04)$(mm)

(3)面积最佳估计值 $\overline{S}=\overline{L}\times\overline{W}=40.6$(mm^2)

相对不确定度 $\dfrac{\Delta_S}{S}=\sqrt{\left(\dfrac{\partial\ln S}{\partial L}\right)^2(\Delta_L)^2+\left(\dfrac{\partial\ln S}{\partial W}\right)^2(\Delta_W)^2}$

$$=\sqrt{\left(\dfrac{\Delta_L}{L}\right)^2+\left(\dfrac{\Delta_W}{W}\right)^2}$$

$$=\sqrt{\left(\dfrac{0.04}{10.01}\right)^2+\left(\dfrac{0.04}{4.06}\right)^2}$$

$$=0.011$$

不确定度 $\Delta_S=\overline{S}\dfrac{\Delta_S}{S}=0.45\approx0.5$ g/mm^3

(4)结果表达 $S=(40.6\pm0.5)$ mm^2

5.【解析】　$\rho=\dfrac{4M}{\pi D^2H}=\dfrac{4\times236.124}{\pi\times2.345^2\times8.21}=\dfrac{944.496}{141.8}=6.66$(g/cm^3)

$\ln\rho=\ln\dfrac{4}{\pi}+\ln M-\ln D^2-\ln H$

$\dfrac{\partial\ln\rho}{\partial M}=\dfrac{1}{M}\qquad\dfrac{\partial\ln\rho}{\partial D}=-\dfrac{2}{D}\qquad\dfrac{\partial\ln\rho}{\partial H}=\dfrac{1}{H}$

$\left(\dfrac{\Delta_\rho}{\rho}\right)^2=\left(\dfrac{\Delta_M}{M}\right)^2+\left(\dfrac{2\Delta_D}{D}\right)^2+\left(\dfrac{\Delta_H}{H}\right)^2$

$\left(\dfrac{\Delta_M}{M}\right)^2=\left(\dfrac{0.002}{236.124}\right)^2=(8\times10^{-6})^2=6\times10^{-11}$

$$\left(\frac{2\Delta_D}{D}\right)^2 = \left(\frac{2\times0.005}{2.345}\right)^2 = \left(\frac{0.01}{2.345}\right)^2 = (4\times10^{-3})^2 = 2\times10^{-5}$$

$$\left(\frac{\Delta_H}{H}\right)^2 = \left(\frac{0.01}{8.21}\right)^2 = (1\times10^{-3})^2 = 1\times10^{-6}$$

$$\left(\frac{\Delta_\rho}{\rho}\right)^2 = 7\times10^{-11} + 2\times10^{-5} + 1\times10^{-6} = 2\times10^{-5}$$

$$\frac{\Delta_\rho}{\rho} = 0.4\times10^{-2} \qquad \Delta_\rho = \frac{\Delta_\rho}{\rho}\rho = 0.4\times10^{-2}\times6.66 = 3\times10^{-2}$$

$$\rho = \rho \pm \Delta_\rho = 6.66 \pm 0.03 \, (\text{g/cm}^3)$$

其中,质量的不确定度影响最小,直径的不确定度影响最大。

6.【解析】 (1)由 $T = 2\pi\sqrt{\dfrac{L}{g}}$,有 $g = 4\pi^2\dfrac{L}{T^2}$

由 $\overline{T} = (1.347\pm0.002)$ s,有 $\overline{T} = 1.347$ s,$\Delta_T = 0.002$ s

(2)$\overline{L} = 451.2$ mm,$\Delta_{BL} = 0.2$ mm,$S_L = 0.3$ mm,$\Delta_L = 0.4$ mm

(3)$\overline{g} = 4\pi^2\dfrac{\overline{L}}{\overline{T}^2} = 9.807 \, (\text{m/s}^2)$

(4)$\dfrac{\Delta_g}{g} = \sqrt{\left(\dfrac{\Delta_L}{\overline{L}}\right)^2 + \left(\dfrac{2\Delta_T}{\overline{T}}\right)^2} = 0.31\%$

$$\Delta_g = \overline{g}\frac{\Delta_g}{g} = 0.03 \, (\text{m/s}^2)$$

(5)结果 $g = (9.81\pm0.03)$ m/s^2

7.【解析】 (1)$\Delta_\beta = \beta\sqrt{\left(\dfrac{\Delta_x}{x}\right)^2 + \left(\dfrac{\Delta_y}{y}\right)^2}$

(2)使用逐差法处理数据,取 15.0 ℃温差

$$\overline{x} = \frac{(101.00-100.24)+(101.26-100.50)+(101.50-100.74)}{3} = 0.76 \, (\text{mm})$$

标准偏差 $S = 0$,长度变量不确定度 $\Delta_x = \sqrt{S^2 + \Delta_l^2} = 0.02 \, (\text{mm})$

$$\beta = \frac{1}{100.00}\times\frac{0.76}{15.0} \approx 5.1\times10^{-4} \, (1/\text{C}°)$$

$$\Delta_\beta = \beta\frac{\Delta_\beta}{\beta} = \beta\sqrt{\left(\frac{0.02}{0.76}\right)^2 + \left(\frac{0.1}{15.0}\right)^2} = 0.2\times10^{-4} \, (1/\text{C}°)$$

(3) 结果 $\beta = (5.1\pm0.2)\times10^{-4} \, (1/\text{C}°)$

8.【提示】

评分标准:在坐标纸上画出坐标轴,标出物理量符号单位;选择合适的坐标分度值;描点连线,在线上选取相距较远的两个非实验点,读出坐标值;在图上标出截距的取点和坐标值。

用两点式求出斜率。参考值:$k = 0.010\ 1 \, (\Omega/℃)$

在图上求出截距。参考值:$R_0 = 2.653 \, (\Omega)$

求出电阻温度系数。参考值:$\alpha = 3.81\times10^{-3} \, (1/℃)$

铜丝电阻与温度的关系为 $R = 2.653 + 0.010\ 1\ t$

长度与固体密度测量

一、问题解答

(一)填空题

1. 19,20
2. 0.5,0.01
3. 显微镜,螺旋测微装置
4. 主尺,相切
5. 机械部件间的空隙
6. 读数显微镜,游标卡尺
7. 系统
8. 2,3
9. −0.100
10. 0.005

(二)判断题

1. ✕ 2. ✕ 3. ✕ 4. ✓ 5. ✕ 6. ✓ 7. ✕ 8. ✓ 9. ✕ 10. ✕

(三)思考题

1. 【答案】 游标卡尺主要由以毫米为单位的主尺和附加在主尺上的游标组成。游标卡尺的原理是利用尺身刻线间距与游标刻线间距差来将主尺估读的那位数值较为准确地读出来。游标上 N 个分度格的总长度与主尺上($N-1$)个分度格的长度相同。如果主尺上的最小分度为 a,那么主尺与游标上每个分格的差值(游标的精度值或游标的最小分度值)是 $\delta = \frac{1}{N}a$。测量时,先从游标卡尺"0"刻度线在主尺的位置读出毫米的整数位,再从游标上读出毫米的小数位,如果游标的第 n 条线与主尺的某一条线重合,则游标读数为 $n\delta$。

2. 【答案】 使用读数显微镜测量时,如果正向前行的拖板停下来,朝反向行进时,由于丝杆和螺母套筒之间有间隙,则旋钮(丝杆)空转(即转动丝杆而拖板不动)几圈后才能重新推动拖板后退。测量时测微鼓轮只能向同一个方向转动,不能时而正转,时而反转,测量第一个数时要注意消除空转的圈数。同样的情况也出现在螺旋测微计的测量中,实验中,由于是对固定物体的夹持测量,不需要考虑回程误差。回程误差是由于不遵守仪器的操作规程而造成的粗大误差,与随机误差不同,是可以避免的。

3.【答案】 实验中使用了三种测量长度的工具:游标卡尺、螺旋测微计和读数显微镜。游标卡尺的原理是利用尺身刻线间距与游标刻线间距差来将主尺估读的那位数值较为准确地读出来,螺旋测微计是利用螺旋进退装置把测微丝杆沿轴线方向的微小位移通过微分套筒上间隔较大的弧长放大后来提高测量准确度的,读数显微镜的基本工作原理与螺旋测微计相同。螺旋测微计比游标卡尺更加精密,可以准确到 0.01 mm,但测量范围较短,为几个厘米。由于结构设计的优势,游标卡尺可用于测量内外径、高度、深度等,在实际生产中应用较为广泛。对于微小的不易夹持的物体,通常选用读数显微镜来精确测定。

4.【答案】 测量中的误差主要分为两大类型,即系统误差和随机误差。在相同条件下,多次测量同一个物理量时,测量值对真值的偏离总是相同的,称为系统误差;而测量值在真值附近随机出现,称为随机误差。结合实验,测量工具精确度的限制、实验室环境的变化、零点误差及读数时习惯性地偏向一侧等都属于系统误差。对于系统误差,数据处理时将零点误差进行修正,测量工具本身带来的误差由 B 类不确定度做基本评价。测量者本人在判断和估计读数上的变动性、每次夹紧待测物体的力度不同等属于随机误差,可通过多次测量计算平均值和A 类不确定度来进行修正和评估,但考虑到待测物体不是理想的均匀的几何体,实际上每次测得的都不是相同两点间的距离,这对随机误差的修正和评估带来了一定的影响。

5.【答案】 除了遵守实验的操作规程外,可以通过取多次测量的平均值来减少随机误差对测量结果的影响,本实验对要求测量的长度都进行了 6 次测量。另外,可以选择精度较高的测量仪器,改进测量方法等,这些都是减少实验误差的有效手段。

6.【答案】 对测量工具的有效保护可以延长仪器的使用寿命,保持测量结果的准确性。实验中涉及三种长度测量工具:游标卡尺、螺旋测微计和读数显微镜。使用游标卡尺时轻轻把物体卡住即可,注意保护量爪,预防卡口磨损,测量完毕两刀口要稍许离开后再放回盒内。使用螺旋测微计应先旋转微分筒使测头小砧接近被测物,后慢慢旋动棘轮使测头小砧接触被测物,听到"咯咯"止动声后停止旋转,测量完毕应使螺杆与测砧之间留有空隙,以防因热膨胀损坏螺纹。读数显微镜使用时一定要轻、慢,以防止碰破显微镜物镜。

二、设计性实验

1.【分析】 普通的量角盘测量精度为 1°或 0.5°,可以利用游标卡尺的工作原理,将量角盘作为主尺,加装可绕量角盘圆心转动的游标作为副尺,并按实际需求设计游标刻度。如果量角盘测量精度为 1°,要求最小分度值为 0.1°,则主尺上 9°对应的圆心角在游标上等分为10 格。

根据游标卡尺的工作原理也可以设计仪器测量物体转过的角度。将固定在物体上可跟随物体转动的圆盘作为主尺,在圆盘的边缘标有刻度,圆盘外侧有一个固定不动的圆弧状的游标,如下图所示(图中画出了圆盘的一部分和游标),同样的,主尺上 9°对应的圆心角在游标上等分为10 格,此时游标上的 0 刻度与圆盘的 0 刻度线之间所夹的角度为 0.1°,即为仪器的最小分度值。

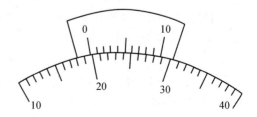

分别测量转动前后的读数,即游标上零刻度线对应的主尺的读数加上游标读数,相减为物体转过的角度。

2.【分析】　实验中经常需要测量同一个物体的几个不同性质的物理量来获得间接测量量,这些直接测量的物理量的不确定度会影响到间接测量结果。实验前需要根据不确定度均分原理来选择仪器,先求出不确定度传递公式,再将测量结果的总不确定度均匀分配到各个分量中,由此分析各个物理量的测量方法和所应使用的仪器,并指导实验。

3.【分析】　单摆小角度摆动时的运动称为简谐振动,振动周期取决于摆长。将两个长度不同的单摆拉至相同的摆角处,先释放长摆摆球,接着再释放短摆摆球,测得短摆经过若干次全振动后,两摆恰好重合并向同一方向运动,根据游标卡尺的工作原理可得出释放两摆的微小时间差。

用拉伸法测金属丝的弹性模量

一、问题解答

(一)填空题

1. 辅助瞄准

2. 光杠杆放大法

3. 偶数组,等间距

4. 圆柱形夹持件上,平台的任意凹槽内

5. 金属丝的上端固定点,平台

6. 直视激光器

7. 移动仪器

8. 将金属丝扭弯

9. 预留砝码托,先加重后减重(或先加砝码后减砝码)

(二)判断题

1.√　2.√　3.×　4.×　5.×　6.×　7.√　8.×　9.√　10.√

(三)思考题

1.【答案】　材料在弹性变形阶段,受外力作用时必然发生形变,其应力和应变成正比例关系(即符合胡克定律),其比例系数称为弹性模量。弹性模量的单位是牛每平方米。"弹性模量"是描述物质弹性的物理量,是一个统称,表示方法可以是"杨氏模量""体积模量"等。

2.【答案】　眼睛对着目镜上下移动,如果望远镜十字叉丝的水平线与标尺的刻度有相对位移,这种现象就是视差,微调望远镜调焦手轮即可消除视差。

3.【答案】　根据光的直线传播规律,此时入射光线和反射光线的夹角偏小。如果要让夹角增大,需要转动底座,增大入射角。如果转动过程中激光照在平面镜之外,需要根据情况左右平移底座。可以采用转动和平移底座相结合的方式来完成仪器调节。

4.【答案】　充分利用实验所得数据,减小随机误差,具有对数据取平均的效果。

5.【答案】　ΔL 为实际伸长量,Δn 为对应的放大后的伸长量,即刻度尺上的读数。根据实验原理

$$\alpha \approx \tan\alpha = \frac{\Delta L}{b} \quad 又 \quad 2\alpha \approx \tan 2\alpha = \frac{\Delta n}{D}$$

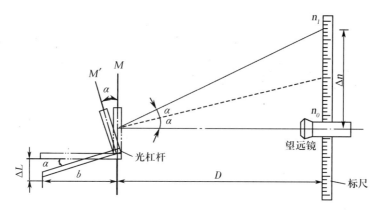

所以放大倍数为 $\dfrac{\Delta n}{\Delta L}=\dfrac{2D}{b}$

6.【答案】 激光器位于望远镜筒上。当激光器打开后,光沿直线传播照在平面镜上。经过平面镜反射,反射的红色斑点如果在刻度尺上,根据光路的可逆性,刻度尺作为入射光源,反射光一定经过望远镜筒。所以调整到刻度尺上有红色斑点后,在望远镜筒中一定能够看到刻度尺。

7.【答案】 因为根据实验原理,增加砝码会加大伸长量。实验过程中一直要增加六个砝码,如果开始时数据在刻度尺的位置偏上,有可能在加砝码过程中,超出刻度尺的端点,不能再读数。在实验中如果出现这样的情况,实验就要重新开始,仪器要重新调节,重复加砝码的过程。为避免重复操作,所以初始位置在 0 附近。

8.【答案】 红色斑点是由平面镜反射过来的,如果在刻度尺之上,说明反射位置太高,即平面镜仰角太大,这时必须减小平面镜仰角来降低位置。

9.【答案】 误差产生的原因主要有:钢丝初始形变带来的误差、测量时读取数据带来的误差和仪器本身的误差。

对应的减小误差措施有:预置初始砝码托;测量中先增砝码再减砝码,对称式测量;校准测量仪器,减小系统误差;取放砝码时轻拿轻放,不要额外施加纵向力,等稳定后再读数。

二、设计性实验

1.【分析】 可以根据光杠杆原理制成桥梁负载超载检测:在连接桥梁的不同桥墩附近和桥墩之间标记位置安装发射器和接收器,接收器可以在一定范围内接收到信号。发射器和接收器均与桥梁成 45°,面对面安装。发射器安装在桥梁下面三个支点构成的平面上,发射口向着接收器。当桥梁由于承受负载(可能是车辆,也可能是风)而变形,三个支点的位置发生变化从而改变发射器的位置。当接收器接收不到信号时仪器报警,此时变形超过桥梁设计的最大载重量,则显示过载并发出报警,提示桥梁超载服役,以避免事故发生。

2.【分析】 光的干涉法如迈克尔逊干涉仪测量金属热膨胀的微小形变量;传感器法,利用物理量转换法进行测量。

碰 撞 实 验

一、问题解答

(一)填空题

1. 系统所受的合外力为零

2. 动量守恒,机械能守恒

3. 动量守恒,机械能不守恒

4. 碰撞后的相对速度差,碰撞前的相对速度差,1,0,$0\sim1$

5. 相当,略大,完全弹性

6. 气垫的漂浮作用,导轨对滑块的直接摩擦,气轨,滑块,光电计时装置

7. 静态法,滑块在通气导轨上保持静止不动,或者稍有运动但不总向一个方向运动;动态法,滑块沿同一方向运动过程中经过两光电门的时间近似相等;匀速运动

8. 近似值,挡光片宽度与挡光时间的比值近似

9. 气垫导轨没有调平,部分气垫导轨的通气孔堵塞;滑块上挡光片倾斜

10. 摩擦阻力,静止下来,以前者原来的速度沿相同的方向运动

(二)判断题

1. × 2. √ 3. × 4. √ 5. √ 6. × 7. √ 8. √ 9. √ 10. × 11. ×

(三)思考题

1.【答案】 气垫导轨和滑块表面光洁度非常高,打开气泵给气轨通气,待气压稳定后再将滑块放到气轨上,调节支脚螺钉对气轨进行调节,根据静态法和动态法判断是否调平,调水平后可开展实验,使用完毕一定先取下滑块再关闭气轨的气泵。

2.【答案】 判断导轨是否处于水平有两种方法,第一种是静态法,其调平的判据是滑块在通气导轨上保持静止不动,或者稍有运动但不总向一个方向运动;另一种是动态法,其调平的判据是滑块沿同一方向运动过程中经过两光电门的时间近似相等,也就是滑块在气垫导轨上做匀速运动。

3.【答案】 光电门是一个 U 形铝板,固定在导轨一侧,在两侧面对应位置上安装照明小灯和光敏二极管,小灯点亮后正好照在光敏二极管上,光敏二极管在光照时电阻约为几千欧姆到几十千欧,无光照时电阻非常大,在 1 MΩ 以上。利用光敏二极管在两者状态下的电阻变

化,可得到讯号电压,用来控制数字毫秒计,使其计数或停止计数。实验中挡光片第一次挡光时开始计时,再次挡光时停止计时,记录下来挡光片两次挡光时间,再测得挡光片宽度,就能求出滑块经光电门附近时的瞬时速度(近似)。

4.【答案】　不是。虽然气垫导轨尽可能消除了滑块运动时的导轨和滑块之间摩擦阻力,但是滑块运动时,空气也会存在摩擦阻力,所以滑块沿同一方向运动过程中经过第一个光电门的时间应该略小于经过第一个光电门的时间,实际上两者相对差异小于2‰时,可以说明滑块基本处于匀速直线运动状态,气轨也就基本达到水平了。

5.【答案】　验证动量守恒定律和机械能守恒定律。实验中用气垫导轨消除摩擦力,调平导轨,滑块在水平方向合外力为0,动量守恒;合外力及非保守内力不做功,机械能守恒。

6.【答案】　e 为恢复系数,表示两滑块碰撞前后速度改变量之比,实验是完全弹性碰撞,计算结果应等于1左右;R 表示碰撞前后,两滑块动能之比,计算结果应等于1左右,如果偏离太多,说明气垫导轨没有调平,或者滑块与导轨的摩擦力很大。

7.【答案】　指瞬时速度,实验中通过数字毫秒计测量滑块上挡光片通过光电门的时间计算得到。数字毫秒计功能设置在 S_2 档。

8.【答案】　实验中虽然使用气垫导轨尽可能消除滑块运动时的摩擦阻力,但是滑块运动时依然有空气阻力存在,所以实际实验中碰撞后所测得的总动量总是略小于碰撞前的总动量。当然,如果气垫导轨没有调平,或者导轨部分出气孔被堵塞(或部分堵塞),滑块挡光片发生倾斜,滑块碰撞没有对心正碰及数字毫秒计设置有误,都可能会导致这样的情况发生。

实验中有其他力的存在,使得滑块运动时有运动方向的分力来提供动量,也会出现碰撞后所测得的总动量大于碰撞前的总动量的情况。例如,气垫导轨倾斜,导轨部分出气孔被堵塞(或部分堵塞)。

9.【答案】　气垫导轨没有调到完全水平,滑块上挡光片倾斜,推动滑块时没有做完全水平运动,滑块碰撞没有对心正碰,光电门距离碰撞处较远,气轨出气孔部分堵塞等。

导轨不水平将导致滑块速度受重力分力影响,从而产生实验误差;挡光片倾斜则导致挡光片宽度不等于挡光阶段滑块通过的位移;推动滑块时没有做完全水平运动,会存在向上或向下,以及导轨两侧的分力,影响实验精度;滑块碰撞没有对心正碰,则碰撞不是标准的完全弹性碰撞,引入实验误差;光电门距离碰撞处较远时,滑块运动的时间较长,受各种干扰影响积累较多,给实验带来误差;气轨出气孔部分堵塞,则气轨上方不是稳定气流状态,复杂的流体力学状况会使测量精度降低。

10.【答案】　实验中用光电门测量滑块通过的较为准确的瞬时速度(近似),这种测量方法其实是用很短时间内的平均速度去逼近瞬时速度,考虑滑块滑动过程中存在空气阻力等情况,则必然是距离越短越好,空气阻力影响的距离越小,对实验精度的影响越少。所以实验中光电门越靠近碰撞位置,则精度愈高。

11.【答案】　实验中用光电门测量滑块通过的较为准确的瞬时速度(近似),这种测量方法其实是用很短时间内的平均速度去逼近瞬时速度。如果滑块碰撞速度过小,则同样挡光片宽度通过光电门的时间会较长,则平均速度偏离瞬时速度的程度更大,实验误差也就更大,所以实验中滑块碰撞速度越大,则精度愈高。但速度不可过大,速度过大,空气阻力因素变大,会增加实验误差,也不能过小,太小时气流不稳、压力不均和外界空气对流产生的影响会被放大。

12.【答案】　导轨中气压大小会影响实验精度。滑块在气轨上运动时,根据流体力学的相关理论,会受到气垫层黏滞阻力、喷射阻力和非气垫层黏滞阻力等,实验中气流的速度不大,使气垫导轨的气流流动为层流。当气流从气轨的一端流到另一端时,其压强也随之降低,就会出现进气端和出气端的喷气速度不同,从而带来实验误差。但是,如果导轨中气压过大,则会形成复杂的紊流情况,给实验带来不可预估方向的误差,所以实验中气轨气压要保持合适的值。

13.【答案】 恢复系数与速度无关。本实验验证的是完全弹性碰撞,碰撞前后系统动量守恒,机械能也守恒,因为在水平导轨上实验,机械能守恒可视为动能守恒,根据公式可证明恢复系数与速度无关。当然完全非弹性碰撞也可以根据原理推证恢复系数与速度无关。

例如,实验的第二部分,$m_1 v_{10} = m_1 v_1 + m_2 v_2 \Rightarrow m_1(v_{10} - v_1) = m_2 v_2$,

$\dfrac{1}{2} m_1 v_{10}^2 = \dfrac{1}{2} m_1 v_1^2 + \dfrac{1}{2} m_2 v_2^2 \Rightarrow m_1 v_{10}^2 - m_1 v_1^2 = m_1(v_{10} - v_1)(v_{10} + v_1) = m_2 v_2^2$,

则 $v_{10} + v_1 = v_2$,则 $e = \dfrac{v_2 - v_1}{v_{10}} = 1$,恒值,与具体速度值无关。

再如,完全非弹性碰撞,碰撞后两滑块速度相同,$e = \dfrac{v_2 - v_1}{v_{10} - v_{20}} = \dfrac{0}{v_{10} - v_{20}} = 0$。

二、设计性实验

1.【分析】 在两滑块的迎面端安装尼龙搭扣,使其碰撞时黏附在一起,与本实验步骤类似,设计具体实验流程。

实验主要内容:①$m_1 = m_2$,$v_{20} = 0$(天平称滑块质量,滑块 2 静止,用滑块 1 碰撞,测其挡光片通过光电门时间,记录数据)。

②$m_1 > m_2$,$v_{20} = 0$(天平称滑块质量,滑块 2 静止,用滑块 1 碰撞,测其挡光片通过光电门时间,记录数据)。

2.【分析】 根据牛顿第二定律,物体获得的加速度与合外力成正比。通过细线将砝码盘与滑块相连,通过导轨后端小滑轮垂下,将滑块置于远离气垫滑轮的导轨另一端,由静止释放砝码盘,在砝码盘和砝码重力作用下,滑块做匀加速直线运动,记录滑块通过两个光电门的时间即可验证原理。

实验主要内容:①调平气垫导轨,称量砝码盘质量;②连接砝码盘与滑块,放入适当砝码;③由静止释放砝码盘,记录滑块通过两个光电门的时间;④等差改变砝码质量,重复实验。

3.【分析】 滑块运动在空气中,会受空气的黏滞阻力,根据原理可知黏滞阻力与运动速度成正比,速度越大黏滞阻力越大,设 b 为空气黏滞阻尼系数,则 $f = -bv = ma = m \dfrac{\mathrm{d}v}{\mathrm{d}s} \cdot \dfrac{\mathrm{d}s}{\mathrm{d}t} =$

$mv \dfrac{\mathrm{d}v}{\mathrm{d}s}$,可变换成 $-\dfrac{b}{m} \mathrm{d}s = \mathrm{d}v$,$-\dfrac{b}{m} \int_0^s \mathrm{d}s = \int_{v_2}^{v_1} \mathrm{d}v$,则 $b = \dfrac{m}{S}(v_1 - v_2)$。实验中将导轨倾斜,滑块会自上而下滑行,测量滑块通过光电门 1 和 2 的速度,记录两光电门距离 S,多次测量可求出空气黏滞阻尼系数 B,并可测出空气黏滞阻力 f。

实验主要内容:①倾斜导轨;②测滑块质量 m,两光电门距离 S;③由静止释放滑块,记下通过两光电门时间;④多次测量,处理数据。

驻 波 实 验

一、问题解答

(一)填空题

1. 弦线的长度是半波长的整数倍
2. 两列传播方向相反的相干波的叠加结果
3. 振动方向平行,频率相同,相位差恒定
4. 反射
5. 重力
6. 频率,滑块的位置
7. 波节,振动振幅为 0(不振动)
8. 多 1 个

(二)判断题

1. ×　2. √　3. ×　4. √　5. ×　6. ×　7. √　8. √

(三)思考题

1.【答案】　实验中虽然只用了一个波源,但是在波运动前方用了一个卡口使得波反射,这样入射波和反射波的振动频率相同,振动方向相同,振幅相等,传播方向相反,相位差恒定,叠加可获得稳定驻波。但是值得注意的是,如果要在弦线上观察到稳定的驻波,反射波的卡口处距波源的距离必须为半波长的整数倍。所以实验中改变了频率后要改变卡口的位置,从而来改变距离以满足弦线是半波长的整数倍的条件。

2.【答案】　可以。驻波的形成条件是由两列振动频率相同,振动方向相同,振幅相等,传播方向相反,相位差恒定的波叠加获得,那么只要两个波源发出的波可以满足上述条件,就能获得稳定的驻波。

3.【答案】　实验中增加砝码质量对实验有影响。如果增加砝码质量,则弦线上的张力增加,显现的密度可能会减小,因此线上波速会增加。但是由于波源的振动频率不变,所以波长会发生变化,节点的位置也会发生变化。

4.【答案】　粗细会影响试验观察效果,在同样材质均匀的状态下,弦线越粗线密度越大,根据线密度和张力频率关系可知,同样砝码重量同样振动频率作用下,波节变短,则对测量弦

173

长上的误差影响更大,精度会降低。

弦线的弹性会影响振幅的变化,弹性越好实验时观察到的结果越明显。

当然,如果弦线粗细不均匀,会使共振频率不稳定,导致无法产生驻波。

5.【答案】 弦乐的发声原理是由于绷紧的弦的振动而发声(振动频率越高,音越高;振动频率越低,音越低),通过调节弦线的张力可以改变弦线上的波节数。例如,吉他、贝斯等。

管乐器的发声原理是由于管内空气柱的震动而发声,在空腔内形成驻波,在开口处形成波腹,在封闭端形成波节。例如,笛子、箫等。

6.【答案】 理论上波节是不振动的点,实际上我们用肉眼去观察波节时,振动很弱的点看起来也不振动,所以实际上看到的波节是不振动的点和振动很弱的点的集合。通常情况我们把不振动的区域中点认为是波节,这样处理和理论更接近。

7.【答案】 娱乐节目中曾经演示过用装有不同高度的水的玻璃瓶演奏乐曲,观众无不称奇。实际上用这种方法让瓶子发声和管乐器的发声原理是一样的,就是巧妙地利用瓶内不同长度的空气柱的震动而发声,在空腔内形成驻波,在开口处形成波腹。长度不同形成的波腹个数不同,从而发出的频率略有差异,这需要制作的人对频率的辨识度。不同乐器的发声原理具有异曲同工之妙,所以我们可以去倾听大自然的声音,探寻声音背后的科学。

二、设计性实验

1.【分析】 根据实验原理中的推导过程获得的计算公式 $\sigma = (n-1)^2 \dfrac{mg}{4L^2 f^2}$。

可以改变弦线中的张力,调节频率获得稳定驻波,测量 n 个波节之间的距离 L。测量表格和原实验类似,同样可以获得弦线密度。

2.【分析】 声波是纵波,所以可以根据已知声波在相应介质中传递(空气中的最简单)波速计算出波长,设计在声波传递前方的半波长的整数倍处用高密度反射板获得反射声波,正向声波和反向声波可以合成驻波,再选择合适的演示方式。例如,让声波在充满可燃性气体的圆管中形成驻波,气体通过多空燃烧时,会出现余弦分布的火焰包迹线,这个包迹线就是驻波的形状。

3.【分析】 将信号发生器的信号输入功率放大器后与喇叭的输入接口相连,将表面涂以具有疏水性质的金属模具(上刻有圆环形凹槽)卡接在喇叭支撑上方,开启信号发生器产生具有特定频率的正弦信号,再经过功率放大器调节幅值使信号得以放大,同时使喇叭的音圈产生振动,带动音盆上的模具产生振动,将有色液体加入模具的凹槽之中,通过调节信号发生器的频率与功率放大器的幅值,获得弦线上的稳定驻波,其形成的边条件为周长等于波长的整数倍,即半波长的偶数倍。

如果支撑平面圆形或方形模具,加入有色液体后可观察二维平面驻波——克拉尼图形。

注:往届优秀学生设计本实验参加 2014 年北京市大学生实验竞赛获二等奖,并获得授权专利一项。

4.【分析】 超声波人耳听不见,但是其在液体中的速度可查,设计一圆形有机玻璃筒,底端接上超声换能器,连接相关电路板可发出超声波,在上端用可移动带孔挡板,通过移动挡板获得超声纵驻波,利用驻波的能量分布规律,可用细微轻小气泡、铝箔屑等观测波节波腹特征位置,也可根据能量规律分布引起液体密度改变造成的光弹效应,借助偏振片观察超声纵驻波。

注:往届优秀学生设计类似实验参加 2015 年(铝箔细屑演示)、2019 年(光弹效应)北京市大学生实验竞赛获二等奖,现已授权专利一项,受理专利一项。

液体表面张力系数的测定

一、问题解答

(一)填空题

1. 作用于液体表面使液体表面积缩小的力,与液面相切并与液面的任何两部分分界线垂直

2. 把分子从液体内部移到表面必须克服内聚力做功,小

3. 液体的性质,温度

4. 表面能

5. 将细管插入液体中液面在表面张力的作用下上升或下降的现象,下降,上升

6. 正比,定标

7. 有

8. 小于

(二)判断题

1. √   2. √   3. √   4. ×   5. ×   6. ×   7. √   8. √

(三)思考题

1.【答案】 液体表面的分子都会受到内部分子的吸引作用,称之为内聚力。把分子从液体内部移到表面必须克服内聚力做功,就像把物体从低处搬到高处必须克服重力做功一样。因此,液体表面的分子比液体内的分子具有较高的势能,称为表面能。就如张紧的弹性薄膜具有弹性势能一样,液面具有收缩的趋势。

在液体和气体的分界处,液体表面及两种不能混合的液体之间的界面处,由于分子之间的吸引力,产生了极其微小的拉力。假想在表面处存在一个薄膜层,它承受着此表面的拉伸力,液体的这一拉力称为表面张力。

2.【答案】 液面与固体接触时,液面分子除受到来自液体内部的内聚力外,还受到固体分子的吸引作用,称为附着力。内聚力使液面趋于收缩,附着力使液面在固体上铺展,两种力竞争达到平衡时,就形成了一定的接触角。当内聚力大于附着力,则接触角 $\theta > \dfrac{\pi}{2}$,此时液体不润湿。

由于附着力大于内聚力,牛奶杯中的麦片向杯壁运动,最终停滞在杯子边沿。当缓慢地将

杯子倾斜,试图将麦片随牛奶倒出时,牛奶流出方的附着力消失,微粒受杯中内聚力的作用,反而有往后滞留的现象。

3.【答案】　与液体的表面能概念一样,每种界面都有相应的界面能,同样表现为界面张力。三相交汇处各界面的能量竞争,使系统能量最低,张力相互平衡,就决定了各界面的取向。界面能越高,界面越容易收缩或被覆盖,反之,界面能越低,界面越容易扩张或暴露。当固体的界面能低于液体时是不润湿的,当固体的界面能高于液体时则是润湿的。

4.【答案】　疏水性材料是根据液体润湿与否的原理制备的。液面与固体接触时,液面分子除受到来自液体内部的内聚力外,还受到固体分子的吸引作用,称为附着力。内聚力使液面趋于收缩,附着力使液面在固体上铺展,两种力竞争达到平衡时,就形成了一定的接触角。当内聚力大于附着力,则接触角 $\theta > \dfrac{\pi}{2}$,此时液体不润湿。这种材料就是不亲水而是疏水的。

超疏水性是一种特殊的润湿性,一般指水滴在固体表面呈球状,接触角大于 150 度,滚动角小于 10 度。

5.【答案】　荷叶的超疏水表面具有自清洁的特殊性质,这也是荷叶能够"出淤泥而不染"成为东方文化象征的原因。超疏水表面特殊的微结构使污染物附着力降低,水滴在超疏水表面较小的滚动角使雨水极易发生滚动并且带走污染物,并使表面保持干净。因此在高层摩天大楼玻璃表面制备超疏水表面,可以减少维护清洁的成本。

6.【答案】　喷洒农药时,加入适当的表面活性剂,提高其与作物茎叶的润湿程度,可以大大提高药效。

7.【答案】　土地中有各种裂缝、间隙、孔洞中,这些孔洞中与液体接触时就会出现毛细现象,将地下的水分通过孔洞蒸发出来。农民锄地时会将孔洞破坏,这样地下的水分就不会通过孔洞的毛细现象蒸发,保证天旱时庄稼不会因缺水而干枯。

8.【答案】　标准砝码用来对力敏传感器定标。

液体的表面张力大小等于表面张力系数和作用长度的乘积。本实验用拉脱法测定液体的表面张力系数,力敏传感器是将力信号转化为电信号,方便测量,所以就必须用标准力来标定相应的电信号,而标准砝码质量固定且等间距变化,通过改变质量可获得电压 U 与外力 F 的线性关系,也就是对力敏传感器定标。

9.【答案】　通常情况下,土壤地下水与表层土壤水维持动态平衡,地下水位恒定,表层土壤中的矿物质离子含量相对稳定。气候干旱时,土壤蒸发量增大,土壤中的水分含量下降,引起地下水沿土壤毛细管上移,地下水中的矿物质也随着水分同时运动。水分蒸发以后,盐分等矿物质则在土壤表层积累,盐分离子达到一定高的浓度时,就会使土壤盐碱化。

二、设计性实验

1.【分析】　疏水性材料是根据液体润湿与否的原理制备的。液面与固体接触时,液面分子除受到来自液体内部的内聚力外,还受到固体分子的吸引作用,称为附着力。内聚力使液面趋于收缩,附着力使液面在固体上铺展,两种力竞争达到平衡时,就形成了一定的接触角。当内聚力大于附着力,则接触角 $\theta > \dfrac{\pi}{2}$,此时液体不润湿。这种材料就是不亲水而是疏水的。超疏水性是一种特殊的润湿性,一般指水滴在固体表面呈球状,接触角大于 150°,滚动角小于 10°。利用超疏水材料制成衣服,则下雨天雨水不会浸湿衣服。2014 年,墨尔本服装技术公司发明了一种仿荷叶超疏水的 T 恤。这种 T 恤可以经过 80 次以上的洗涤并且保持超疏水的性质。他们还利用纳米技术对棉纤维进行重新编织,使其具有防水性能。

2.【分析】 低纬度寒区航行的水面舰艇甲板上浪以后很容易结冰,最终会在舰艇表面形成覆冰现象。去年长期在温暖海域活动的韩国海军驱逐舰崔莹号赴俄罗斯符拉迪沃斯托克港访问,在寒区航行时形成了严重的覆冰现象,甚至改变了舰艇的重心,造成舰艇倾斜面临倾覆危险。舰艇覆冰是海军长期存在的问题,但是,到目前为止舰艇表面除冰的方式需要消耗大量人力并且效率低下。超疏水表面防水性质可以提升舰艇表面的抗结冰能力,对在低纬度寒区航行的舰艇具有重要意义。

实验 六　用转筒法和落球法测液体的黏度

一、问题解答

(一)填空题

1. 内摩擦系数,黏度
2. 牛顿流体,非牛顿流体
3. 转筒法,落球法
4. 相互垂直
5. 轴线,均匀,收尾
6. 内筒转动匀速,小球匀速下落
7. 温度变化
8. 平齐
9. 变大,变小

(二)判断题

1. ×　2. ×　3. ×　4. ×　5. √　6. √　7. ×　8. √

(三)思考题

1.【答案】　黏度是指液体受外力作用移动时,分子间产生的内摩擦力的量度。液体的黏度又称为内摩擦系数或黏滞系数,是描述液体一个重要物理量。它是表征液体反抗形变能力的重要参数。

2.【答案】　根据黏性所遵循的规律,流体分为牛顿流体和非牛顿流体。流体间的摩擦力符合牛顿黏滞定律称为牛顿流体;摩擦力不符合牛顿黏滞定律的称为非牛顿流体。

3.【答案】　小球在液体中运动时,将受到与运动方向相反的摩擦阻力的作用,这种阻力即为黏滞力。它是由于黏附在小球表面的液层与邻近液层的摩擦而产生的。当小球在均匀的无限深广的液体中运动时,如果速度不大,球的体积也很小,则根据斯托克斯定律,小球受到的黏滞力(F)如下:

$$F = 6\pi\eta vr \qquad\qquad 式\ 3\text{-}1$$

式中:η 为液体的黏度;v 为小球下落的速度;r 为小球半径。

当小球在液体中下落时,作用在小球上的力有重力 $\rho g V$、浮力 $\rho_0 g V$ 和黏滞力 $6\pi\eta vr$,其中

ρ 和 ρ_0 分别是小球和液体的密度，V 是小球的体积，三个力都在竖直方向，重力向下，浮力和黏滞力向上。小球刚开始下落时，重力大于浮力和黏滞力之和，小球向下作加速运动。随着速度的增加，黏滞力逐渐加大，当速度达到一定值时，作用在小球上的各力达到平衡，于是小球匀速下落，即

$$\rho g V = \rho_0 g V + 6\pi\eta vr \qquad \text{式 3-2}$$

$$\frac{4}{3}\pi\left(\frac{d}{2}\right)^3 (\rho-\rho_0)g = 3\pi\eta vd \qquad \text{式 3-3}$$

式中 d 为小球直径，则

$$\eta = \frac{(\rho-\rho_0)gd^2}{18v} \qquad \text{式 3-4}$$

上式适用于小球在无限深广的液体内运动的情况。考虑到器壁对小球运动的影响，实验中要注意使小球以初速度为零，沿轴线位置下落。设小球下落做距离为 L，小球通过距离 L 所用的时间为 t，则上式为

$$\eta = \frac{1}{18} \frac{(\rho-\rho_0)gd^2t}{L} \qquad \text{式 3-5}$$

实验中为满足小球在无限深广的液体内运动的情况，小球直径取 1.500 mm 和 2.000 mm，远远小于量筒直径。操作过程中要使小球沿着量筒轴线位置下落做直线运动。等小球做匀速直线运动时开始计时。

4.【答案】 实验中，内筒旋转，紧靠内筒表面的液体也随之旋转。在稳定状态下，紧靠内筒表面层液体速度应与内筒旋转速度相同均为 v。由于液体的黏性，在内、外筒间隙中的液体逐渐形成一速度梯度。在内筒匀速旋转的一段时间内，可以认为外筒的内表面层液体的移动速度为零。这样，内、外筒间隙中的速度梯度值为 $v/(b-a)$。根据流动液体内摩擦力公式 $F = \eta S(\Delta v/\Delta r)$，可求出黏度 η 为

$$\eta = \frac{\dfrac{mgr}{a}}{\dfrac{v}{b-a}\cdot 2\pi ah} = \frac{mgr(b-a)}{2\pi h \cdot va^2} \qquad \text{式 3-6}$$

使砝码由静止下落，选取其匀速下降的部分，测量此时下落高度 H 及其相应的时间 t，利用匀速运动公式得 $H = v_0 t$，v_0 为砝码下降的速率，也是内筒上圆轮 K 边缘的线速度，所以 $v_0/r = v/a$，即

$$v = \frac{a}{r}v_0 = \frac{aH}{rt} \qquad \text{式 3-7}$$

将式 3-7 代入式 3-8，得黏度 η 的计算公式为

$$\eta = \frac{mgr^2(b-a)t}{2\pi hHa^3} \qquad \text{式 3-8}$$

为保证满足公式推导条件，测试过程中一定要等砝码匀速下降后才能开始计时，即不能开

始下落就计时。

5.【答案】　仪器的不同、方法的差异、测量条件的改变及测量者素质的差异都会造成测量结果的变化,这样的测量叫做不等精度测量。本实验中转筒法测量液体黏度实验改变了砝码的质量,落球法实验改变了小球的直径,所以尽管测量的是同一种液体的黏度,但是也不能求平均值。

6.【答案】　在把细线绕在小轮上时,动作尽可能缓慢,有时可以绕绕停停,防止速度过快加大摩擦使油温升高,这样就会尽量减少温度变化对实验的影响。

7.【答案】　不可以。因为砝码重量的改变会造成测量结果的变化,属于不等精度测量,不能求平均值。

8.【答案】　小球落下时受周围液体施加的摩擦阻力,量筒侧壁对小球有横向作用力,小球沿量筒轴心下落,可以使横向的作用力达到平衡状态,互相抵消,从而保证小球水平方向受合力为零。

9.【答案】　小球加速下落过程中受到 3 个力的作用:一是重力,二是浮力,三是黏滞力。黏滞力与速度成正比,与半径成正比,随着下落速度不断增大,黏滞力不断增大,当 3 个外力平衡时,小球的速度不再变化,此时的速度为收尾速度,此后小球以此速度匀速下落。当黏滞系数不变时,小球的收尾速度与小球的直径的平方成正比,所以直径为 2.000 mm 的小球比 1.500 mm 的小球下落得快。

二、设计性实验

1.【分析】　液体的黏度是描述液体一个重要物理量。测量各种真正蜂蜜在 0,20 ℃ 等几种常见温度下的黏度,把它们制成标准黏度的液体,可以随身携带。通过观察液体的流动性,即晃动待测蜂蜜和标准蜂蜜,然后观察待测蜂蜜和标准蜂蜜液体之间流动性的差异来辨别真伪,这是在购买时可以使用的方法。买回来以后,还可以通过测量待测蜂蜜的黏度,再和标准蜂蜜的黏度去比对,来确定蜂蜜的真伪。

2.【分析】　现有的落球法黏度测定实验方法中,传统实验要求实验者目测小球达到预定位置时启动秒表,再下落一段距离后停止秒表,以求出平均速度,由于人存在反应时间,且观察角度也会影响小球位置的准确判断,系统误差较大,因此可以从这个角度改进实验。

注:往届优秀学生基于激光扩展平面法,即在量筒内壁安装两组相对,边缘略错开的平面反射镜,从一端以很小入射角射入,则激光会在两镜子间多次反射形成密集的激光网,当小球落下时会挡住光线开始计时,下落一定距离后再次挡光,停止计时,有效提高了落球法黏度测定实验中小球匀速下落时间测定的精度,减小了实验的系统误差。本实验参加 2019 年北京市大学生实验竞赛获三等奖,申请授权专利一项。

3.【分析】　选择发动机机油黏度标准两个标准,低温流动性和高温流动性(黏度)。这两个标准应该如何选择,要以用车环境温度及发动机工况来决定。盲目提升机油黏度等于加大的运动损耗,结果是油耗升高。一般情况下,对于新车,由于发动机间隙较小,建议选用高温黏度 20 的机油,以避免造成磨损。当公里数达 5 万 km 后,发动机间隙变大,建议使用高温黏度 30 的机油。当公里数达 20 万 km 后,建议使用高温黏度 40° 的机油。

刚体转动惯量的测定

一、问题解答

(一)填空题

1. 惯性,质量,质量分布,转轴位置
2. 叠加
3. 细绳的拉力矩,转轴轴承处的摩擦力矩
4. 三,九
5. 匀变速圆周运动
6. 摩擦力矩,$\omega_0 = 0$
7. 大,小
8. 偏大
9. 静止
10. 二次曲线

(二)判断题

1. × 2. √ 3. × 4. × 5. √ 6. × 7. × 8. √ 9. √ 10. √

(三)思考题

1.【答案】 物体旋转运动时有保持匀速转动或静止的特性,转动惯量是这种特性的量度。转动惯量只决定于刚体的形状、质量分布和转轴的位置,而同刚体绕轴的转动状态(如角速度的大小)无关。对于一个绕定轴转动的质点,转动惯量 $I = mr^2$,其中 m 是其质量,r 是质点到转轴的垂直距离。转动惯量是刚体计算中的常见参量,用于建立角动量、角速度、力矩和角加速度等多个量之间的关系。在工程技术、航空航天等领域中,转动惯量不仅用于外形设计,而且这一参量的精度对被测物体系统的运动、定位和控制等都具有重要影响。

2.【答案】 待测物体的转动惯量 $I_x = I - I_0$,其中 I 为整个转动体系的转动惯量,I_0 为载物台的转动惯量,这里利用了刚体转动惯量的叠加原理。另外,转动体系受到拉力矩和摩擦阻力矩,在公式推导中,根据刚体定轴转动的转动定律,合外力矩 $M = I\beta$。

3.【答案】 实验操作中出现的系统误差有以下几点。细绳与滑轮不相切会产生附加力,

并且加大绳与滑轮之间的摩擦;定滑轮上端没有与塔轮绕绳处等高,致使塔轮与定滑轮之间的细绳不水平,引起有效拉力减小,实验结果偏大;砝码下落过程中的摆动引起拉力值不稳,毫秒计由角位移和时间计算得到的角加速度值不准确。另外,手从载物台移开时的轻微施力、测铝盘转动惯量时初始时刻遮光棒位置的选取也会产生一定的随机误差。

4.【答案】　主要有两方面近似,第一是公式推导中的近似,砝码的下落加速度远小于重力加速度,砝码的加速度忽略不计,细绳对砝码的拉力等于砝码的重力,得到 $m_1gr-M_\mu=I\beta$。在转动过程中,由于转动体系受到的摩擦力矩的大小受转速的影响不大,两组实验都将摩擦力矩视为恒力矩。第二是电脑式毫秒计将转动视为匀变速转动,所以 $\theta=\omega_0t+\dfrac{1}{2}\beta t^2$。毫秒计选取第三次到第九次遮光,即转动体系的角位移在 2π 到 8π 之间进行角加速度的计算可以很好地满足上述近似。

5.【答案】　定滑轮和细绳之间可认为无相对滑动,砝码加速下落时,定滑轮加速转动,由转动定律可知定滑轮两端细绳拉力并不相同,但实验原理中因为砝码的加速度远小于重力加速度,砝码的加速度忽略不计,细绳对砝码的拉力等于砝码的重力,所以,可以忽略定滑轮的加速转动,也就不需要考虑定滑轮的质量和转动惯量。另外,定滑轮的转动惯量远小于定轴转动体系也是不需考虑的原因。

6.【答案】　将实验得到的转动惯量测量值与由理论公式计算得到的值比较,由相对误差来检验测量值的精度。

7.【答案】　在第一组实验中得到两个公式,转动惯量 $I=\dfrac{m_1gr}{\beta-\beta'}$ 和摩擦力矩 $M_\mu=\dfrac{-\beta'}{\beta-\beta'}m_1gr$。对公式 $I=\dfrac{m_1gr}{\beta-\beta'}$,等式左侧 $\dim I=ML^2$,等式右侧量纲 $\dfrac{MLT^{-2}L}{T^{-2}}=ML^2$,公式两侧量纲一致。对公式 $M_\mu=\dfrac{-\beta}{\beta-\beta'}m_1gr$,等式左侧 $\dim M_\mu=MLT^{-2}L=ML^2T^{-2}$,等式右侧量纲 ML^2T^{-2},公式两侧量纲一致。

二、设计性实验

1.【分析】　I_c 代表刚体对于质心轴的转动惯量,则对任一与该轴平行,相距为 d 的转轴的转动惯量 $I=I_c+Md^2$,其中 M 表示刚体的质量,这就是转动惯量平行轴定理,根据平行轴定理能够很简易地从刚体对于通过质心轴的转动惯量计算出刚体对平行于质心轴的其他轴的转动惯量。

在转动惯量实验中增加仪器轻质实心圆柱体和直尺,实心圆柱体的质量 M 和半径 r 已知,由理论公式 $\dfrac{1}{2}Mr^2$ 计算得到实心圆柱体相对于过质心的对称轴的转动惯量 I_c,将轻质实心圆柱体固定在载物台横杆末端,实心圆柱体对称轴与载物台转轴距离 $d=R-r$,R 为载物台半径。采用转动惯量实验中第一组操作,测量此时系统的转动惯量 I,实心圆柱体相对转轴的转动惯量 $I_x=I-I_0$,I_0 为载物台相对转轴的转动惯量。计算 Md^2 并于测量值 I_x-I_c 比较验证转动惯量平行轴定理。

2.【分析】 实验中利用刚体转动定律得到摩擦力矩和转动惯量,如何设计实验反推刚体转动定律呢? 可以采用作图法。载物台转动惯量为 I_0,砝码 m_1 下落带动载物台转动,近似认为转动体系受到的合外力矩为 $m_1gr - M_\mu$,令初角速度 $\omega_0 = 0$,转动体系的角加速度 $\beta = 2\theta/t^2$,改变下落砝码质量,测量出载物台转过相同角位移所用的时间,得到一系列 m_1 和时间值,在坐标纸上绘出 m_1-$1/t^2$ 图,用两点式求斜率方法求出相应斜率 k,计算 $kgr/2\theta$ 与 I_0 比较,验证刚体转动定律。也可以固定砝码质量,改变 r 值,采用作图法来验证刚体转动定律。

实验 八 用惠斯通电桥研究金属的电阻温度系数

一、问题解答

(一)填空题

1. 增大,减小

2. 检流计指针为 0,或流过检流计的电流为 0

3. 精确度高,消除测量方法方面的系统误差

4. 作图法

5. $R_x = \dfrac{R_2}{R_1} R_s$

6. R_1、R_2、R_s 电阻自身的误差,电桥的灵敏度

7. 逐步逼近,跃按,电流过大损坏检流计;跃按,焦耳热的影响

8. 检流计灵敏度,线路参数取值

9. 比较测量法(或指零测量法)

10. 正比

(二)判断题

1. × 2. √ 3. √ 4. √ 5. × 6. √ 7. × 8. × 9. √

(三)思考题

1.【答案】 可以。惠斯通电桥能精确测量材料的电阻值,利用电桥的不平衡条件,选用温敏电阻,根据电阻随温度的变化关系,测量材料的温度,测量原理参见拓展应用部分。

2.【答案】 本实验中根据待测材料在室温下大概的电阻值来选择比例臂 R_2/R_1 的值。用万用电表粗测出室温下铜的电阻值,本实验中惠斯通电桥的标准电阻可以测量范围从 9999 到 0000 Ω,有 4 位有效位数,而本实验测量的铜室温附近的电阻值是几十欧姆,为使测量值更准确,保持 4 位有效位数,选择 $R_2/R_1 = 0.01$。

3.【答案】 不能。测量电阻通常用两种方法,伏安法和电桥法。用伏安法测量时,通过测量流经电阻 R 的电流 I 和其两端的电位差 U,根据欧姆定律求出电阻。此方法中,电流表和电压表本身有内阻会带来测量误差,加之本身精度不高,都会导致测量电阻带来误差。而且,本实验中,电阻是随温度变化的,电阻是动态测量,用伏安法测量电阻没有电桥法测量的精确度高。

4.【答案】 实验中如果电桥无论如何通过调节电阻都达不到平衡,可能的原因有以下几点。

①电桥电路的连接不正确,检查电桥的连接是否正确,并排除短路和断路问题。

②测量前应预先调好检流计零位。

③检查 R_2/R_1 的档位是否合适,如果偏离太大,电桥很难达到平衡。

5.【答案】 电桥电源开关 B 按钮要求跃按,以避免焦耳热对电阻阻值的影响;电流计开关 G 按钮要求跃按,以避免电流过大损坏检流计。

6.【答案】 不可以用量角器测量,因为多一次测量会多引入一次测量误差,且横纵轴坐标刻度不一致。

7.【答案】 实验中采用了单臂电桥测量电阻值,即比较测量法或指零测量法,根据"零"或"非零"来判断电桥是否平衡,而不涉及被测量和已知量的大小。

二、设计性实验

1.【分析】 材料受外力时必然发生形变,形变性能用杨氏模量 E 来描述,定义为材料内部应力和应变之比 E=应力/应变,应力=F/S,应变=(ΔL)/L。对于金属材料,一般 E 都很小,在一定应力作用下,ΔL 很小,用常规的测量方法不能准确测出。在实验 2 中,采用光杠杆放大法结合逐差法,通过间接方法测量 ΔL,由于在光杠杆中,是通过人眼在平面镜中读取放大了的金属丝的形变量,容易产生主观误差。

电阻是材料的基本属性之一,考虑到金属丝长度的变化,根据欧姆定律,必然会引起电阻的变化 $\dfrac{\Delta L}{L}=k\dfrac{\Delta R}{R}$,$k$ 是由欧姆定律导出的、与材料有关的常数。而惠斯通电桥是精确测量电阻的有效方法,金属丝接入惠斯通电桥,其长度在力 F 拉伸下的变化量 ΔL,引起电阻的变化 ΔR 可通过惠斯通电桥测出,从而求出杨氏模量。

2.【分析】 具体的实验设计留给同学们发挥,计算可参考张丽琴,徐士涛. 惠斯通电桥原理及应用研究. 赤峰学院学报,2018,34(7):88-90.

用补偿法测电池的电动势

一、问题解答

(一)填空题

1. 被测物理量,抵消(或补偿)
2. 补偿,电源没有输出电流
3. 有
4. $\varepsilon_1 > \varepsilon_2, \varepsilon_1 > \varepsilon_3$
5. 3,工作电流回路,标准电池回路,待测电池回路,校准,测量
6. 稳压直流,电流标准化
7. 电阻丝的准确度,工作电源的准确度,标准电池的准确度,检流计的准确度

(二)判断题

1. × 2. √ 3. √ 4. √ 5. × 6. × 7. × 8. √

(三)思考题

1.【答案】 基本原理是补偿原理,用一个工作电源的电压与待测电池电源互相抵消。
如果在调平衡后断开工作电流回路,则电路无法补偿,检流计指针或保持向一方偏转。

2.【答案】 整个电路中有 3 个电源回路,分别是工作电流回路、标准电池回路和待测电池回路。

3.【答案】 可能的原因有:①电源极性接错,②工作电源未打开,③工作电源回路发生断路,④工作电源电动势小于被测电池电动势。
发生前三种情况时,电路中无法形成补偿,则有恒定方向的电流,如果工作电源电动势小于被测电池电动势,则不足以形成补偿,也会有定向电流产生。

4.【答案】 ①电阻丝的准确度,即电阻丝粗细和电阻率的均匀性;②工作电流的准确度和稳定性;③标准电池的准确度;④检流计的准确度。

5.【答案】 ①避免了由于电源内阻产生的误差,在没有电流通过电源的情况下测量它的路端电压,极大地提高了精确度和灵敏度;②补偿状态下电路中没有电流通过,避免了焦耳热的积累导致电阻值变化,从而影响测量精度。

6.【答案】 有影响。工作电池采用稳压电源更好,因为只有采用稳压电源才可以实现辅

助回路的电流调节,使得辅助回路的电流标准化。

7.【答案】 电阻与电源之间接一个检流计,再接一个与电流表和可调电阻串联的补偿电源与检流计并联,先初调可调电阻,再微调补偿电源,使检流计指针归零,此时检流计两端电压为零,即电路表不会在被测电路中分压,因此可真实测出被测回路中的电流数值。

8.【答案】 电子线路技术领域的温度补偿电阻。许多导体的电阻随温度的升高而增大,测量元件产生的电信号在测量、传送过程就会受到影响,为了补偿测量元件产生的电压信号随温度的变化,可以采用两种补偿方法。一种是电桥补偿方法,其原理是将电桥的三个桥臂用三个标准电阻放置在温度恒定的地方,而用一个阻值随温度的变化而变化的补偿电阻作为电桥的另外一个桥臂。这样,当温度变化时,电桥的两端将产生一定的电压,如果设计得当,此电压可以正好等于测量元件受温度变化产生的电压信号的变化,将补偿电桥的信号与测量信号叠加,就能够补偿温度变化产生的影响。另一种是,为了减小线路传输电阻温度系数影响,可在传输电路中并联一个补偿电阻,热敏电阻,其阻值随温度的升高而下降,这样就可以保持传输线路的总阻值不受温度的变化而变化,即保持传输线路的总电阻为常数。

其他的如测量物质比热容或溶解热的实验,会用到散热补偿法对修正实验系统吸热、放热与实际过程的不对称性。

此外还有计算程序中的补偿法,企业管理中的补偿法,等等。

二、设计性实验

1.【答案】 设计电路图如下,根据电路可知 $E=\dfrac{U_2 I_1 - U_1 I_2}{I_1 - I_2}$, $r=\dfrac{U_2 - U_1}{I_1 - I_2}$。

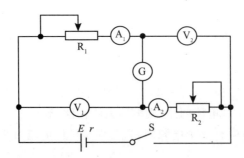

【分析】 闭合开关 S,通过调节滑动变阻器 R_1、R_2,可以使电流表 G 的示数为 0,则此时电流表 A_1 和 A_2 的示数之和就是流过电源的电流(即干路电流),电压表 V_1、V_2 的示数之和就是电源的路端电压。再次调节 R_1、R_2,使电流表 G 的示数变为 0,读出 4 个电表的读数。根据两次测量的数据列出方程,便可求出电源电动势和内阻,并且不必考虑电表带来的误差。因为此时电表相当于电源的外电路电阻。假设第一次两电流表示数之和为 I_1,两电压表示数之和为 U_1,则 $E=U_1 + I_1 r$;第二次两电流表示数之和为 I_2,两电压表示数之和为 U_2,则 $E=U_2 + I_2 r$,解方程可得结果。

2.【分析】 利用电位差计精确测量出 PN 结两端电压,利用 PN 结两端电压与温度成线性负相关的特性,获得待测温度,温度值通过可调节到的电阻值直接显示。这种测温仪测量精度高,适用于量热学中监视凝固点的下降及沸点的上升,以及需要测量微小温差的场合。

实验 十 利用霍尔效应测磁场

一、问题解答

(一)填空题

1. 垂直,横向

2. 对称测量,霍尔电流,励磁电流

3. 半导体材料

4. 磁场的强度和方向,霍尔片上通过的电流大小和方向

5. 小,大

6. 霍尔电流,励磁电流,霍尔片的厚度

7. 小

8. 小

9. 转换测量法

10. 最小

(二)判断题

1. √   2. ×   3. ×   4. √   5. √   6. ×   7. ×   8. √   9. ×   10. √

(三)思考题

1.【答案】 1879 年,美国物理学家霍尔在马里兰州约翰霍普金斯大学读博士时,研究金属的导电机制时发现,把通电的导体放入磁场,当电流垂直于外磁场通过导体时,载流子发生偏转,垂直于电流和磁场的方向会产生一附加电场,从而在半导体的两端产生电势差,这个现象叫作霍尔效应。

2.【答案】 虽然霍尔效应是基于金属材料发现的,但是现在实验中用的霍尔元件却是半导体材料,这是因为根据霍尔效应原理,霍尔电压与通过霍尔元件的电流 I_s、实验磁场的磁感应强度 B 和霍尔元件灵敏度 K_n 都是正相关,实验要测得大的霍尔电压,关键是要选择霍尔元件灵敏度高的,或者说元件霍尔系数大的材料,也就是载流子迁徙率高,电阻率也高的材料,而金属的载流子迁移率和电阻率都不高,不是理想的霍尔元件材料。半导体材料的载流子迁移率高,电阻率也适中,是制作霍尔元件的理想材料。所以现在实验用的霍尔元件的制备材料一般是半导体而不是金属。

3.【答案】 霍尔电压的物理本质就是电磁效应。磁场中电子,或者说载流子受磁场力发生偏转和聚集,聚集的电荷又会产生电场,这样后续的电子会受到磁场力和电场力的共同作用,两力平衡时就能测得稳定的霍尔电压了。

4.【答案】 主要有三种负效应,第一种是不等势电位差,制作霍尔元件时,霍尔材料两端要有两个电极连接,两个霍尔电极很难非常对称地连接在霍尔片的同一等位线上。这样,电流通过霍尔元件时,即使没有外加磁场也会在两个连接点产生一个电位差,这个电位差和磁场没有关系,只跟电流的大小和方向有关。第二种是埃廷豪森效应,由于霍尔片内的载流子速度服从统计分布,有快有慢,在达到动态平衡时,慢速和快速的载流子将在洛伦兹力和霍尔电场力作用下沿 y 轴分别向相反的方向偏转,这些载流子的动能将转化为热能,使两侧的温升不同,因此造成 y 方向上两侧的温差,在电极和元件之间形成温差电偶,从而产生温差电动势,这一效应被称为埃廷豪森效应。第三种是能斯特效应,由于两霍尔电极与元件的接触电阻可能不同,工作电流在接触点处所产生的焦耳热也不同,于是引起热扩散电流,在两极间形成一温差电势,进而形成温差电流。温差电流在磁场中发生偏转,结果在霍尔电势差方向产生一附加电势差,它与电流的大小及磁场的大小和方向有关。有些教材提及的第四种是里纪-勒杜克效应,它产生的电势差,有时也归为第三种。能斯特效应中热扩散电流的载流子由于速度不同,根据与埃廷豪森效应同样的理由,又会形成温差电动势。

5.【答案】 由于这些负效应所产生的附加电势差都只与电流及磁场的大小和方向有关,所以,我们可以在不改变工作电流 I_s 和 B 大小的条件下,通过改变它们的方向,多次测量取平均来消除这些负效应所产生的影响,即

6.【答案】 因为根据实验原理,外磁场的磁感应强度 B 等于霍尔电势差除以工作电流和霍尔元件灵敏度,测定霍尔元件的灵敏度后,就可以很容易测出某些磁场的磁感应强度。例如,根据外形结构不易通过数学运算得到磁场的情况。

7.【答案】 工作电流是霍尔元件中通过的电流,使导体或半导体中有充足的载流子,是直流,方向确定。励磁电流是激励磁场产生磁场的电流,也是直流电源,能保证确定的电流方向和激发的磁场方向。

8.【答案】 按以前的学习结论,无限长螺线管中磁场均匀,都相等。但实际情况中螺线管不是无限长的,那么螺线管中间一段可能磁场还是均匀等大的,两边缘因为边缘效应会小一点。

二、设计性实验

1.【分析】 可以根据霍尔效应原理制成电梯设备负载超载检测:活动轿厢底部安装永久磁铁,在垂直方向随电梯轿厢移动。在电梯厢底部的承重梁上安装霍尔片传感器,传感器中的霍尔片设备位于永久磁铁的下方,且两者必须垂直。当电梯因增加负载产生位置向下移动,同时永久磁铁也同步运动,此时通过霍尔片的磁场强度变化,导致霍尔片的输出电压也跟随变化,控制器通过输入电压大小的变化来检测,确定电梯承受的负载是否超载,如果输送电压过高超过超载监视电压,则显示过载并发出报警,提示负载超载,避免事故发生。

还可以根据霍尔效应原理检测电梯的运行速度。电梯在工作时,为了安全必须适时检测电梯运行状况,确保电梯正常安全运行。电梯承重箱的升降动力来源于曳引机牵引,因此只要

能检测到曳引机的运行速度就可以检测到电梯的速度。在测运行速度时不能影响电梯的工作,否则测速毫无意义。将磁性齿轮安装于电梯曳引轮的转动轴上,磁性轮和曳引轮转轴同步运动,在水平正对齿轮的位置安装霍尔传感器。当齿轮转动时,水平正对的传感器霍尔片装置所受磁场发生变化,受到一个脉冲式的变化,每一个对霍尔片产生一个磁场脉冲,计算出单位时间的脉冲数量就能确定电梯的升降速度,因此可以监测电梯升降速度是否正常。

2.【分析】 半导体材料分为两种基本类型。以电子导电(载流子主要是电子)为主的半导体称为 N 型半导体,以空穴导电(载流子主要是带正电的空穴)为主的半导体称为 P 型半导体。设计实验测定霍尔电势差的正负就可以判定半导体的导电类型。

3.【分析】 请参考拓展实验 1 自行设计完成。

用牛顿环测曲率半径

一、问题解答

(一)填空题

1. 平凸透镜的凸面,平玻璃板间

2. 薄膜厚度,等厚

3. 半波损失,暗

4. 系统,取两个暗环半径的平方差值

5. 入射光垂直于透镜

6. 相切,"空转"或回程

7. 有

8. 相同

9. 空气薄膜的上表面

(二)判断题

1. × 2. √ 3. × 4. × 5. √ 6. √ 7. × 8. × 9. √ 10. ×

(三)思考题

1.【答案】 牛顿环装置的下部为平面玻璃(平晶),上部为平凸透镜,在二者中部接触点的四周是平面玻璃与凸透镜所夹的空气薄膜。当平行单色光垂直入射时,在空气薄膜的上下两表面引起的反射光线形成相干光。

2.【答案】 入射光在空气薄膜的上下两表面反射,产生具有一定光程差的两束相干光,由于光程差取决于薄膜厚度,所以干涉条纹是以接触点为中心的一系列明暗交替的同心圆环。经过计算得到 k 级暗环的半径 $r_k = \sqrt{kR\lambda}$,环半径与级次不呈线性关系,牛顿环是非等间隔的干涉环。另外,空气薄膜的上表面是弧形的,由中心到边缘斜率越来越大,这意味着薄膜厚度的变化率越来越大,呈现出牛顿环内疏外密的干涉条纹。实验中,平凸透镜和平板玻璃不可能是理想的点接触,由于接触压力或微小灰尘的存在,牛顿环中心为一亮(或暗)斑。

3.【答案】 平凸透镜的曲率半径 $R = \dfrac{r_k^2}{k\lambda}$,这里 r_k 为 k 级暗环的半径。实验中,平凸透镜和平板玻璃之间接触压力会引起局部形变,使接触处成为一个圆形平面,干涉环中心为一暗斑,或者空气间隙层中有了灰尘,干涉环中心为一亮(或暗)斑,这些都产生了附加光程差,并且使条纹级次无法确定。实验中通过取两个暗环半径的平方差值来消除,并用暗环的直径替换半径,解决了环的几何中心无法确定的问题,这样得到平凸透镜的曲率半径 $R = \dfrac{D_m^2 - D_n^2}{4(m-n)\lambda}$。

4.【答案】 读数显微镜是本实验的主要测量工具,使用时应注意以下两点:调焦时,显微镜筒应自下而上缓慢上升,直到看清楚干涉条纹为止,以免损伤物镜镜头和压坏牛顿环;测量时,应向一个方向水平移动测微鼓轮,中途不可倒转,以免"空转"引起误差。

5.【答案】 平凸透镜和平板玻璃之间接触压力会引起局部形变,使接触处成为一个圆形平面,干涉环中心为一暗斑,而空气间隙层的存在使干涉环中心有可能为一亮(或暗)斑,这些都产生了附加光程差,并且使条纹级次无法确定,实验中通过取两个暗环半径的平方差值来消除。牛顿环中心是亮斑而不是暗斑对实验结果没有影响。显微镜目镜中的十字叉丝没有沿牛顿环直径移动时,测量得到的是弦长,会引起实验结果偏小。

6.【答案】 由于白光由多种波长的光组成,当照射牛顿环时,波长越长的光对应干涉条纹的半径越大,所以从环心往外形成紫色到红色的七色光环,级次增大时会出现干涉条纹交叠。

7.【答案】 从牛顿环透射出来的环底的光可以形成干涉条纹,与反射光干涉比较,二者的差别在于同一厚度处光程差相差半个波长,这在理论上引起当反射光的干涉加强呈亮条纹时,透射光的干涉相互减弱呈现暗纹,即明、暗条纹互补。另外,反射型牛顿环的反差比较大,容易观察,透射型的反差小,观察困难。

8.【答案】 利用牛顿环装置可以测得平凸透镜的曲率半径,以未知波长的光波入射牛顿环,重复实验操作并记录数据,再由公式 $\lambda = \dfrac{\overline{D_{m+n}^2 - D_m^2}}{4nR}$ 得到 $\bar{\lambda}$。

9.【答案】 逐差法处理数据时要求测量数据具有偶数组、等间距的特点,牛顿环实验取环直径的平方作为数据项,利用已推导的公式得到平凸透镜曲率半径,环直径的平方是偶数组、等间距的,可以用逐差法处理数据。

二、设计性实验

1.【分析】 牛顿环平凸透镜的曲率半径为 1 米左右,这意味着夹层中的空气薄膜非常薄,将牛顿环置于待测液体中,再拿出来时,由于表面张力,原来被空气填满的夹层被待测液体所替代。假设两种待测液体的折射率分别为 n_1 和 n_2,平行单色光垂直入射牛顿环装置,入射光波长及平凸透镜的半径已知,重复原有的实验流程,测量并计算出此时被液体充满了的牛顿环相应环数的直径,计算出牛顿环直径的平方值后,用逐差法处理所得数据,再利用公式折射率 $n_1 = \dfrac{4nR\lambda}{D_{m+n}^2 - D_m^2}$ 推出液体的折射率。通常纯度为 95% 的工业乙醇的折射率为 1.36,53° 茅台陈酿的折射率为 1.33,通过比较可以区分两杯待测液体。

2.【分析】 可以根据牛顿环等厚干涉原理检测透镜的曲率半径。将标准件覆盖在待测透镜之上,如果待测透镜与标准件曲率半径不符,两者之间会形成空气薄膜,因而单色平行光垂直入射后出现牛顿环,环的圈数越多,说明透镜越不合格。固定待测工件,轻轻按压标准件,空气膜变薄;如果干涉圆环向中心收缩,待测透镜的曲率半径偏大;如果干涉圆环从中心向边缘扩散,待测透镜的曲率半径偏小。

将标准件或平板玻璃与待测透镜接触,利用两者之间形成的空气薄膜也可以检测待测透镜表面的光滑度。例如,平凸透镜和平板玻璃构成的牛顿环装置,根据等厚干涉原理,厚度相同的地方干涉现象相同,所以在透镜表面的凸起处,由于空气薄膜厚度减小,所以该处的干涉条纹发生畸变,牛顿环局部外凸,而如果透镜表面有划痕或磕碰痕迹,该处的牛顿环局部内凹。

单缝衍射实验

一、问题解答

(一)填空题

1. 波长更长

2. 菲涅耳衍射,当光源到衍射屏的距离或接收屏到衍射屏的距离不是无限大时,或者两者都不是无限大时所发生的;夫琅禾费衍射,当光源到衍射屏的距离和接收屏到衍射屏的距离都是无限大时所发生的;透镜

3. 零/0,2 倍,中央明纹

4. 反比

5. 不变,变大

6. 可以

7. 变大

8. 小于,大于

9. 不动

10. 不动

11. 红,紫

(二)判断题

1. ×　2. √　3. ×　4. √　5. √　6. √　7. √　8. ×　9. √　10. √

(三)思考题

1.【答案】　当光照射到小孔或障碍物上时,光离开直线路径绕到孔或障碍物的阴影里去的现象,叫作光的衍射现象。

产生明显衍射现象的条件:障碍物或小孔的尺寸跟光的波长相差不多,甚至比光的波长还要小。

衍射形成的原因:光的衍射是相干光波叠加的结果,当光源发出的光照射到小孔或障碍物上时,小孔处可以看成许多点光源,障碍物的边缘也可看成许多点光源(惠更斯原理)。这些点光源是相干光源,发出的光相干涉,在光屏上形成明暗相间的条纹。

2.【答案】　菲涅耳衍射是指当光源到衍射屏的距离或接收屏到衍射屏的距离不是无限

大时,或者两者都不是无限大时所发生的衍射现象。可见,在菲涅耳衍射中,入射光或衍射光不是平行光,或者两者都不是平行光。

所谓夫琅禾费衍射,是指当光源到衍射屏的距离和接收屏到衍射屏的距离都是无限大时,所发生的衍射现象。因此夫琅禾费衍射中入射光和衍射到接收屏上任意一点的光都是平行光,夫琅禾费衍射的条件在实验室里可借助于透镜实现。

3.【答案】 会随之发生变化。

波在传播过程中,如果遇到障碍物就会发生偏离直线传播、偏离反射定律和折射定律的现象,这种现象被称为波的衍射。光是电磁波的一种。

大家熟悉的几何光学,点光源发出的光,通过圆孔、狭缝或其他任意形状的孔及障碍物到达屏幕,在其上会呈现明显的几何阴影,阴影内完全没有光,阴影外一片明亮。实际上,如果圆孔、狭缝或其他障碍物非常窄小时,它们会限制波的波阵面,结果会有光进入阴影内,呈现有亮有暗的分布。

当狭缝或障碍物的尺寸略小于波长时衍射现象比较明显,轻缓地旋转狭缝调节旋钮,会发现狭缝很大时,并没有衍射现象发生,当狭缝逐渐变小至略小于波长时才可以观测到衍射现象,在某一小范围内衍射现象比较明显。调节过程中可以发现,在衍射范围时,如果狭缝变窄,其衍射明条纹的宽度就相应变长,其中中央明纹是其他次级明纹宽度的2倍。

4.【答案】 狭缝大小确定后,单色光通过狭缝的衍射角确定,则光接收器与狭缝的距离越长,衍射条纹的宽度就越宽。但是整体光强分布曲线依然遵从衍射规律:中央明纹光强最强,两侧对称分布着明暗相间的衍射条纹。

5.【答案】 实验中采用激光作为实验光源,是因为它具有高单色性、高相干性、高亮度、高方向性和高稳定性的特点。

普通照明用的荧光灯是复合光,由多种波长的光复合而成,所以不能作为实验光源,否则衍射条纹除了中央明纹依然是白光,衍射图样在中央明纹两边依然对称分布。但是,因为复色光波长不同,不同波长的光在其他次级明纹会逐渐分离叠加,这样在中央明纹其左右会出现彩色混杂条纹,不再有明显的明暗相间。

6.【答案】 与狭缝平行的明暗相间条纹,其中中央明纹光强最强,占了所有通过狭缝光强的90%左右,两侧对称分布着明暗相间的衍射条纹,自中央明纹向两侧明纹依次亮度急速减小;其他级次的衍射明纹宽度约为中央明纹宽度的1/2。

衍射条纹宽度与狭缝宽度负相关,即实验中其他条件不变,调节狭缝的宽度增加时,衍射条纹宽度则减小,反之亦然。

7.【答案】 根据单缝衍射规律 $a\sin\theta = \pm k\lambda$,单缝宽度变小,某级次暗纹的衍射角会变大,在一定的衍射角度内,衍射条纹是减少的,衍射现象更加明显。

二、设计性实验

1.【提示】 对于光的衍射现象,只要狭缝宽度或障碍物的宽度略小于波长,就可实现。

【分析】 当狭缝或障碍物的尺寸略小于波长时,衍射现象比较明显,根据光学中的巴比涅互补原理,狭缝与障碍物形状尺寸相同时,所产生衍射条纹也是一致的。因此,只需要将头发丝垂直于单色平行光固定好,即可按本实验的步骤相应开展测量,用同样的数据处理方法获得单丝(即头发丝)直径,也可以测其他细丝直径,还可应用于工业精细测量。

2.【提示】　可在狭缝中间平行加一根细丝,获得双缝;也可用平行的双丝做双障碍物获得衍射图样,观察其图样并对比。

【分析】　经典杨氏双缝实验图样就可以如此完美实现。

3.【提示】　利用 2 个刀片固定在金属丝上构成一狭缝,在激光照射下,形成夫琅禾费衍射。通过测量不同拉力状态下衍射条纹间距的变化,从而测出狭缝宽度的改变,即金属丝的伸长量。

光的偏振实验

一、问题解答

(一)填空题

1. 光的振动方向垂直于它的传播方向,横

2. 两束光,双折射

3. 线偏振光,部分偏振光,圆偏振光,椭圆偏振光,自然光

4. 透光方向

5. 部分偏振光

6. 激光,接近1

7. 圆偏振光,椭圆偏振光,线偏振光,自然光

8. 起偏,检偏,第一个偏振片和光功率计中间

9. 两点式作图法

(二)判断题

1. × 2. × 3. × 4. √ 5. √ 6. √ 7. × 8. √

(三)思考题

1.【答案】 1808 年,马吕斯发现了光的偏振现象,而光的偏振现象是波动光学的一种重要现象,它的发现证实了光波是横波,即光的振动方向垂直于它的传播方向。

2.【答案】 用一个偏振片就能分辨。当自然光通过偏振片时,无论偏振片怎么旋转或是静止(以光的传播方向为轴),光的强度都不会发生变化。

当部分偏振光通过偏振片时,转动偏振片,会发现光的强度有最小和最大,但不会出现消光。

当部分偏振光与自然光的混合光通过偏振片时,转动偏振片,也会发现光的强度有最大和最小值,但不会出现消光。

生活中水面反射的光是部分偏振光,如果观察角度合适,反射的光是线偏振光。

3.【答案】 马吕斯定律中入射光是线偏振光。在本实验中,在光源的后面放置一片偏振片,使得入射光源经过起偏器后,出射光为线偏振光,这束偏振光再入射到检偏器上,转动检偏器来验证马吕斯定律。

4.【答案】　将偏振镜放在摄影镜头前能消除反光。在拍摄表面光滑的物体如玻璃器皿、水面、陈列橱柜、油漆表面、塑料表面等时,常常会出现耀斑或反光,这是由于光线的偏振而引起的。在拍摄时加用偏振镜,并适当地旋转偏振镜面,能够阻挡这些偏振光,借以消除或减弱这些光滑物体表面的反光或亮斑。要通过取景器一边观察一边转动镜面,以便观察消除偏振光的效果。当观察到被摄物体的反光消失时,即可以停止转动镜面。

5.【答案】　用一个偏振片就能分辨。当自然光通过偏振片时,无论偏振片怎么旋转或是静止(以光的传播方向为轴)光的强度都不会发生变化。

当圆偏振光通过偏振片时,保持偏振片不动,会发现光的强度呈周期性变化,而且会出现消光。

当圆偏振光与自然光的混合光通过偏振片时,保持偏振片不动,也会发现光的强度呈周期性变化,但不会出现消光。

6.【答案】　光的偏振实验中,如果在一组相互正交的偏振片之间插入一块半波片,使其光轴和起偏器的偏振轴平行,则透过检偏器的光斑还是暗的。因为经过起偏器后的线偏振光的偏振方向与波片光轴平行,与波片光轴垂直方向没有分量,此时不发生双折射效应,经过波片后仍然是原方向振动的线偏振光,所以消光。

将检偏器旋转 90° 后,光斑的亮暗有变化,会变亮,因为经过波片后仍然是原方向振动的线偏振光,检偏器旋转 90° 后正好与线偏振光振动方向一致。

这个问题的关键在于波片的光轴和起偏器偏振轴平行,线偏振光经过后不改变偏振方向。线偏振光经过 1/2 波片偏振方向是要关于光轴(或者快轴,或者慢轴)对称的。当线偏振光偏振方向平行或垂直于快轴或慢轴时,波片不起改变偏振态的作用,不仅 1/2 波片如此,其他波片也这样。

二、设计性实验

1.【分析】　工程实际中有很多构件如工业中的各种机器零件,它们的形状很不规则,载荷情况也很复杂,对这些构件的应力进行理论分析有时非常困难,往往需要实验的方法来解决。利用光偏振特性的光弹性试验就可以解决这类问题。

光弹性实验方法是一种光学的应力测量方法,在光测弹性仪上进行。先用具有双折射性能的透明材料制成和实际构件形状相似的模型,受力后,以偏振光透过模型,由于应力的存在,产生光的暂时双折射现象,再透过分析镜后产生光的干涉,在屏幕上显示出具有明暗条纹的映像,根据它即可推算出构件内的应力分布情况,这种方法对形状复杂的构件尤为适用。因为测量是全域性的,具有直观性强,能有效而准确地确定受力模型各点的主应力差和主应力方向,并能计算出各点的主应力数值。尤其对构件应力集中系数的确定,光弹性试验法显得特别方便和有效。

2.【分析】　夜晚远光灯对对面来车是非常危险的,但是利用光的偏振在理论上可以解决这个问题。可以将汽车灯罩设计成斜方向 45° 的偏振镜片,此时射出去的光都是有规律的斜向光。汽车驾驶员戴一副夜间眼镜,偏振方向与灯罩偏振方向相同。如此一来,驾驶员只能看到自己汽车射出去的光,而对面汽车射来光的振动方向,正好与本方向汽车成 90°,这样对面的车灯光线就不会再晃到驾驶员的眼睛了。

実験
十四

数字示波器

一、问题解答

(一)填空题

1. 信号采集,信号分析
2. 垂直系统,水平系统,触发系统,显示系统
3. 电子枪,偏转系统,荧光屏
4. 被测信号电压,扫描电压
5. 模拟信号,数字信号
6. 李萨如图形,$F_y/F_x = N_x/N_y$,频率比,相位差
7. 相同,相差不大,低
8. 比较测量法,将被测信号与已知信号比较,电压,频率
9. 减小,增大,减小
10. 0.1

(二)判断题

1. √ 2. √ 3. × 4. √ 5. × 6. √ 7. √ 8. √ 9. × 10. ×

(三)思考题

1.【答案】 电子模拟示波器显示的波形是加在 Y 轴方向的被测信号电压和加在 X 方向的扫描电压合成的结果。实验中直接测量信号电压和周期,对信号不进行变换处理。采用静电偏转示波管显示。

数字示波器显示的波形是对信号电压采样,经模/数转换器将模拟信号转成数字信号后存储起来,再利用这些数据在示波器的显示屏上重建信号波形。采用磁偏转显像管或液晶显示。

2.【答案】 数字示波器的优点:①体积小、重量轻,便于携带,液晶显示器,观看方便;②可以长期贮存波形,还可以对存储的波形进行放大等多种操作和分析;③适合测量单次和低频信号,测量低频信号时没有模拟示波器的闪烁现象;④具有多种触发方式如模拟示波器不具备的预触发、逻辑触发、脉冲宽度触发等;⑤可连接计算机、打印机、绘图仪,实现分析、存档、打印等;⑥具有强大的波形处理能力,能自动测量频率、上升时间、脉冲宽度等很多参数。

数字示波器的缺点:①失真比较大,由于数字示波器通过对波形采样来显示,采样点数越少失真越大,通常在水平方向有 512 个采样点,受到最大采样速率的限制,在最快扫描速度及其附近采样点更少,因此高速时失真更大。②测量复杂信号能力差,由于数字示波器的采样点数有限及没有亮度的变化,使得很多波形细节信息无法显示出来,再加上示波器有限的显示分辨率,使它仍然不能重现模拟显示的效果。③有可能出现假象和混淆波形,当采样时钟频率低于信号频率时,显示出的波形可能不是实际的频率和幅值。数字示波器的带宽与取样率密切相关,取样率不高时需借助内插计算,容易出现混淆波形。

3.【答案】 可以直接测量信号电压、频率、周期。

将信号发生器的信号接入示波器其中一个通道,调节垂直档位标尺系数旋钮使信号尽可能充满屏幕,与示波器屏幕上的标尺比较后读数,假如信号的 Y 幅度测出为 6.8 cm,此时垂直方向的电压档位指示值"V/cm"为 0.2 V,则信号电压 $U_{P-P} = 0.2 \text{ V/cm} \times 4.8 \text{ cm} = 0.96 \text{ V}$;若测得信号一个周期波形的长度为 8.6 cm,此时扫描时间指示值"T/cm"为 0.5 μs/cm,则该信号的周期 $T = 0.5 \text{ }\mu\text{s/cm} \times 8.6 \text{ cm} = 4.3 \text{ }\mu\text{s}$。

4.【答案】 实验所用示波器显示屏上的刻度,每格长为 1 cm,包含 2 小格,即精确到 0.2 cm,按误差理论可以估读到 0.1 cm,不可再往后估读。

5.【答案】 实验中波形不稳定,源自触发调节不当。一般单路测试时,触发源必须与被测信号所在通道一致。例如,待测信号接入示波器通道 CH1,则选择的触发源必须选 CH1;两个同频信号双路测试时,选信号强的一路为触发信号源;两个有整倍数频率关系的信号双路测试时,应选频率低的一路为触发信号源。

6.【答案】 可以。示波器可以用来观察各种周期/非周期电信号,示波器显示的波形是需要触发来稳定显示的。数字示波器一般用的是上升沿＋自动触发,适合周期型号的观测。如果是观察一闪而过的非周期型号,则需要用单次触发＋合适的触发方式来捕获。例如,示波器的"Normal"触发模式和"Single"触发模式,"Normal"模式是触发一次捕获一次,因此用户看到的屏幕波形是最后一次触发的波形;"Single"模式则是只捕获第一次触发的波形。在触发条件设置好的情况下,只要偶发信号满足触发条件,就会被示波器捕获并显示。

7.【答案】 在示波器 CH1 通道接上一正弦波,在 CH2 通道接上另一正弦波;设置两正弦波频率为简单整数比;先分别调节每个通道信号的垂直档位标尺系数旋钮和水平扫描旋钮,使其一个周期信号在显示屏中央;将功能选择中的"时基"设置为"X-Y",就能看到李萨如图形。实验中可以改变频率及两列波的初相位,观察不同的李萨如图形。

李萨如图形在 X 轴方向的切点数 N_x/图形在 Y 轴方向的切点数 N_y＝两路信号 F_y/F_x,已知标准信号频率和李萨如图形的切点数,就可以根据原理式求出未知信号的频率。

8.【答案】 扫描时间指示值是指屏幕上水平方向一格代表的时间,待测信号周期确定,如果把屏幕上每格代表的时间从 200 μs 改到 100 μs,屏幕上显示的时间变少,那么显示的波形数也就减少了。

9.【答案】 通过将待测的未知量与已知的标准量进行比较从而达到测量目的的方法称为比较法。实际上,任何一个测量过程原则上讲都是一种比较的过程。所以,比较法在物理实验中是最基本、最普遍的测量方法。

根据在比较过程中是否进行了转换,可将比较法分为"直接比较法"和"间接比较法"两类。

最简单的比较法就是直接比较法,将待测量与量具上属于同类物理量的标准量进行直接比较,测出其大小。例如,用米尺测量长度,用秒表测量时间。平衡测量法、补偿测量法和重合测量法等也属于比较测量的范畴。例如,用等臂天平称物体的质量就是一种平衡测量。

二、设计性实验

1.【分析】 由于波源和观察者之间有相对运动,使观测频率发生变化的现象,称为多普勒效应。多普勒效应广泛应用于科学研究、工程技术、交通管理及医疗诊断等各个方面。根据多普勒效应原理,当波源与观察者沿着两者的连线有相对运动时,观察者接收到的频率 f 为:

$f = f_0 \dfrac{u + v_1 \cos\theta_1}{u - v_2 \cos\theta_2}$,其中 f_0 为波源发射频率,u 为声速,v_1 为观察者运动速率,θ_1 为观察者运动方向和波源与观察者之间连线的夹角,v_2 为波源运动速率,θ_2 为波源运动方向和波源与观察者之间连线的夹角。如果波源不动,观察者沿波源与观察者连线方向以速度 v 运动,则接收频率与入射频率差 $\Delta f = f_0 - \Delta f = f_0 \dfrac{v}{u}$。当观察者向波源运动时 v 取正值,反之 v 取负值。使声源位置不动,将超声接收器固定在滑块上沿二者连线向声源运动,并测量 Δf 的值。实验所用超声波的频率 f_0 由超声信号源给出,空气中的声速根据温度与声速的关系式,可求得 $v = u \dfrac{\Delta f}{f_0}$,即接收器的运动速度。将多普勒效应计算速度与光电门测得速度相比较,即可验证多普勒效应。实验装置图如右图所示,信号源发出超声频率范围的 f_0 电信号,由压电陶瓷换能器 S_1 将其转换为超声信号,再由接收器 S_2 接收并转换成电信号输回信号源,经过整流和放大处理后,信号源将发射信号和接收信号分别输入数字示波器的CH1 和 CH2 通道,示波器屏幕上显示两个正弦波曲线,分别是信号源产生的初始频率

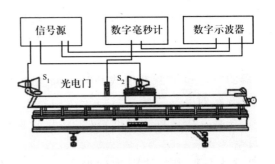

f_0 及接收器的接收频率 f。这两个信号叠加形成"拍",拍频就是两个信号的频率差 Δf,利用公式 $v = u \dfrac{\Delta f}{f_0}$ 求得滑块速度 v。利用光电门被遮挡时输出电压发生变化这一特点,将光电门输出电压作为示波器的触发源,可以精确地获得滑块经过光电门时的拍频波形,同时数字毫秒计可以给出当时测量的滑块速度 v',比较 v 与 v' 的值,从而验证多普勒效应,并分析得到实验误差。

实验主要内容:①调节气垫导轨水平。②调节超声信号源的输出频率,将信号源的输出和接收换能器接口分别与发射端 S_1 和接收端 S_2 相连,将发射波形和接收波形输入示波器的CH1 通道和 CH2 通道。调节输出信号的频率,观察示波器显示的接收波形,当接收波形达到极大值时,信号频率即是换能器的共振频率,将此频率作为实验的初始频率 f_0。③多普勒效应测速实验,调节示波器,将光电门输出作为触发信号,调节水平旋钮选择合适的时机。手动给滑块一个初速度,使滑块在气垫导轨上做匀速运动,当滑块经过光电门时,滑块上的挡光板

遮挡光电门,在记录遮挡时间的同时触发示波器,示波器则记录当时的 CH1 和 CH2 波形,将两波形叠加,可以看到波拍,移动光标测得拍频 Δf,根据公式求得多普勒速度 v。比较光电门测得速度 v' 与多普勒速度 v,得到实验的误差。

2.【分析】 压电陶瓷片是一种多用途、可逆向换能的电声元件,是构成压电蜂鸣器、压电扬声器、压电传感器、超声波发射头和接收头灯等电子器件或模块组件的关键元件。当电压作用于压电陶瓷时,就会随电压和频率的变化产生机械变形。另外,当振动压电瓷时,则会产生一个电荷。利用这一原理,当给由两片压电陶瓷或一片压电陶瓷和一个金属片构成的振动器(又称为双压电晶片元件)施加一个电信号时,会因弯曲振动发射出超声波。相反,当向双压电晶片元件施加机械或超声振动时,就会产生一个电信号。利用压电陶瓷片装置,连接示波器并适当选择调制示波器的相关旋钮。把压电陶瓷片紧贴个人脉搏跳动明显处,观察示波器的相关脉搏信号,测量脉搏周期和个人心率。

实验主要内容:①用示波器探头的接地线(鳄鱼夹)和探钩分别与压电陶瓷片的两个电极引线连接并接入数字示波器的某一个信号输入端;②把压电陶瓷片紧贴个人脉搏跳动明显处;③调节示波器的相关旋钮,便可在示波器屏幕上观察的实验者的脉搏信号。

3.【分析】 液晶是现今重要的显示器件,具有驱动电压低,功耗极小,体积小,寿命长等优点。液晶光开关的时间响应特性非常重要,响应时间越短,显示动态图像的效果越好,这是液晶显示器的重要指标。加上(或去掉)驱动电压能使液晶的开关状态发生改变,是因为液晶的分子排序发生了改变,这种重新排序需要一定时间,反映在时间响应曲线上,用上升时间 τ_r 和下降时间 τ_d 描述。给液晶开关加上一个周期性变化的电压,就可以测量得到液晶的时间响应曲线、上升时间和下降时间。用数字示波器观察此光开关时间响应特性曲线,可以看到完整的波形,再利用数字示波器的测量功能,即可测量曲线的上升时间 τ_r 和下降时间 τ_d。值得一提的是,当用电子管模拟示波器时,如果实验方波信号频率很低,则只能看到光点的波动,无法看到全部的波形,也就无法测量其上升时间和下降时间。

分光计应用之光栅测定光波波长

一、问题解答

(一)填空题

1. 光的色散

2. 望远镜,平行光管,载物台,刻度盘

3. 衍射现象,衍射角,光栅方程

4. 外视法,内视法,各半调节法

5. 狭缝,透镜,锁紧螺钉

6. 刻度盘几何中心与分光计中心转轴不同心而带来的系统误差,偏心差

7. 平行光管出射平行光,望远镜能接受平行光,望远镜、平行光管的光轴都垂直于分光计的中心转轴

8. $d\sin\varphi_k = \pm k\lambda$

9. 波长,衍射角

10. 紫,蓝,青,绿,黄,橙,红

11. 越小

(二)判断题

1. √ 2. √ 3. √ 4. × 5. × 6. √ 7. √ 8. × 9. √ 10. √

(三)思考题

1.【答案】 分光计由平行光管、望远镜、载物台和刻度盘组成。

其中平行光管提供入射平行光;望远镜用来观察和确定光束方向;载物台用来放置光学元件;刻度盘用来测量望远镜转动的角度。

2.【答案】 "十"字像不清晰说明分划板没有位于物镜的焦平面上,要先松开目镜锁紧螺钉,旋转目镜视度调节手轮,使目镜中分划板刻线及分划板下部的绿"十"字清晰,并且眼睛左右移动时,"十"字像与叉丝分划板无相对移动,最后拧紧目镜锁紧螺钉。

3.【答案】 狭缝像不清晰说明狭缝没有位于平行光管准直透镜的焦平面上,先松开狭缝套筒锁紧螺钉,调节狭缝焦距手轮,使望远镜视野中的狭缝像清晰,最后再锁紧狭缝套筒并锁紧螺钉。

　　4.【答案】　通过望远镜目镜观察到双面镜正反两面反射回来的"十"字像都与分划板上叉丝的十字重合,标志着望远镜光轴垂直于分光计中心转轴。

　　5.【答案】　调节两面是为了防止望远镜光轴虽然垂直于分光计主轴,但是二者都没有达到水平,处于同时倾斜的状态,但是倾斜角度相同,所以只调节一面不可以,必须转动180°才能确定两者处于水平状态。

　　6.【答案】　因为工艺问题,分光计在生产制造过程中,刻度盘的刻度中心与仪器的旋转主轴不可能完全重合,如果只有一个游标盘读数时,肯定会因为偏心差产生周期性系统误差。如果采用2个完全对称的角游标同时读数,则其中一个的偏心差为正值,另一个的偏心差就为负值,而且他们的绝对值是大小相等的,所以就能互相抵消,消除偏心差引起的系统误差。

　　7.【答案】　在转动望远镜侧角度之前,应该调好仪器使载物台和游标盘锁紧,使其不能随望远镜转动。测量时,望远镜和刻度盘应该一起转动。

　　8.【答案】　相同点:分光计的双游标读数和游标卡尺的读数方法是一样的。

　　不同点:游标卡尺的读数直接就是测量的结果;但分光计的双游标读数则不一样,从分光计上读取的数据是某一光线或某一直线的空间方位角,并不是直接测量结果(这一光线或直线的转角,或者量光线的夹角),而是游标两次读数之差的绝对值。而且,为了消除分光计制造工艺导致的偏心差,两游标各自测量结果的算数平均值才是最终的测量结果。

　　9.【答案】　主要有三点:①分光计刻度盘的最小分度是 0.5°,小于 0.5°的角度可由角游标读出。角游标共有 30 个分度,与刻度盘上的 29 个相对应,所以游标的最小分度值为 1′,读数时先看游标零刻线所指位置的读数值,再找游标上与刻度盘刚好重合的刻度线,即为所求之分值。②读数时要看清游标零线过没过刻度盘上的半度线,如果游标零线落在 0.5°刻度线之外,则读数应该加上 30′。③由于刻度盘的 0°和 360°线重合,如果某一次游标的两次读数位置恰好位于 0°线两侧,则该游标两次读数差值不能作为测量结果,而是应该用 360°减去这个差值,才是真正的测量结果。

　　10.【答案】　光栅分光的原理是光的衍射。太阳光经过光栅后,不同波长的光的衍射角不同,于是分散开来,从中间往外依次是紫、蓝、青、绿、黄、橙和红。

　　11.【答案】　狭缝的宽度过大时,相距较近的谱线会发生重叠,导致不好鉴别谱线和其中央位置;狭缝的宽度过小时,谱线的亮度会明显降低,不利于实验观察和测量亮度较低的谱线。

二、设计性实验

　　1.【分析】　由光栅分光原理可知:如果入射光波长不同,则同等级光谱衍射角也不同,波长越长,衍射角越大。如果入射光是复色光,则由于波长不同,衍射角也不同,不同的波长就被分开,按波长从小到大依次排列,成为一组彩色条纹,这就是色散现象。光栅作为一种色散元件,角色散率是其主要的性能参数之一。角色散率表示光栅将不同波长的同级谱线分开的程度。如果两波长 λ_1、λ_2 的光,其波长差为 $\delta\lambda = |\lambda_2 - \lambda_1|$,同级衍射角之差为 δ_φ,则该级次的角色散率为 $D_\varphi = \dfrac{\delta\varphi}{\delta\lambda} = \dfrac{k}{d\cos\varphi_k p}$,式中,$\delta_\lambda$ 的单位为 mm,δ_φ 的单位是弧度。角色散率 D_φ 与光栅常数成反比,与谱线级数成正比,谱线级次越高,角色散率越大。光栅分辨本领是光栅的另一个重要性能指标,比色散率更具实际意义。色散率大并不能保证能分辨出两条靠近的谱线。

分辨本领定义为刚好能分辨开的两条单色谱线的光的波长差 δ_λ 与这两种光的波长的平均值 $\bar{\lambda}$ 之比,即 $R = \dfrac{\bar{\lambda}}{\delta_\lambda}$。

实验主要内容:①测量汞灯中钠黄光双线衍射角;②测量汞灯中钠黄光双线波长;③计算光栅的分辨本领和色散率。

2.【分析】 电矢量为 E 强度为 I_0 的线偏振光,垂直入射到一个理想的偏振片(检偏器)上,如果入射光电振动矢量 E 和偏振片偏振化方向之间的夹角为 θ,则透射光强为 $I = I_0 \cos^2\theta$。如果以光的传播方向为轴旋转检偏器,透射光强 I 将发生周期性变化。当 $\theta = 0°$ 时,透射光强最大(最亮);当 $\theta = 90°$ 时,透射光强最小(最暗);当 $0° < \theta < 90°$ 时,透射光强度介于最亮与最暗之间。

自然光在某些非金属(如水、玻璃等)表面反射时,反射光和折射光一般都是部分偏振光,在反射光中垂直于入射面的光振动多于平行振动,而在折射光中平行于入射面的光振动多于垂直振动,而且反射光的偏振化程度与入射角有关。当入射角等于某一特定值 i_1 时,反射光将变为光矢量垂直于入射面的线偏振光,此时 $\mathrm{tg}\,i_1 = n_2$,且 $i_1 + i_2 = 90°$。i_1 叫作布儒斯特角,也称为全偏振角,这个公式称为布儒斯特定律。

实验主要内容:①观察光的偏振现象:根据马吕斯定律,当 $\theta = 0°$,$I = I_0$,光强不发生变化;当 $\theta = 90°$,$I = 0$。因此把检偏器正对入射光,旋转检偏器,如果光强不发生变化,则入射光为自然光或圆偏振光;如果检偏器旋转一周,透射光有两次最亮(与入射光一样)和两次完全黑,即出现消光,则入射光应为线偏振光。②测量布儒斯特角。③测量透明介质的折射率。

3.【分析】 由于超声波对物质有特殊的机械作用,所以当超声波在液体中传播时能引起液体的密度变化,使之变成非均匀媒质,且这种密度的变化呈现周期性结构,这样就使液体在光学特性上引起光折射率的周期性变化,于是该透明液体就具有类似刻线式平面光栅的作用,能产生光的衍射现象。在这种情况下超声波的波长 Λ 就是光栅常数,满足关系式 $\Lambda \sin\varphi_k = \pm k\lambda$,其中 λ 为光波波长,φ_k 是第 k 级光谱线对应的衍射角。基于超声波的上述特性,可以用分光计通过测定衍射角 φ_k 从而计算出超声波的波长 Λ。再依据频率计测定的频率 f,用公式 $v = f\Lambda$ 计算出超声波在液体中的传播速度。

实验主要内容:①以低压汞灯为光源(波长为 546 nm 的绿光),测出对应级次为 $k = \pm 1$ 的衍射角 φ_k;②将测得的衍射角 φ_k 的值及所对应的级次 k 的值代入 $\Lambda \sin\varphi_k = \pm k\lambda$,计算出超声波的波长 Λ 值;③用频率计测定超声波的频率 f 值;④将测定的波长值 Λ、频率值 f 代入 $v = f\Lambda$,即可计算出超声波在液体中的传播速度。

实验十六　利用光电效应测普朗克常量

一、问题解答

(一)填空题

1. 光电效应,光电子,光电流

2. 正比

3. 金属逸出功,正向,外,普朗克

4. 入射光频率,逸出功,爱因斯坦光电效应

5. 5,遮光盖

6. 最小二乘法

7. 暗电流

8. 正比

9. 低,红限频率(或截止频率)

10. 粒子,波粒二象性

(二)判断题

1. ×　2. ×　3. √　4. ×　5. √　6. √　7. √　8. ×　9. √　10. √

(三)思考题

1.【答案】 19 世纪末,麦克斯韦电磁理论集大成地完成了电和磁的统一,预言了电磁波的存在。1887 年,赫兹在实验上发现电磁波,开启了电磁波应用的大门,同时也证实了电磁理论的正确与完美。与机械波不同,电磁波由电磁感应产生,能够在真空中传播。一般意义上,人们认为光就是指可见光,它只是电磁波谱中的一个小波段,波长约从 400～780 nm,这是经典电磁理论的成就。到 20 世纪初,由赫兹首先发现的光电效应现象就像一朵耐人寻味的乌云飘到经典物理学晴朗的天空,物理学家们在用经典电磁学理论解释光电效应现象时遇到了不可克服的困难,对光电效应的解释挑战着经典物理学的权威性,人们不愿意打破权威,又不得不接受实验事实。爱因斯坦敢于打破权威,勇于接受新思想,在普朗克提出的能量量子化假设的启发下,跳出经典电磁理论的框架,提出光是微粒,叫做光量子,单个光子的能量与光作为电磁波的频率成正比,比例系数叫做普朗克常量。爱因斯坦在提出光量子假设的基础上,建立了光电效应理论,应用光电效应方程成功解释了光电效应实验现象和实验规律。因此,光电效应

207

作为支持光量子理论的实验而载入史册,具有重要的历史地位;为德布罗意进一步提出微观粒子的波动性奠定基础,推动了量子物理学的诞生和发展。

2.【答案】 在爱因斯坦提出光量子概念以前,对于光的本性认识就一直存在着两种观点。以牛顿为代表的微粒说和以惠更斯为代表的波动说在光学的发展史上争论不休。因微粒说能解释光的直线传播,在早期阶段得到了大家的认可而占上风,随着托马斯·杨双缝干涉实验的发现,惠更斯原理解释衍射现象的成功,麦克斯韦电磁理论肯定光是电磁波,而且证明光是横波,波动说开始占据上风,得到物理学家们的肯定。在研究光电效应的过程中,物理学者对光子的量子性有更深入的了解,这对波粒二象性概念的提出有重要的影响。爱因斯坦把光的频率和波长等波动特征与光的能量和动量的粒子特征用公式统一起来,完美地把光的波粒二象性联系起来,对光的本性的认识符合历史发展的哲学规律。波粒二象性揭示了光的本质,波动性和粒子性是描述光的两面,光在不同情况下有不同面的呈现。例如,波长比较长时,波动性比较明显,有干涉衍射的波动现象,在短波情况下,以及和物质相互作用时,光就表现为量子性。而且,在和物质相互作用时,光子能量的传递要么为全部,要么为 0。光的波粒二象性为德布罗意提出微观粒子的波动性奠定了基础。

3.【答案】 根据爱因斯坦光电效应方程,用已知频率的光照射光电管,按实验中的方法测出截止电压,用入射光的能量减去截止电压所对应的电子动能,即可求出金属的逸出功。根据逸出功,可以进一步判断阴极是由哪种金属材料制成。

4.【答案】 不是。实验要求用最小二乘法求斜率 k。根据光电效应方程,截止电压是入射光频率的线性函数,其斜率是 $k=\dfrac{h}{e}$,是一个正常数,不同的金属对应的 k 是不同的,如下图所示。求出 k 后,乘以电子电量 e 即可求出普朗克常量 $h=ke$。实验中用 5 种频率的光照射金属阴极,测出对应的 5 个截止电压,根据最小二乘法拟合直线,每个实验值对拟合直线的

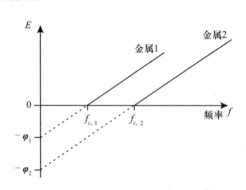

偏离越小,求出的直线斜率越准确。所以在测量中,要注意观察每一次截止电压的测量值,是否和频率大小变化满足线性关系,以减少误差。

如图所示,斜率 k 为正的常数,当 $k=0$ 时光电子动能为 0,对应的入射光频率即为红限频率(cut-off frequency)。φ 对应截止电压。

5.【答案】 不会。必须借助原子,光子和电子间才能维持动量守恒。

6.【答案】 ①瞬时性——当入射光频率高于光电管红限频率时,入射光照射下光电子几乎是瞬时产生的(小于 1 ns)。

②存在红限频率——对应不同的阴极有不同的红限频率,对于选定的阴极,当入射光频率大于其红限频率时,即使入射光很弱,也有光电子产生。

③光电流达到饱和——当光电管是正向偏压时,随着电压增加,光电流强度开始很快增加,然后随电压增加光电流增加变缓,直至饱和。饱和光电流大小与入射光强有关。

④存在截止电压——如果光电管是反向偏压,随电压增加,光电流减小,直到为 0。光电

流减小到 0 所对应的反向电压叫做截止电压。不同的光电管阴极对应的截止电压不同,对同一种阴极,截止电压与入射光频率无关。

⑤光电子的最大初动能与入射光频率成正比。

7.【答案】　根据量子力学理论,由于电子的隧道效应,即使没有电压加在光电管上,阴极表面电子也会通过隧道效应逸出金属表面,形成较小的电流,称为暗电流。

8.【答案】　实验中产生误差的主要原因有:测试仪精度不够高、性能不稳定导致读出截止电压时产生误差,滤色片对应波长单色性导致系统误差,最小二乘法求斜率时计算产生的误差。

二、设计性实验

1.【分析】　如图所示,在爱因斯坦光电效应模型中,光电子的最大动能是入射光频率的线性函数,对任何金属直线的斜率是相同的,乘以电子电量得到普朗克常量。设计实验时,可以选用本实验中的普朗克常量测量仪,用一定频率的光照射光电管的金属阴极,测量其截止电压,即得到电子的最大初动能。用入射光的能量减去光电子的最大初动能,即为金属的逸出功。逸出功反映了电子被金属

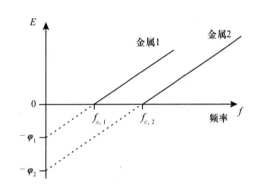

表面束缚的强弱,一般地,金属越活泼,逸出功越小。例如,钠的逸出功等于 2.46 eV,铁的逸出功等于 4.50 eV,铜的逸出功等于 4.70 eV。

2.【分析】　如图所示,设计金箔验电器实验,可以演示光电效应现象[7]。假设金属杆带负电,金箔的下端因电子的相互排斥作用会与金属杆分开,事先设计时金属顶帽的逸出功已知,求出其对应的红限频率,用大于此红限频率的光照射金属顶帽,产生光电效应,验电器会放电,发射电子,金箔逐渐落下与金属杆靠拢闭合,呈电中性。在光持续照射下,由于光电效应,光电子逸出,验电器带正电,同性相斥,金箔的下端又会与金属杆分开。如果照射光的频率小于金属红限频率,不管照射时间多长,金属顶帽都不会发生光电效应,则无上述实验现象。

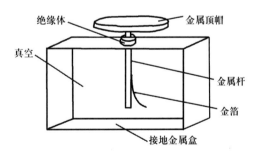

基本电学量的测量

一、问题解答

(一)填空题

1. 交、直流电压,交、直流电流,电阻,电容

2. 万用表直接测量,伏安法,电桥法

3. 指针式,数字式

4. 安全性,精度,经济方便

5. 转换开关置于最高档,在该档位允许测量的最大值

6. 串联方式,并联方式

7. 在电学元件两端加上电压,在元件内就会有电流关系;以电流为纵坐标,电压为横坐标做出的元件电压电流关系曲线;不全是

8. 内接法,外接法,大(内接法),小(外接法),外接法

9. 电压

10. 电压法,电阻法

11. 电流表外接法,电流表内接法

(二)判断题

1. √   2. ×   3. ×   4. √   5. ×   6. √   7. √   8. √   9. ×   10. √

(三)思考题

1.【答案】 实验中所使用的万用电表,在测量电流 I 时,黑色表笔插在"COM"孔内,红色表笔插在"A"或"mA"孔内(视待测电流大小而定)。

在测量电压 V 和电阻 R 时,黑色表笔插在"COM"孔内,红色表笔插在"V/Ω"孔内。

在测量电容 C 时,黑色表笔插在"V/Ω"孔内,红色表笔插在"mA"孔内。

在测量二极管偏压时,黑色表笔插在"COM"孔内,红色表笔插在"V/Ω"孔内。

2.【答案】 万用电表的内阻在测"直流电流"功能处最小,在测"电压"功能处最大,实验结束后,应该把万用表功能档放在"交流电压"功能档的最大档。

3.【答案】 使用万用电表时需要注意:功能档位选择要正确;量程选择要正确,在不知未知量时,应先用最大量程档;测电阻时需要应先将两表笔短路,记下电阻值,实验测量电阻值后

需要减去这个值才是电阻真实测量值;测电容时,要先放电后测量;使用完毕后,应该把万用表功能档放在"交流电压"功能档的最大档。

误用举例:选择电流功能档测量电压,会导致电表线路短路,烧坏万用表电路,当然万用电表有保险丝,实际结果是保险丝烧断。

4.【答案】　万用电表常用于检测电路中的故障,经常使用两种判断方法:电压法和电阻法。

电压法:电路正常工作时,各部分的电压和相对参考点的电位都有确定的值,如果电路发生故障,各点电压会发生变化,所以在接通电源时,用万用电表检测各原件上的电压值,可以分析出电路中发生故障的具体部位。

电阻法:在断开电源的情况下,使用万用表检查电路中各支路的电阻值,根据电路中的电阻分布情况来判断具体故障位置。

5.【答案】　测量电压时,电压表要并联在电路中;测量电流时,电流表应串联在电路中。

6.【答案】　应该是电路板中电路断路,因为电路有保险丝保护,所以一般换保险丝即可解决。

7.【答案】　应该是电路板中电路断路,或者电表保险丝断路,换电路板或电表的保险丝即可解决。

8.【答案】　一般情况要测量电阻,不通电状态下可用万用电表电阻功能档直接测量;通电状态下只能用欧姆定律去测量。两种方式测量的电阻值有较大差距是因为通电状态下,灯泡的灯丝会因为温度导致阻值上升,所以会与常温下阻值有较大差距。

9.【答案】　发生短路瞬间电流过大,引起电火花乃至过火危险。所以需用保险丝。

短路时电压为零,断路时电流为零。

10.【答案】　(1)安装不良,各个桩头引线接触不牢,引起桩头发热、氧化,烧坏导线外绝缘,造成线路欠压,空气开关跳闸。

(2)漏电开关与负载不匹配,家庭的实际用电负载大于线路上低压断路器额定电流。例如,家里新安装大功率家用电器后,必须更换匹配的空气开关。

(3)家用电器或线路漏电、短路,发现使用的电器漏电时,只要拔掉有漏电故障电器的插头,再重新合上低压断路器便可以送电。

(4)电源进线电压过高,一般发生在三相四线制供电的住宅楼。多表现为三相电压不平衡,这时,要检查线路是否两根线都带电,还要了解邻居是否也跳闸,再用万用电表测量进线电压。千万不可强行合上低压断路器,否则轻则烧坏电器,重则引发火灾。

(5)漏电断路器质量有问题。

(6)漏电断路器接线错误,可能是把某一用电设备的相线接到漏电断路器的前面,使部分负荷没有通过漏电断路器,这样使漏电断路器 N 线电流大于相线电流,使其跳闸,甚至合不上闸。

(7)家用用电设备漏电,此时设备金属外壳带电,可用测电笔检验,找出故障。

(8)插座上 N 线、PE 线接反,如果接反,会形成零序电流,引起漏电断路器动作。

(9)线路受潮引起漏电而跳闸。例如,厨房、卫生间线路中的接线盒因水渗入电气管线导致漏电。

11.【答案】　伏安法作为最基本的测量方法,操作简单,电路简便,但由于电压表分流,电流表分压等原因测量结果往往不准确(内接法电阻值偏大,外接法电阻值偏小),生活中偏向于粗测电路,适用于阻值较高的电阻。

补偿法测量精确,在电路中加入灵敏电流计来提高准确度,但由于其测量原理,故对电表要求较高。电表的精确度确定读数精确度,此方法一般用于中值电阻的测量,是桥路工程中常用的测量方法。

电桥法通过比较被测电阻和标准电阻来得到测量结果,上下电路都有可调电阻,读数方便,操作也不太复杂。尤其是双臂电桥由于可以连续读数,缓解未知因素干扰,能降低系统误差,优势大于前两种方法,更适用于测量阻值偏小的电阻。

三种测量方法各有优缺点,适用于不同场合,因此在日常生活中面对不同阻值的电阻时先判断适合哪种测量方法,再采取合适的方法。

二、设计性实验

1.【分析】 二极管在电子线路中广泛应用,主要特点是具有单向导电特性(即正向电阻比反向电阻小得多),其对应不同电压呈现的电阻值是不同的,即电阻值不是一个常量,所以测出二极管的电压与电流的关系,对于了解其应用具有实际意义。

在二极管两端加正向电压,如果电压比较小,此时正向电流非常小,趋近于 0,当电压超过一定数值(门槛电压)后,电流才会随着电压增加而较快地增大,即超过门槛电压阈值,二极管的阻值变小,处于导通的状态。

在二极管两端加反向电压,如果电压小于一定数值,反向电流始终很小,呈现出很大的阻值,当反向电压超过一定数值(击穿电压)后,电流急剧增加,此时二极管失去了单向导电性,可能因发热而损毁。

实验主要内容:①设计电路,选择合适的测量仪器及量程;②选择合适的实验正反区域电压间隔(不用等间隔);③作图绘出伏安特性曲线。

2.【分析】 物理测量中经常会用到"转换法",当一些物理量不能或不易直接测量时,可测量某种易于测量的物理量,再通过该物理量与待测物理量之间的明确关系,获得待测物理量值。金属的电阻值随温度上升而增加,在一定温度范围(0～80 ℃)内呈线性关系,则可以用电阻作为测温探头,用不同温度下的阻值反向体现温度。依据这一原理,制成了测温装置中的一大类:电阻温度计。精密的铂电阻温度计是最精确的温度计,温度覆盖范围为 14～903 K,其误差可低到万分之一摄氏度,是能复现国际实用温标的基准温度计。我国还用一等和二等标准铂电阻温度计来传递温标,用它作标准来检定水银温度计和其他类型的温度计,广泛应用于工业、建筑、制造等领域。

把已知电阻与稳压电池、电流表串联起来,根据该金属的电阻温度系数,可以反推出电阻值与温度的关系,把电流表的电流刻度改为相应的温度刻度,就制成了一个简单的"金属电阻温度计"。

实验主要内容:①选择已知电阻、稳压电源和电流表;②根据金属温度系数、电阻值、电源及电流表参数,计算金属电阻温度与阻值关系。③改变环境温度(如水浴法等),测量电阻值,标定电流表的刻度,改为温度刻度(与环境温度互为验证)。

金属热膨胀系数的测量

实验
十八

一、问题解答

(一)填空题

1. 干涉相长,明,干涉相消,暗

2. 分振幅,移动一个反射镜,在一光路中加入另一种介质

3. 湮灭,冒出

4. 半个波长

5. 调节 M_1、M_2 背后的螺钉

6. 增加

7. 等倾

8. 精密计量,天文观测,光弹性应力分析,光学精密加工(合理即可)

9. 不同

(二)判断题

1. √ 2. √ 3. × 4. √ 5. √ 6. × 7. √ 8. √

(三)思考题

1.【答案】 等倾干涉是薄膜干涉的一种。薄膜此时是均匀的,光线以倾角 i 入射,上、下两条反射光线经过透镜作用汇聚一起,形成干涉。由于入射角相同的光经薄膜两表面反射形成的反射光在相遇点有相同的光程差,也就是说,凡入射角相同的就形成同一条纹,故这些倾斜度不同的光束经薄膜反射所形成的干涉花样是一些明暗相间的同心圆环。这种干涉称为等倾干涉。倾角 i 相同时,干涉情况一样(因此叫作"等倾干涉")。

等厚干涉是由平行光入射到厚度变化均匀、折射率均匀的薄膜上、下表面而形成的干涉条纹。薄膜厚度相同的地方形成同条干涉条纹,故称等厚干涉(牛顿环和楔形平板干涉都属等厚干涉)。

这两类干涉都属于薄膜干涉,但是这两者原理、性质不同;内外干涉级数大小刚好相反,等倾干涉级数内大外小,等厚干涉里牛顿环干涉级次内小外大。

本实验属于等倾干涉。

2.【答案】 本实验测量固体热膨胀系数,实验过程中要对固体加热。固体试样与动镜之

间需要连接介质。因固体试样加热时，与其连接的介质温度也会随之而变化，如果连接介质随固体试样加热长度增加，则实验数据里有连接介质的长度变化，这样就会影响到测量固体的热膨胀系数数值准确性。

石英具有极低的热膨胀系数，高的耐温性，极好的化学稳定性，优良的电绝缘性，在实验过程中，固体加热时，连接动镜的介质长度几乎不变，保证了实验数据的准确性。金属的热膨胀系数相对石英要大多了，加热时金属长度增加比较明显，会引起实验数据的较大误差。

3.【答案】 实验中干涉条纹是等倾干涉条纹。等倾干涉是薄膜干涉的一种。薄膜此时是均匀的，光线以倾角 i 入射，上、下两条反射光线经过透镜作用汇聚一起，形成干涉。由于入射角相同的光经薄膜两表面反射形成的反射光在相遇点有相同的光程差，也就是说，凡入射角相同的就形成同一条纹，故这些倾斜度不同的光束经薄膜反射所形成的干涉花样是一些明暗相间的同心圆环。

根据干涉条纹角间隔公式 $\Delta i = \dfrac{\lambda}{2n_2 d_0 i'_2}$ 可知，角间隔越小条纹就越密。角间隔与薄膜的折射率、厚度，入射光入射角成反比，与光波长成正比。如果材料、光波和入射角确定，则条纹角间隔与材料厚度成反比，材料厚度越厚则角间隔越小，条纹越密集。反之，则条纹稀疏。

对于实验的观察而言，条纹稀疏更容易观察，所以条纹稀疏较好。

4.【答案】 在杨氏模量、金属热膨胀系数测定实验中，最关键、最难操作的是材料因受力或受热后的微小形变量的测量。常用的测量仪器对微小形变量一般难以测准，很多实验用光杠杆和望远镜标尺组合来对其测量。除了光杠杆方法外，还有千分尺法、千分表法、显微放大法、传感器法及本实验中采用的光干涉法。

光杠杆法在实验 2 中已经介绍过了，这里不再赘述。

千分尺法：将千分尺与钢丝刀口固定在一起，可以随钢丝伸缩而移动，另一端用螺旋测微器的测量杆支撑起来，螺旋测微器用固定螺丝固定于固定平台上，可以调整该端的高低。在水平平台上，铅直放置反射镜，激光器通过光屏中心的小孔射出激光束，经反射镜反射回来的激光束在光屏上形成光斑，根据光斑中心与小孔的中心是否重合，来判定水平平台是否水平。如果初始水平平台是水平状态，当增加或减少砝码后钢丝的长度发生变化，水平平台不再水平，此时，调整螺旋测微器的测量杆可使其重新达到水平状态，从螺旋测微器刻度的变化即可得出钢丝长度的变化。

千分表法：千分表的测微端与被测物体的顶端相接触，使千分表有一定的读数并将其固定，当被测物体发生微小形变时，千分表的读数也随之发生变化，千分表前后读数差就是所测微小形变值。

显微放大法：采用测微目镜对微小形变量进行放大，用摄像头跟踪被测标尺。

传感器法：是通过传感器把被测非电学量变化为与其成一定比例关系的电学量。一般有应变电阻传感器、电感传感器、电容传感器、热电传感器和霍尔传感器。

5.【答案】 迈克尔逊干涉仪的原理是一束入射光经过分光镜分为两束后，各自被对应的平面镜反射回来，因为这两束光频率相同、振动方向相同且相位差恒定（即满足干涉条件），所以能够发生干涉。它是利用分振幅法产生双光束以实现干涉。通过调整干涉仪，可以产生等厚干涉条纹，也可以产生等倾干涉条纹。干涉中两束光的不同光程可以通过调节干涉臂长度及改变介质的折射率来实现，从而能够形成不同的干涉图样。

迈克逊干涉仪利用干涉条纹的移动来测量位移,而干涉条纹的移动量与光的波长相关,光的波长很短,所以测量位移的精度很高。

6.【答案】 扩束器通常设计用于扩大平行输入光束的直径至较大的平行输出光束,本实验利用迈克尔逊干涉仪实现了等倾干涉,激光束通过扩束器后,光源直径扩大的同时角度也发生了改变,以不同的入射角,经分束器后由 M_1、M_2 反射叠加形成干涉图样。分束器将入射光一分为二,一侧表面涂有半透半反膜使得反射光强和入射光强大致相同,干涉叠加后容易观察到较清晰的条纹。

二、设计性实验

1.【分析】 本实验测量金属热膨胀系数利用了迈克逊干涉仪,这是因为迈克尔逊干涉仪能测量微小量。如何利用迈克尔逊干涉仪来测量空气折射率呢? 可以在迈克尔逊干涉仪的其中一支光路中加入一个气室,其中气室的长度为 L,用游标卡尺测出,右接数字仪表用来测量气室内的压强,用一支气管来连接气室和数字仪表,另外一支气管来连接数字仪表和打气球,利用压强和空气折射率的关系求出折射率。

2.【分析】 光的干涉经常被用在检测加工工件实际与设计之间所产生的微小偏差,也就是检测平面是否平整。例如,要加工一个高精度的平面玻璃板、光学镜面等,利用样板和待测件的表面接触,在二者之间形成一个空气薄膜,之后利用光的干涉,观察薄膜上是否会出现条纹弯曲的现象,通过条纹的变化就能看出待测表面是否偏离平面。

一、问题解答

(一)填空题

1. 两端温度不同,电流(电动势)
2. 热容量的大小,热容量,灵敏度
3. 同极性对抗、大于
4. E_X 小于 E
5. 工作电流变化
6. 电路平衡,工作电流 I_0 被校准
7. 测量范围广,灵敏度好准确度高,可测小范围内温度
8. 通过电阻的比较把待测电压和标准电池的电动势做比较
9. 补偿

(二)判断题

1. √ 2. √ 3. × 4. × 5. √ 6. × 7. √ 8. ×

(三)思考题

1.【答案】 1821 年,德国物理学家塞贝克发现,在两种不同的金属组成的闭合回路中,当两接触处的温度不同时,回路中会产生一个电势,此所谓"塞贝克效应"。1834 年,法国实验科学家帕尔帖发现了它的反效应:两种不同的金属构成闭合回路,当回路中存在直流电流时,两个接头之间将产生温差,此所谓"珀尔帖效应"。

2.【答案】 实验中使用的是镍铬-考铜温差电偶。

实验的测量环境是正常的室温大气环境条件,测量温度范围为室温到 80 ℃左右,实验过程中的精度和响应时间要求不高。镍铬-考铜温差电偶属于廉金属热电偶,裸露式结构无保护管,价格比较便宜,在常用的热电偶中,其热电动势较大,适合于 0~600 ℃温度范围。

3.【答案】 当导体两端存在温差时,热端电子的能量和速度高于冷端电子的能量和速度。除了电子的能量和速度有差别,两端的电子浓度也有差别,热端电子浓度大,冷端电子浓度小,这就导致热端电子向冷端扩散,冷端积累负电荷,而热端会有多余的正电荷,建立了由热端指向冷端的电场。电场阻碍电子从热端向冷端扩散,当扩散与电场的作用相等时,就达到了

动态平衡。此时在导体或半导体两端形成体电势差。

4.【答案】 主要有三种效应,第一种是塞贝克效应,第二种是珀尔帖效应,第三种是汤姆孙效应。

第一种是由于材料两端温度差产生电动势(电流);第二种是第一种效应的逆过程;第三种是前两种效应的综合体现。

5.【答案】 补偿法是利用已知的标准电动势去抵消待测的电动势。

补偿法通过设计来补偿不对称物理因素,使得其对测量结果无影响,是物理实验中一种很重要的方法,多用在补偿测量和校正系统误差两方面。

在测量电动势时,如果用电压表直接测量的话,由于电压表也有一定电流通过,测出的值是电池的路端电压,而不是电源的电动势,所以要想消除电源的内阻影响,测出电源的电动势,就要用一个电压与电源互相抵消,这就是补偿法。这样当电路中电流为零时,补偿电压就是电源的电动势。用补偿法测电池电动势是用补偿法消除电池内阻对所测电池电动势的影响。

6.【答案】 温差电偶温度计通过电学量的测量,利用已知处的温度,就可以测定另一处的温度。温差电偶温度计直接与被测对象接触,不受中间介质的影响,从而减少了无关量的影响,所以测量精度很高;受热面积和热容量可做得很小,实现小范围高精度测温如研究金相变化、小生物体温变化,所以灵敏度高。

7.【答案】 温差电偶的电动势是用补偿法来测量的。补偿法中 E_0 为可调电源,E_X 为待测电源。两电源正极对正极,负极对负极,调节电源 E_0,使检流计指零,有 $E_X = E_0$,这时就称电路处于补偿状态。在补偿状态下如果 E_0 已知,则 E_X 就可以求出。这种利用补偿原理测电动势的方法就称为补偿法。只有同极性对抗才用补偿法测出温差电偶的电动势。

二、设计性实验

1.【分析】 根据温差电效应原理制成人体温差产生电能的新型电池,可以给便携式的微型电子仪器提供长久的"动力",因而免去了充电或更换电池的麻烦。主要由一个可感应温差的硅芯片构成。当这种特殊的硅芯片正面"感受"到的温度较之背面温度具有一定温差时,其内部电子就会产生定向流动,从而产生"微量但却足够用的电流"。只要在人体皮肤与衣服等之间有 5 ℃ 的温差,就可以利用这种电池为一块普通的腕表提供足够的能量。这种新型电池不仅可用于手表、手机、掌上电脑等,还可为一些医学电子仪器如腕戴式血压、脉搏等测量仪器提供能量。

2.【分析】 利用半导体温差电制冷器的特性,可以广泛用于大学物理实验。例如,用冷凝法测定空气的露点温度,就是利用半导体温差电器件的制冷功能,将待测气体掠过冷却面,半导体热电器件的冷面慢慢降温,待冷面上出现了冷凝水时,此时的冷面温度是为该气体的露点温度。也可以用热电元件设计热电恒温器,它可以通过制冷器供电路的反向来实现从制冷工况向加热工况的转变,这是热电恒温器的一个非常突出的优点。热电恒温器可以发送恒定的讯号,供测温及自动控制系统中与被检测温度讯号进行比较,也可以用来研究材料、零件、仪表等在低温度交替变化情况下的性能变化。

超声波及其应用

一、问题解答

(一)填空题

1. 机械波,一致,纵波

2. 20 kHz 以上

3. 空气,固体

4. 波长短,不易衍射,方向性好

5. 机械,空化作用,热效应,化学效应

6. 纵波波型,横波波型,表面波波型

7. 直探头,斜探头

8. 纵波,横波,横波,纵波

9. 时间延迟

(二)判断题

1. ✕ 2. ✓ 3. ✕ 4. ✓ 5. ✓ 6. ✓ 7. ✓ 8. ✓ 9. ✓

(三)思考题

1.【答案】 1793 年,意大利科学家拉扎罗·斯帕拉捷对蝙蝠在黑夜里飞行感到十分好奇,于是便捉来一些蝙蝠进行实验。他先是蒙上蝙蝠的眼睛,再是堵住它的鼻子,结果发现蝙蝠还是能够自由地在黑夜中飞行;但是在他塞上蝙蝠的耳朵后,它从墙上摔落下来。于是他总结出蝙蝠是利用听觉飞行的。可在寂静的夜晚哪来的声音呢?最终他发现了超声波的存在。后来,人们根据机械振动波的频率将 20 kHz 以上的称为超声波,低于 20 Hz 的则称为次声波,介于这两者之间的即为普通声波。

2.【答案】 超声波是声波,具有与声波相同的属性。超声波的传播速度与介质的特性和温度有关,而与频率无关。根据声波在固体、液体和气体中的传播速度公式可知,超声波的传播速度与介质的密度平方根成反比关系。所以超声波在固体中传播距离最远,在气体中传播距离最短。

3.【答案】 有 4 种超声效应,分别如下。

①机械效应。超声波的机械作用可促成液体的乳化、凝胶的液化和固体的分散。当超声

波流体介质中形成驻波时,悬浮在流体中的微小颗粒因受机械力的作用而凝聚在波节处,在空间形成周期性的堆积。超声波在压电材料和磁致伸缩材料中传播时,由于超声波的机械作用而引起感生电极化和感生磁化。

②空化作用。超声波作用于液体时可产生大量小气泡。一个原因是液体内局部出现拉应力而形成负压,压强的降低使原来溶于液体的气体过饱和,而从液体逸出,成为小气泡。另一原因是强大的拉应力把液体"撕开"成一空洞,称为空化。空洞内为液体蒸气或溶于液体的另一种气体,甚至可能是真空。因空化作用形成的小气泡会随周围介质的振动而不断运动、长大或突然破灭。破灭时周围液体突然冲入气泡而产生高温、高压,同时产生激波。与空化作用相伴随的内摩擦可形成电荷,并在气泡内因放电而产生发光现象。在液体中进行超声处理的技术大多与空化作用有关。

③热效应。由于超声波使物质产生振动,被介质吸收时能产生热效应。

④化学效应。超声波的作用可促使发生或加速某些化学反应。例如,纯的蒸馏水经超声处理后产生过氧化氢;溶有氮气的水经超声处理后产生亚硝酸;染料的水溶液经超声处理后会变色或褪色。这些现象的发生总与空化作用相伴随。超声波还可以加速许多化学物质的水解、分解和聚合过程。超声波对光化学和电化学过程也有明显影响。各种氨基酸和其他有机物质的水溶液经超声处理后,特征吸收光谱带消失而呈均匀的一般吸收,这表明空化作用使分子结构发生了改变。

4.【答案】　由于超声波的波长短、不易衍射、可以聚集成狭小的发射线束直线传播,故传播具有一定的方向性。超声波的传播速度与介质的特性和温度有关,而与频率无关。超声波能量在气体中被吸收最大,液体中被吸收较小,固体中被吸收最小;超声波在空气中的吸收系数比在水中约大 1 000 倍,因而高频超声波在空气中的衰减异常剧烈。正因为超声波这种特点,超声波在海水中吸收少,因而传播距离长。所以海水对超声波是"透明"的。

光线与无线电波都属于电磁波,不依靠介质传播,在介质中会受到损耗。因为水的电导率很大,光线与电磁波会很快衰弱并消失。海水对电磁波是很不"透明"的。人们正是利用海水的这一特点发明了潜水艇,潜水艇隐藏在海中就难以被看见,雷达也找不到。但是超声波的特点正好可以在海水中发挥作用,用超声波代替电磁波可探测海洋中的物体、传输信息和进行遥测与遥感。

5.【答案】　超声碎石是利用电能转变成声波,声波在超声转换器内产生机械振动能,通过超声电极传递到超声探杆上,使其顶端发生纵向振动,当与坚硬的结石接触时产生碎石效应,但对柔软的组织并不造成损伤。超声波传递进结石,在结石的表面产生反射波,结石表面会受压而破裂;当超声波完全穿过结石时,在界面被再次反射,这一反射产生张力波,当张力波的强度大于结石的扩张强度时,结石破裂。

6.【答案】　超声探头要不断地蘸水,以增加耦合效率。

二、设计性实验

1.【分析】　通过脉冲发生器产生一定带宽和频率的脉冲,将脉冲发生器与超声波探头连接,激励超声波探头产生一定频率的超声波,并将超声波探头与检测样本(家具或苹果)的表面垂直紧密接触(样本表面和超声波探头之间填充一层耦合剂),将超声波接收探头垂直放置在检测样本的另一端,并和检测样本表面紧密接触,用信号采集板采集原始超声波和透射超声波信号,连接示波器,分析波形,判断检测样本内部有无虫洞。

2.【分析】 在超声作用下,液体中的固体颗粒或生物组织等破碎,这种过程叫超声粉碎。超声粉碎主要是利用超声波在介质中传播的超声空化效应及机械作用复合而实现的。主要表现为超声在液体介质中传播时,由于产生了疏密区,而负压力可在介质中产生很多空腔,这些空腔随振动的高频压力变化而膨胀、爆炸,真空腔爆炸时产生的瞬时压力可达到几千个乃至上万个大气压。如此大的冲击力,在真空腔局部爆炸时能把周围的物质、颗粒振碎。

红外波的物理特性及应用

实验二十一

一、问题解答

(一)填空题

1. 电磁波,0.76 μm～1 mm
2. 吸收和散射
3. 指数衰减
4. 热效应
5. 探测被测目标的红外辐射能量分布图形
6. 分子,振动,转动能级结构
7. 通信容量大
8. 不同
9. 灵敏

(二)判断题

1. × 2. × 3. √ 4. × 5. √ 6. × 7. √ 8. ×

(三)思考题

1.【答案】 红外线是电磁波谱中的一员,由英国科学家赫歇尔于1800年发现,又称红外热辐射,热作用强。他将太阳光用三棱镜分解开,在各种不同颜色的色带位置上放置了温度计,试图测量各种颜色的光的加热效应。结果发现,位于红光外侧的那支温度计升温最快。因此得到结论:太阳光谱中,红光的外侧必定存在看不见的光线,这就是红外线,其波长为0.76 μm～1 mm(其中近红外短波为0.76～1.1 μm,近红外长波为1.1～2.5 μm,中红外为2.5～6 μm,远红外为6～15 μm,超远红外为15 μm～1 mm)。

2.【答案】 红外理疗仪主要为近红外线、高频短波红外线、中频中波长红外线、低频长波长红外线。近红外线又称高频短波红外线,波长1.5～0.76 μm,穿入人体组织较深,5～10 mm;远红外线又称低频长波红外线,波长400～1.5 μm,多被表层皮肤吸收,穿透组织深度小于2 mm。红外线频率较低,能量不够高,远远达不到原子、分子解体的效果,因此,红外线只能穿透原子、分子的间隙,而不能穿透到原子、分子的内部。由于红外线只能穿透到原子、分子的间隙,会使原子、分子的振动加快、间距拉大,即增加热运动能量。在红外线照射下,组织温度升高,毛细血管扩张,血流加快,物质代谢增强,组织细胞活力及再生能力提高。红外线治疗慢性炎症时,可改善血液循环,增加细胞的吞噬功能,消除肿胀,促进炎症消散;红外线可降低神经系统的兴奋性,有镇痛、解除横纹肌和平滑肌痉挛以及促进神经功能恢复等作用。

3.【答案】 任何通信系统追求的最终技术目标都是要可靠地实现最大可能的信息传输容量和传输距离。通信系统的传输容量取决于对载波调制的频带宽度,载波频率越高,频带宽度越宽。通信技术发展的历史,实际上是一个不断提高载波频率和增加传输容量的历史。20世纪60年代,微波通信技术已经成熟,因此开拓频率更高的光波应用,就成为通信技术发展的必然。

电缆通信和微波通信的载波是电波,光纤通信的载波是光波。虽然光波和电波都是电磁波,但是频率差别很大。光纤通信用的近红外光(波长约 1 μm)的频率(约 300 THz)比微波(波长为 0.1 m～1 mm)的频率(3 300 GHz)高 3 个数量级以上。光纤通信用的近红外光(波长为 0.7～1.7 μm)频带宽度约为 200 THz,在常用的 1.31 μm 和 1.55 μm 两个波长窗口频带宽度也在 20 THz 以上。其优点有以下几点。

①容许频带很宽,传输容量很大。

光纤通信系统的容许频带(带宽)取决于光源的调制特性、调制方式和光纤的色散特性。

②损耗很小,中继距离很长且误码率很小。

石英光纤在 1.31 μm 和 1.55 μm 波长,传输损耗分别为 0.50 dB/km 和 0.20 dB/km,甚至更低。因此,用光纤比用同轴电缆或波导管的中继距离长得多。

③重量轻、体积小。

光纤重量很轻,直径很小。即使做成光缆,在芯数相同的条件下,其重量还是比电缆轻得多,体积也小得多。

④抗电磁干扰性能好。

光纤由电绝缘的石英材料制成,光纤通信线路不受各种电磁场的干扰和闪电雷击的损坏。无金属光缆非常适合于存在强电磁场干扰的高压电力线路周围和油田、煤矿等易燃易爆环境中使用。

⑤泄漏小,保密性能好。

在光纤中传输的光泄漏非常微弱,即使在弯曲地段也无法窃听。没有专用的特殊工具,光纤不能分接,因此信息在光纤中传输非常安全。

⑥节约金属材料,有利于资源合理使用。

制造同轴电缆和波导管的铜、铝、铅等金属材料,在地球上的储存量是有限的;而制造光纤的石英(SiO_2)在地球上基本上是取之不尽的材料。

4.【答案】 红外通信是利用 950 nm 近红外波段的红外线作为传递信息的媒体,即通信信道。发送端将基带二进制信号调制为一系列的脉冲串信号,通过红外发射管发射红外信号。接收端将接收到的光脉转换成电信号,再经过放大、滤波等处理后送给解调电路进行解调,还原为二进制数字信号后输出。常用的有通过脉冲宽度来实现信号调制的脉宽调制(PWM)和通过脉冲串之间的时间间隔来实现信号调制的脉时调制(PPM)两种方法。

简而言之,红外通信的实质就是对二进制数字信号进行调制与解调,以便利用红外信道进行传输;红外通信接口就是针对红外信道的调制解调器。

5.【答案】 实验中发光二极管的发射强度随发射方向而异。当方向角度为零度时,其发射强度定义为 100％；当方向角度增大时，其放射强度相对减少。发射强度如由光轴取其方向角度一半时，其值即为峰值的一半，此角度称为方向半值角，角度越小即代表元件之指向性越灵敏。

二、设计性实验

1.【分析】 遥控器由红外接收及发射电路、信号调理电路、中央控制器程序及数据存储器、键盘及状态指示电路组成。

遥控器有学习状态和控制状态两种状态。当遥控器处于学习状态时，使用者每按一个控制键，红外线接收电路就开始接收外来红外信号，同时将其转换成电信号，然后经过检波、整形、放大，再由 CPU 定时对其采样，将每个采样点的二进制数据以 8 位为一个单位，分别存放到指定的存储单元中，供以后对该设备控制使用。当遥控器处于控制状态时，使用者每按下一个控制键，CPU 从指定的存储单元中读取一系列的二进制数据，串行输出（位和位之间的时间间隔等于采样时的时间间隔）给信号保持电路，同时由调制电路进行信号调制，将调制信号经放大后，由红外线发射二极管进行发射，从而实现对该键对应设备功能的控制。

2.【分析】 红外发射器发出一束较强的红外线，红外接收器可接收红外线，当盗贼遮挡在发射器和接收器之间，即挡住红外线时，红外接收器无法接收到红外线，便驱动喇叭报警，从而达到防盗的目的。

实验二十二　误差配套

一、问题解答

(一)填空题

1. 系统,随机

2. 误差传递公式

3. 该直接测量量不确定度对测量结果总不确定度贡献中所占的权重。

4. 单向性,重复性,规律性

5. 仪器误差,理论误差,方法误差,环境误差,测量者的固有习惯

6. 统计性,对称性,有界性

7. A 类不确定度,B 类不确定度

8. 1,有效数字

(二)判断题

1. √　2. √　3. ×　4. √　5. ×　6. ×　7. √　8. √　9. ×

(三)思考题

1.【答案】　排除实验仪器、实验理论及计算方法方面的错误,排除人为操作的错误,实验中的测量误差根据产生的原因主要分为系统误差和随机误差。

2.【答案】　不确定度均分原理。

3.【答案】　不确定度是指由于测量误差的存在,对被测量值的不能肯定的程度,也表明该结果的可信赖程度。

间接测量量由直接测量量根据公式计算获得,在测量间接测量量时根据不确定度传递公式,把间接测量量的相对不确定度均匀分配到各个直接测量量中,由此分析并确定测量各个直接测量量的测量方法和测量仪器,从而指导实验,即不确定度均分原理。

4.【答案】　系统误差是指每次测量中都有一定大小、一定符号且按一定规律变化的测量误差。其特点是单向性、重复性和规律性。

5.【答案】　系统误差的来源有仪器误差、理论误差、方法误差、环境误差和测量者的固有习惯等。

6.【答案】　随机误差是指由于各种偶然因素导致测量值随机变化而引起的测量误差。

其特点是统计性、对称性和有界性。

7.【答案】 随机误差的来源有:实验仪器在测量时调整操作上的变动性,测量仪器示数上的变动性,测量者在判断和读取测量值上的变动性,仪器误差、理论误差、方法误差、环境误差和测量者的固有习惯等。

二、设计性实验

1.【分析】 本实验目的是测量一定底面积和长度的铁丝体积。细长的铁丝,说明底面直径和长度的尺寸差别很大。长度测量的常用工具有米尺、游标卡尺、千分尺和读数显微镜。先用米尺粗测直径和长度,假如得到的值是 $D = 0.4 \text{ mm}$,$L = 10.0 \text{ mm}$,代入下表中进行计算,根据不确定度均分原理来选择合适的工具。

表 3-1 不确定度表

项目	$(\Delta_B/D)^2$	$(\Delta_B/L)^2$
米尺($\Delta_B = 0.2 \text{ mm}$)	0.25	4×10^{-4}
游标卡尺($\Delta_B = 0.02 \text{ mm}$)	2.5×10^{-3}	4×10^{-6}
千分尺($\Delta_B = 0.004 \text{ mm}$)	1×10^{-4}	1.6×10^{-7}
读数显微镜($\Delta_B = 0.004 \text{ mm}$)	1×10^{-4}	1.6×10^{-7}

在上表中,根据不确定度均分原理,选择 10^{-4} 量级,所选测量工具为长度用米尺,直径用千分尺或读数显微镜。

2.【分析】 类似实验一,可以设计实验测量一张纸的体积。鉴于纸的厚度太薄,实验一中的仪器均不能准确测量,推荐先测量 50 张或 100 张纸的厚度,再除以张数得到一张纸的厚度。设计如上表中计算纸的长、宽、厚的相对不确定度平方表,方法如上所述,选择表中量级相同或最接近的量得出结论。长度和宽度选择米尺测量,而厚度需用千分尺测量。这样符合不确定均分原理,让实验既满足了测量的精确度,又节约了时间成本。

参 考 文 献

[1] 毕会英. 大学物理实验试题及解答. 北京:北京航空航天大学出版社,2018.

[2] 何志巍,朱世秋,徐艳月. 大学物理实验教程. 4 版. 北京:机械工业出版社,2017.

[3] 李学慧. 大学物理实验. 北京:高等教育出版社,2012.

[4] 王旗,胡广兴,杜安. 探讨数字示波器在大学物理实验教学中的应用[J]. 大学物理实验, 2015,28(4):36-38.

[5] 许莹. 基于声速测定仪和数字示波器的超声多普勒效应实验设计[J]. 黑龙江科技信息, 2016,31:9-100.

[6] 周殿清. 基础物理实验. 北京:科学出版社,2012.

[7] Kingslake, Rudolf. Applied Optics and Optical Engineering, Vol. 6. Edsevier. 2012: pp. 393ff. ISBN 9780323147026.

[8] Fowler, Michael. Photoelectric effect, Modern Physics. 2013. 08.

[9] Lai Shu T. , Tautz, Maurice. Aspects of Spacecraft Charging in Sunlight. IEEE Transactions on Plasma Science. Oct. 2006, 34(5):pp. 2053.

[10] Tavernier, Stefan. Experimental Techniques in Nuclear and Particles Physics illustrated. Springer. 2010. ISBN 9783642008290.

[11] The Nobel Prize in Physics 1921. Nobel Foundation. 2008. 10.

[12] Whittaker E. T. , A history of the theories of aether and electricity. Vol. 1, Nelson, London, 1951.

[13] "photoelectron spectroscopy"(PES). http://goldbook. iupac. org/P04609. html.